"十二五"职业教育国家规划教材
经全国职业教育教材审定委员会审定

U0204668

高级电工技能训练
（第二版）

主　编　杨金桃
副主编　李高明　宋美清
编　写　谭绍琼　胡　宽
主　审　苏晓东

中国电力出版社
CHINA ELECTRIC POWER PRESS

内 容 提 要

本书为"十二五"职业教育国家规划教材。全书共分十一章，主要内容有电工基本知识、电工基本操作技术、电工测量技术、电工安全知识与技能、电气照明与内线工程、电能计量装置、配电线路施工技术、常用低压电器及控制线路安装、电动机的运行与维护、变压器的维护、可编程序控制器的应用技术。

本书既可作为高职高专、技师学院、高级技工学校的电力技术类、自动化类和计算机类专业的基本技能训练用教材，也可作为高级电工、技师、高级技师培训用书，同时可以作为组织电工技能竞赛和技能鉴定参考资料、一般工程技术人员的参考用书。

图书在版编目（CIP）数据

高级电工技能训练/杨金桃主编. —2 版. —北京：中国电力出版社，2015.11（2020.2重印）

"十二五"职业教育国家规划教材

ISBN 978 - 7 - 5123 - 8104 - 9

Ⅰ.①高… Ⅱ.①杨… Ⅲ.①电工技术—高等职业教育—教材 Ⅳ.①TM

中国版本图书馆 CIP 数据核字（2015）第 173623 号

中国电力出版社出版、发行

（北京市东城区北京站西街 19 号 100005 http://www.cepp.sgcc.com.cn）

三河市百盛印装有限公司印刷

各地新华书店经售

*

2007 年 2 月第一版

2015 年 11 月第二版 2020 年 2 月北京第九次印刷

787 毫米×1092 毫米 16 开本 18.25 印张 444 千字

定价 **37.00** 元

❈ 前 言

本书是根据高级电工的工作任务和技能要求,结合电力发展与社会发展需要,突出电力职业岗位规范要求而编写的。

本书体现了职业教育的性质、任务和培养目标,体现政治思想性、知识正确性、内容先进性、教学适用性、知识适用性、结构合理性、使用灵活性。本教材有如下六个特点:

(1)内容上突出实用性和针对性。一方面坚持高端技能人才的培养方向,从职业岗位群职业能力分析入手,强调教材的实用性;另一方面坚持以国家职业资格标准为依据,力求使教材内容覆盖职业技能鉴定的各项要求,使教材的内容具有鲜明的针对性。

(2)结构上以专业核心技能为分类标准。结构上以国家颁发的高级电工考核大纲为依据,打破传统的教材编写模式,理论实践融于一体,贯穿了以训练对象为主体、以职业能力和职业素养为主线、以专业技能训练为核心的教学理念,既适用于高级电工的培训,又适合职业技能竞赛和技能鉴定。

(3)理论知识上强调以"必需够用"为原则。教材中理论知识的介绍以简明、扼要为特点,突出新知识、新技术、新工艺、新方法、新标准的介绍,在较全面地反映行业技术发展趋势的基础上,重点讲解基本理论,以够用为度、实用为本,充分体现"宽、浅、用、新、能、活"的原则。

(4)技能训练上突出与现场的"零距离"。书中特别突出电工技能的规范训练。训练项目、内容、操作与考核标准都力求与现场实际吻合。在各类技能训练内容的安排上,按照层次性、递进性、系统性、先进性为原则,通过科学的、深入浅出的模块系列化训练,逐步形成专业技能。

(5)创新上突出新技术的训练与职业素养的养成。在实训内容上除注重电工传统的基本技能训练外,还增添了控制技术中 PLC 技术应用,使传统的电工技术与现代先进技术相结合,训练时贯穿职业素养的养成,与时俱进,不断适应和满足现代社会发展的需求。

(6)考核上突出职业技能与职业道德的综合。在考核标准中,以全面素质和技能标准为导向,强调人的全面发展,不断培养高端技能人才。

本书由杨金桃同志担任主编,李高明、宋美清同志担任副主编。本书的第六、第十一章由山西电力职业技术学院杨金桃同志编写,第一~五章由山西电力职业技术学院谭绍琼同志编写,第七~十章由山西电力职业技术学院胡宽同志编写,全书由杨金桃同志统稿,国网山西太原供电公司电力专家苏晓东同志主审。

由于编写时间有限,难免有疏漏之处,热忱欢迎各位读者批评指正。

编 者

2015 年 1 月

∷ 目 录

第一章

电 工 基 本 知 识

第一节 电 工 岗 位 职 责

电能是现代工农业生产和人们日常生活的主要能源之一。能否提供安全、可靠、优质和经济的电能是衡量一个城市、一个地区甚至一个国家现代化程度的标志。因此,电工技术在各行各业中得到越来越广泛的应用,并占有十分重要的地位。电工的任务就是正确使用电工工具和仪器仪表,对电气设备和用电设备进行安装、调试和维修,以保证供电系统正常供电、电气设备可靠运行、用电设备安全工作。

电工在工作过程中,应认真履行电工岗位职责。电工的岗位职责是:

(1) 认真贯彻执行国家有关电力的各项政策、法规、制度、标准,严格执行国家电价政策。

(2) 负责所辖范围高低压设备的运行维护、定点巡视检查、资料管理和辖区内的安全用电管理工作。

(3) 正确执行电价政策,负责辖区内低压用户的计费表计抄表和电费回收工作。

(4) 负责辖区内低压用户用电检查,维护正常用电秩序,完成有关资料整理和统计报表工作。

(5) 按时参加各种会议和培训活动,不断提高自身的政治和业务素质,为用户搞好服务。

(6) 及时反映和汇报工作中出现的问题,提出改进工作的建议。

(7) 定期收集用户意见,在规定时间内及时解决用户提出的合理要求和事故抢修。

(8) 开展安全用电的宣传工作,为用户提供优质服务。

(9) 完成领导交办的其他任务。

第二节 电 工 材 料

一、导电材料

大部分金属都具有良好的导电性能,但不是所有金属都可以作为理想的导电材料。导电材料必须同时具有以下特点:①导电性能好(即电阻率小);②有一定机械强度;③不易氧化和腐蚀;④容易加工和焊接;⑤资源丰富,价格便宜。例如:架空线需具有较高的机械强度时,常选用铝镁硅合金;熔丝需具有易熔的特点,可选用铅锡合金;电热材料需较大的电阻率,常选用镍铬合金或铁铬合金;电光源的灯丝要求熔点高,需选用钨丝。

(一)铜和铝

铜和铝基本符合导电材料要求,因此它们是最常用的导电材料。

铜的导电性能好,电阻率为 $1.724 \times 10^{-8} \, \Omega \cdot m$,常温下具有足够的机械强度,焊接性能和延展性能良好，化学性能稳定，便于加工，不易氧化和腐蚀。常用的导电用铜是含铜量在 99.9％以上的工业纯铜。电机、变压器上使用的是含铜量在 99.5％～99.95％的纯铜（俗称紫铜），其中硬铜做导电的零部件、软铜做绕组，杂质、冷变形、温度和耐腐蚀性等是影响铜的性能的主要因素。

铝的电阻率为 $2.864 \times 10^{-8} \Omega \cdot m$，其导电性能、焊接性能和机械性能稍逊于铜，但铝的密度比铜小（为铜的 33％），且资源丰富，价格低廉，是推广使用的导电材料。目前架空线路、照明线路、动力线路、汇流排、中小型电机和变压器的绕组都已广泛使用铝导线。铝导线的不足是焊接工艺较复杂、质硬塑性差，故在维修电工中仍广泛使用铜导线。影响铝的性能的主要因素仍是杂质、冷变形、温度和耐腐蚀性等。

（二）电线电缆

电线电缆的品种很多，按照性能结构、制造工艺及使用特点，分为裸电线、绝缘电线、电磁线、电缆线四类。

1. 裸电线

裸电线包括圆线、钢芯铝绞线、硬铜绞线、轻型钢芯铝绞线和加强型钢芯铝绞线。

（1）圆线：主要用作架空线，包括 TY 型硬圆铜线、TR 型软圆铜线、LY 型硬圆铝线和 LR 型软圆铝线。

（2）TJ 型铜绞线：适用于架空电力线路，它是由多根硬铜单线正规绞合而成一定长度要求的架空线，具有优良的拉断强度。

（3）LJ 型裸铝绞线及 LGJ 型钢芯铝绞线：适用于高低压输配电架空线路。

（4）铜、铝母线：主要供电动机、电器及配电设备作导体及汇流排用。

2. 绝缘电线

常用的绝缘电线有聚氯乙烯（塑料）和橡皮绝缘线。

（1）BV（铜芯）、BLV（铝芯）型聚氯乙烯（塑料）绝缘电线和 BVV（铜芯）、BLVV（铝芯）聚氯乙烯（塑料）护套电线：适用于各种交流、直流电气装置、电工仪器、仪表、电信设备，动力及照明线路固定敷设。

（2）BX（铜芯）和 BLX（铝芯）橡皮绝缘电线：适用于交流 500V 及以下或直流 1000V 及以下的电气设备及照明装置。

3. 电磁线

电磁线分为漆包线、绕包线、无机绝缘电磁线和特种电磁线四种。电磁线多用在电机或电工仪表等电器线圈中，其目的是减小绕组的体积，故绝缘层很薄。电磁线的选用应考虑耐热性、导电性、相容性、环境条件等因素。

（1）漆包线：绝缘层为漆膜且漆膜均匀、光滑柔软，有利于线圈的自动化绕制，广泛用于中小型及微型电机中。常用的有油性漆包线、缩醛漆包线、聚酯漆包线、聚氨酯漆包线、聚酯亚氨漆包线、聚酰胺漆包线、聚酰亚氨漆包线、环酯漆包线和特种漆包线等。

（2）绕包线：用天然丝、玻璃丝、绝缘纸或合成树脂薄膜等紧密绕包在导线芯上，形成绝缘层，或在漆包线上再绕包一层绝缘层。一般用于大中型电工产品。绕包线分为纸包线、玻璃丝包线、玻璃丝包漆包线和薄膜绕包线四类。

（3）无机绝缘电磁线：绝缘层采用无机材料陶瓷、氧化铝膜等制成，并经有机绝缘漆浸渍后烘干填孔，其特点是耐高温、耐辐射，适用于高温、辐射等场合。

4. 电缆线

电缆线一般由铜或铝制线芯、塑料或橡胶绝缘层、保护层三部分构成，包括各种电气设备内部及外部的安装连接用电线电缆、低压电力配电系统用的绝缘电线、信号控制系统用的电线电缆等。根据使用特性不同电缆线分为七类：通用电线电缆、电机电器用电线电缆、仪器仪表用电线电缆、信号控制电缆、交通运输用电线电缆、地质勘探和采掘用电线电缆、直流高压软电缆。

（三）导线截面积的选择

导线截面积选择过大时，将增加有色金属消耗量，并显著增加线路的造价；导线截面积选择过小时，线路运行期间不仅产生大的电压损失和电能损失，而且往往使导线接头处过热，以致引起断线等严重事故，另外还会限制以后负荷的增加。因此合理选择导线的截面积，对节约有色金属和减少建设费用，以及保证良好的供电质量都有重大意义。

1. 按允许载流量选择

导线的允许载流量也称安全载流量，一般导线的最高允许工作温度为 65℃，若超过这个温度则导线的绝缘层会加速老化，甚至变质损坏而引起火灾。导线的允许载流量就是导线的工作温度不超过 65℃时可长期通过的最大电流值。

（1）计算负荷电流。

1）白炽灯和电热设备的负荷电流计算为

$$I = P/U$$

2）日光灯、高压水银荧光灯、高压钠灯等照明的负荷电流计算。

220V 单相

$$I = \frac{P}{U\cos\varphi}$$

380V 三相四线制　　　　　$I = P/(\sqrt{3}U\cos\varphi)$

式中：日光灯 $\cos\varphi$ 取 0.5；高压水银荧光灯 $\cos\varphi$ 取 0.6；高压钠灯 $\cos\varphi$ 取 0.4。

3）电动机的负荷电流计算。

单相电动机　　　$I = \frac{P}{U\cos\varphi} \times 10^3$（若 $\cos\varphi$ 未知，则可取 0.75）

三相电动机　$I = \frac{P}{\sqrt{3}U\cos\varphi\eta} \times 10^3$（若 $\cos\varphi$ 和 η 未知，则都可取 0.85）

4）电焊机和 X 射线机的负荷电流计算为

$$I = P \times 10^3/U$$

（2）计算导线的安全载流量。

1）照明或电热电路　　　　　$I_S \geqslant \sum I_N$

式中　I_S——进户导线的安全载流量；

　　　I_N——照明和电热设备总的额定电流之和。

2）电动机电路。

单台电动机　　　　　　　　$I_S \geqslant I_N$

多台电动机　　　　　$I_S \geqslant \sum I_N \times$ 最高利用率 $\times 1.2$（裕度）

2. 按机械强度选择

导线在安装和运行过程中，要受到各种外力的作用，加上导线的自重，导线就受到多种外力的作用，如果导线承受不了这些外力的作用，就会断线。因此，选择导线时必须考虑导线的机械强度，有些小负荷的设备，虽然很小截面积就能满足允许载流量和允许电压损失要求，但必须按导线机械强度允许的最小截面积选择。表 1 - 1 列出了各种机械强度允许的导线最小截面积。

表 1 - 1 　　　　　　　　　　机械强度允许的导线最小截面积

序号	用途及敷设方式	芯线最小截面积（mm²）		
		铜芯软线	铜线	铝线
1	照明灯头线			
	屋内	0.4	1.0	2.5
	屋外	1.0	1.0	2.5
2	移动用电设备			
	生活用	0.75		
	生产用	1.0		
3	架设在绝缘支持件上的绝缘导线与支持点间距			
	2m 及以下，屋内		1.0	2.5
	2m 及以下，屋外		1.5	2.5
	6m 及以下		2.5	4.0
	15m 及以下		4.0	6.0
	25m 及以下		6.0	10
4	穿管敷设的绝缘导线	1.0	1.0	2.5
5	塑料护套线沿墙明设		1.0	2.5
6	板孔穿线敷设的导线		1.5	2.5

3. 按线路允许电压损失选择

由于线路存在阻抗，流过负荷电流时会产生电压损失。在通过最大负荷时产生的电压损失与线路额定电压的比值，称为电压损失率。线路电压损失率可计算求得，也可查表简便求得。线路允许电压损失率按用户性质有不同规定：

1）高压动力系统为 5%。

2）城镇低压电网为 4%～5%。

3）农村低压电网为 7%。

4）对视觉要求较高的照明线路为 2%～3%。

选择导线截面积时要求实际电压损失率不超过允许电压损失率。

二、绝缘材料

绝缘材料是相对于导体、半导体而言的一类非导电材料，在常态下电阻率很大，一般大于 $10^9\Omega\cdot cm$。影响绝缘材料电阻率的因素主要是杂质、温度和湿度。绝缘材料中有气泡或受潮后，绝缘电阻会显著下降。绝缘材料的作用是隔离带电的或不同电位的导体，使电流按正常的方向流动。在某些场合，绝缘材料还起机械支撑、保护导体及消除电弧等作用。

1. 常用绝缘材料的种类

绝缘材料分为气体、液体和固体三大类。

（1）绝缘漆。绝缘漆包括浸渍漆和涂覆漆两大类。浸渍漆分为有溶剂浸渍漆和无溶剂浸渍漆两类；涂覆漆包括覆盖漆、硅钢片漆、漆包线漆、放电晕漆等。

（2）绝缘胶。常用的绝缘胶有黄电缆胶、黑电缆胶、环氧电缆胶、环氧树脂胶、环氧聚酯胶等。

（3）绝缘油。绝缘油有天然矿物油、天然植物油和合成油。天然矿物油有变压器油、开关油、电容器油、电缆油等；天然植物油有蓖麻油、大豆油等；合成油有氯化联苯、甲基硅油、苯甲基硅油等。实践证明，空气中的氧和温度是引起绝缘油老化的主要因素，许多金属对绝缘油的老化起催化作用。

（4）绝缘制品。绝缘制品包括有机绝缘材料制品、无机绝缘材料制品和混合绝缘材料制品。有机绝缘材料有虫胶、树脂、橡胶、棉纱、纸、麻、蚕丝、人造丝等，主要用作制造绝缘漆、绕组导线的被覆盖物等；无机绝缘材料有云母、石棉、大理石、电瓷、玻璃、硫磺等，主要用作电动机、电器的绕组绝缘、开关的底板和绝缘子等；混合绝缘材料是由两种材料经加工后制成的各种成型绝缘材料，可用作电器的底座、外壳等。

各种绝缘材料都用统一的四位数字来表示其型号，区分其类别、品种、耐热等级和产品序号。

2. 绝缘材料的主要性能指标

绝缘材料的耐热性、机械强度和自然使用期限一般比金属材料低得多。绝缘材料的性能指标一般有以下几种：

（1）绝缘电阻。绝缘材料的电阻值称为绝缘电阻，常态下达几十兆欧以上。绝缘材料的电阻率虽然很大，但在一定电压作用下，也总有微小的电流通过，该电流称为泄漏电流。绝缘电阻因温度、厚薄、表面状况（水分、污物）的不同存在较大差异。

（2）耐热性。各种绝缘材料的耐热等级规定了它们在使用过程中的极限温度，以保证电器的使用寿命，避免温度过高加速绝缘材料老化失去绝缘性能。绝缘材料的耐热等级分为 Y、A、E、B、F、H 和 C 七个等级，其极限工作温度分别为 90、105、120、130、155、180℃和180℃以上。

（3）击穿强度。绝缘材料在高于某一数值的电场强度作用下，会被损坏而失去绝缘性能，这种现象称为击穿。绝缘材料击穿时的电场强度称为击穿强度，单位为 kV/mm。

（4）机械强度。机械强度是根据各种绝缘材料的具体要求，相对规定的抗张、抗压、抗弯、抗剪、抗撕、抗冲击等强度指标。

（5）其他性能指标。其他性能指标如绝缘漆的黏度、固定含量、酸值、干燥时间及胶化时间等，有时还涉及耐油性、伸长率、收缩性、耐溶剂性、耐电弧性等。

三、磁性材料

磁性材料根据其在外磁场作用下呈现出磁性的强弱，分为强磁性和弱磁性两类。工程上使用的磁性材料都属于强磁性物质。常用的磁性材料主要有电工用纯铁、硅钢片、铁镍合金、铝镍钴合金等。

磁性材料根据其特性不同，分为软磁材料和硬磁材料（即永磁材料）两类。

1. 软磁材料

这类材料在较弱的外界磁场作用下，就能产生较强的磁感应，且随着外磁场的增强，很快达到磁性饱和状态；当外磁场去掉后，它的磁性基本消失。软磁材料的主要特点是导磁率高、剩磁少、磁滞损耗（铁损耗）小。常用的软磁材料有硅钢板和电工用纯铁等。

硅钢板的主要特性是导磁率高、磁滞损耗小、电阻率高，适用于各种交变磁场。硅钢板按其制造工艺不同分为冷轧和热轧两种；冷轧硅钢板又有无取向和单取向之分。单取向冷轧硅钢板的导磁率与轧制方向有关，沿轧制方向的导磁率最高，与轧制方向垂直的导磁率最低。无取向冷轧硅钢板的导磁率没有方向性。常用的单取向冷轧硅钢板有 Q_3、Q_4、Q_5 和 Q_6 几种。硅钢板的厚度有 0.35mm 和 0.5mm 两种，前一种多用于变压器和电器，后一种多用于交流、直流电机。

电工用纯铁具有良好的软磁特性，电阻率很低，一般只用于直流磁场。常用的产品型号有 DT_3、DT_4、DT_5 和 DT_6 几种。

2. 硬磁材料

这类材料在外界磁场作用下，磁感应强度不如软磁材料，但当其达到饱和状态后，即使把外磁场去掉，还能在较长时间内保持较强而稳定的磁性。硬磁材料的主要特点是剩磁多、磁滞损耗大、磁性稳定。电工用得最多的硬磁材料是铝镍钴合金和铝镍钴钛合金，常用的产品型号有 13、32、52 号和 62 号铝镍钴合金及 40、56 号和 70 号铝镍钴钛合金，主要用来制造永磁电机和微电机的磁极铁芯及磁电系仪表的磁钢。

四、电碳制品

电碳制品材料中的碳和石墨具有能导电、导热系数高、耐高温、机械强度随温度的升高而增大（在 2500℃ 以内）、体积质量小等特点。在有水蒸气的条件下石墨的润滑性好、化学稳定性好、热发射电流密度随温度的升高而急剧增大。

电碳制品主要用于电机的碳刷（用石墨粉末或石墨粉末与金属粉末混合压制而成）。按材质可分为石墨电刷（S）、电化石墨电刷（d）、金属石墨电刷（J）三类。其他电碳制品还有电力机车和无轨电车馈电用的碳滑块，电力开关、分配器和继电器用的碳和石墨触头，弧光照明、碳弧气刨和光谱分析用的碳和石墨电极，电真空器件用的高纯石墨件，通信设备用的碳素零件，各种碳电阻、碳和石墨电热元件，电池用的碳棒等。

第三节 电 工 工 具

一、验电器

验电器是检验电气设备、导线是否带电的一种电工常用工具。验电器分为高压验电器和低压验电器两类，通常低压验电器称为验电笔，高压验电器称为验电器。

1. 低压验电笔

低压验电笔用于测定 60～500V 的低压线路和电气设备是否带电，也可用来区分火线（相线）和地线（中性线），还可区分交流或直流电及判断电压的高低。它具有体积小、质量轻、携带方便、检验简单等优点，是电工必备的工具之一。低压验电笔有钢笔式、螺钉旋具式（又称起子式）和数字显示式三种。

低压验电笔的结构如图 1-1 所示，它的前端为金属探头，后部塑料外壳内装有氖管、电阻和弹簧，上部有金属端盖或钢笔形挂鼻，作为使用时手触及的笔尾金属体。

用验电笔测试带电体时，带电体通过电笔、人体与大地之间形成回路，当带电体与大地之间的电压超过 60V 时，电笔中的氖管在电场作用下便会发光，指示被测带电体有电。

图 1-1 低压验电笔

(a) 钢笔式验电笔；(b) 螺钉旋具式验电笔

低压验电笔使用时，必须按照如图 1-2 所示的正确握法把笔握妥，手指触及笔尾的金属体，氖管小窗口或液晶显示器背光朝向自己，以便验电时观察氖管辉光情况。

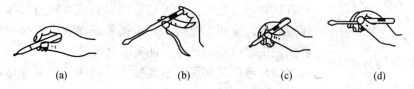

图 1-2 低压验电笔的握法

(a)、(b) 正确握法；(c)、(d) 错误握法

使用验电笔要注意以下几个问题：

(1) 使用验电笔前，首先要检查验电笔有无安全电阻在里面，再直观检验验电笔是否损坏，有无受潮或进水，检查合格后方可使用。

(2) 在使用验电笔正式测量电气设备是否带电之前，先要将验电笔在有电源的部位检查氖管是否能正常发光，如果能正常发光，才可开始使用。

(3) 如果验电笔需在明亮的光线下或阳光下测试带电体时，应当避光检测电器是否带电，以防光线太强不易观察氖管是否发亮，造成误判。

(4) 大多数验电笔前面的金属探头都制成一物两用的小螺钉旋具，在使用中特别注意验电笔当螺钉旋具使用时，用力要轻，扭矩不可过大，以防损坏。

(5) 验电笔在使用完毕后要保持清洁，放置干燥处，严防摔碰。

(6) 验电笔的检测电压范围为 60～500V，使用时绝不允许在超过 500V 的高压电气设备上测试，以防触电事故。

2. 高压验电器

高压验电器主要用来测量 6～220kV 电网中的电气设备或线路是否有电。按电压等级制成 2～3 种，按结构原理分为氖管式、回转式和声光报警式验电器。

高压验电器的结构如图 1-3 所示，主要由指示和支持两部分组成。指示部分是一绝缘材料制成的空心管，管的一端装有金属工作触头，用以与支持部分固定；绝缘空心管内装有一个指示是否带电的氖管和配套的

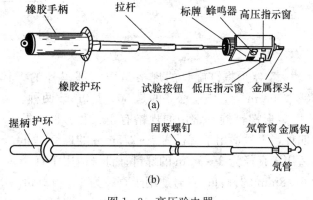

图 1-3 高压验电器

(a) 拉杆式声光高压验电器；(b) 拉杆式高压测电器

一组电容器，如果被检验的电气设备或线路带电，氖管因通过电容电流而发光。支持部分是用胶木或硬橡胶制成的圆筒，包括绝缘部分和握柄，在两者之间装一个比握柄直径稍大的橡胶护环。

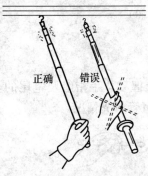

图 1-4　高压测电器的握法

高压验电器使用时，必须按照如图 1-4 所示的正确握法使用，特别注意手握部位不得超过护环。

使用高压验电器要注意以下几个问题：

（1）使用验电器时，首先要在确有电源处测试，证明验电器确实良好，方可使用。

（2）使用验电器时应逐渐靠近被测物体，直至氖管发光，只有氖管不发光时，才可与被测设备或线路直接接触，以防损坏验电器。验明无电时，还需要重新在有电部位复核，验电器再次发出带电指示信号，证实验电可靠。

（3）测试时切忌将金属探头同时碰及两带电体或同时碰及带电体与金属外壳，以防造成相间或相对地短路。

（4）室外使用高压验电器，必须在气候条件良好的情况下进行。在雨、雪、雾及湿度较大的情况下不宜使用，以防发生危险。

（5）高压验电器测试时必须使用与被测设备或线路相同电压等级且试验合格的验电器；测试时必须穿绝缘鞋、戴耐压强度符合要求的绝缘手套；不可一人单独测试，身旁要有人监护；测试时人与带电体应保持足够的安全距离（10kV 电压为 0.7m 以上）。

验电器用毕应存放在专用匣内，置于干燥处，防止受潮积灰；验电器应按规定检查、试验。

二、旋具

1. 螺钉旋具

螺钉旋具又称旋凿、起子或改锥，又称螺丝刀，用来紧固和拆卸各种螺钉。

螺钉旋具由刀柄和刀体组成。刀柄有木柄、塑料柄和有机玻璃柄三种。刀口形状有"一"字形和"十"字形两种，如图 1-5 所示。电工螺钉旋具金属部分带有绝缘管套。

图 1-5　螺钉旋具
（a）"一"字形；（b）"十"字形

"一"字形螺钉旋具的规格是用柄部以外的刀体长度表示，常用的规格有 50、100、150、200mm 等，电工必备的是 50、150mm 两种。

"十"字形螺钉旋具常用的规格有Ⅰ、Ⅱ、Ⅲ、Ⅳ号四种，Ⅰ号适用于直径为 2～2.5mm 的螺钉；Ⅱ号适用于直径为 3～5mm 的螺钉；Ⅲ号适用于直径为 6～8mm 的螺钉；Ⅳ号适用于直径为 10～12mm 的螺钉。

螺钉旋具的正确使用方法如图 1-6 所示。

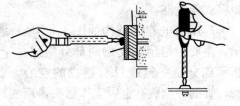

图 1-6　螺钉旋具的使用

螺钉旋具使用时应注意以下几点：

（1）电工不可用金属杆直通柄顶的螺钉旋具，否则易造成触电事故。

（2）使用螺钉旋具紧固或拆卸带电螺钉时，手不得触及螺钉旋具的金属杆，应在金属杆上套上绝缘套管，以免发生触电事故。

（3）螺钉旋具操作时，用力方向不能对着别人或自己，以防脱落伤人。

（4）螺钉旋具放入螺钉槽内，操作时用力要适当，不能打滑，否则会损坏螺钉的槽口。

（5）不允许用螺钉旋具代替凿子使用，以免手柄破裂。

2. 活络扳手

扳手是用来紧固和松开螺母的一种常用工具。扳手有活络扳手、呆扳手、梅花扳手、两用扳手、套筒扳手、内六角扳手、扭力扳手、专用扳手等，各种扳手都有不同的规格。

活络扳手由头部和柄部组成，如图1-7所示。头部由活络扳唇、扳口、呆扳唇、蜗轮、轴销和手柄组成。活络扳手的钳口可以在规定的范围内任意调整大小，其规格是用长度×最大开口宽度表示（单位为 mm）。电工常用的有 150×19（6in）、200×24（8in）、250×30（10in）和 300×36（12in）四种。

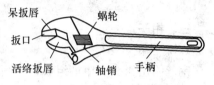

图 1-7 活络扳手的结构

活络扳手的使用方法如图1-8所示。活络扳手使用时应注意以下几点：

（1）根据螺母的大小，用两手指旋动蜗轮以调节扳口的大小，将扳口调到比螺母稍大些，卡住螺母，再用手指旋蜗轮使扳口紧压螺母。扳动大螺母时力矩较大，手要握在近柄尾处，如图1-8（a）所示；扳动小螺母时，为防止钳口处打滑，手应握在近头部的地方，如图1-8（b）所示，旋力时手指可随时旋调蜗轮，收紧活络扳唇防止打滑。

（2）使用活络扳手时，不可反方向用力，以免损坏活络扳唇，如图1-8（c）所示。也不可用钢管接长手柄来加力，更不能当作撬杆或手锤使用。

（3）旋动螺杆螺母时，必须把工件的两侧平面夹牢，以免损坏螺杆螺母的棱角。

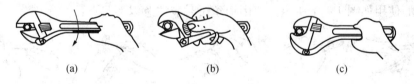

（a）　　　　　　　　（b）　　　　　　　　（c）

图 1-8 活络扳手的使用

3. 拉具

拉具又称拉扒、拉钩、拉模，主要用于拆卸滚动轴承、联轴器、皮带轮。按结构形式不同拉具分为双爪和三爪两种。拉具的使用方法如图1-9所示。

用拉具拆卸皮带轮（或联轴器）前，应先将皮带轮上的紧固螺钉去掉。拆卸时，拉具要摆正，丝杆要对准电动机轴的中心，加力要均匀。如果一时拉不下来，切忌硬拉，以免拉坏皮带轮。这时可在丝杆绷紧的情况下，用锤敲击皮带轮外圆或丝杆的尾端，或在皮带轮与轴的连接缝处加些煤油，必要时也可用喷灯、气焊枪在皮带轮的外表面加热，趁皮带轮受热膨胀时迅速拉下。注意加热时温度不能太高，以防轴过热变形，时间也不能太长，否则轴受热膨胀，拉起来更困难。

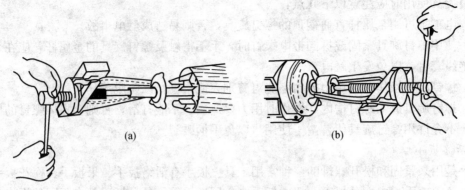

图 1-9　拉具的使用

(a) 拆滚动轴承；(b) 拆皮带轮

三、钳子

1. 钢丝钳

钢丝钳由钳头和钳柄组成，如图 1-10 所示。钳头包括钳口、齿口、刀口、铡口。

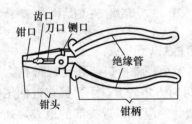

图 1-10　钢丝钳的结构

钢丝钳功能较多，钳口用来弯铰或钳夹导线线头，齿口用来旋紧或拧松螺母，刀口用来剪切导线或剖切导线绝缘线，铡口用来铡切导线线芯、钢丝、铝丝等较硬的金属。

钢丝钳的规格用全长表示，常用的有 150、175mm 和 200mm 三种。钢丝钳有两种，电工应选用带绝缘手柄的一种。一般钢丝钳钳柄上的绝缘护套耐压为 500V，所以只适合在低压带电设备上使用。

用钢丝钳剥削导线头的绝缘层时，用左手抓紧导线，右手握住钢丝钳，取好要剥脱的绝缘层长度，刀口夹住导线绝缘层，施力要合适，不能损伤导线的金属体，沿钳口夹压的痕迹，靠绝缘层和导线的摩擦力将绝缘层拉掉。

钢丝钳的使用如图 1-11 所示。使用钢丝钳时应注意以下几点：

(a)　　　　　(b)　　　　　(c)　　　　　(d)　　　　　(e)

图 1-11　钢丝钳的使用

(a) 握法；(b) 紧固螺母；(c) 钳夹导线头；(d) 剪切导线；(e) 铡切钢丝

(1) 使用钢丝钳时，必须检查绝缘手柄的绝缘是否良好，使用过程中切勿碰伤、损伤或烧伤绝缘手柄，并注意防潮。

(2) 使用钢丝钳剪切带电导线时，不得用刀口同时剪两根或两根以上导线，以免发生短路故障。

(3) 要保持钢丝钳清洁，带电操作时手与钢丝钳的金属部分保持 2cm 以上的距离。

(4) 使用钢丝钳时，刀口面向操作者一侧，钳头不可代替锤子做敲打工具使用。

(5) 钳轴要经常加润滑油做防锈维护。

2. 尖嘴钳

尖嘴钳由尖头、刃口和钳柄组成，如图 1-12 所示。

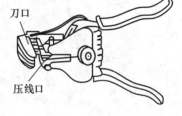

尖嘴钳主要用来夹持较小的螺钉、垫圈、导线等元件，钳断细小的金属丝，将导线弯成一定圆弧的接线端环。

图 1-12　尖嘴钳

尖嘴钳的规格用全长表示，常用的有 130、160、180mm 和 200mm 四种。电工用尖嘴钳钳柄上套有耐压为 500V 的绝缘护套。

尖嘴钳的头部细小，适用于狭小空间的操作。

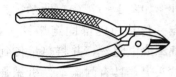

3. 断线钳

断线钳也称斜口钳，电工用断线钳钳柄上套有耐压为 1000V 的绝缘护套，如图 1-13 所示。

图 1-13　断线钳

断线钳专供剪断较粗的电线、电线电缆和金属丝。

断线钳的规格用全长表示，常用的规格有 130、160、180mm 和 200mm 四种。

4. 剥线钳

剥线钳由刀口、压线口和钳柄组成，如图 1-14 所示。

剥线钳用于剥除小直径塑料线或橡胶绝缘线的绝缘层。剥线钳的刀口有 0.5～3mm 直径的切口，以适应不同规格的线芯。

剥线钳的规格用全长表示，常用的规格有 140mm 和 180mm 两种。柄上套有耐压为 500V 的绝缘套管。

刀口

压线口

图 1-14　剥线钳

使用剥线钳剥去绝缘层时，定好剥削的绝缘长度后，左手持导线，右手向内紧握钳柄，导线绝缘层被剥断自由飞出。

使用时应将导线放在大于芯线直径的切口上切削，以免切伤芯线。剥线钳一般不在带电场合使用。

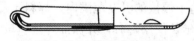

图 1-15　普通式电工刀

四、电工刀

电工刀分为普通式和三用式两种。普通式电工刀如图 1-15 所示，有大号和小号两种，三用式电工刀增加了锯片和锥子的功能。

电工刀用来剖削导线绝缘层、削制木榫、切割木台缺口等。三用式电工刀还可锯削电线槽板和锥钻木螺钉的底孔。

使用电工刀时左手持导线，右手握刀柄，刀口稍倾斜向外，以 45°角倾斜切入，25°角倾斜推削。如图 1-16 所示。

使用电工刀时应注意：

（1）使用电工刀时刀口应向人体外侧用力，注意避免伤手。

（2）电工刀用完后，应将刀身折入刀柄内。

（3）电工刀的刀柄是无绝缘保护的，不能在带电体或带电器材上剖削，以免触电。

（4）不允许用锤子敲打刀片进行剥削。

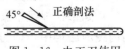

45°　　正确剖法

图 1-16　电工刀使用

五、电烙铁

电烙铁是用来焊接电线接头、电器元器件触点的焊接工具，其工作原理是利用电流的热效应对焊锡加热并使之熔化后进行焊接的。

电烙铁的形式较多，有外热式、内热式、吸锡式和恒温式等多种。电烙铁的规格以其消耗的电功率表示。

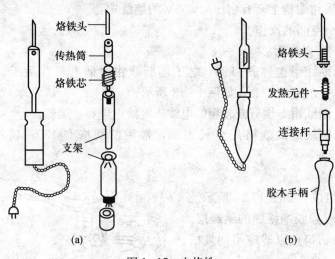

图 1-17　电烙铁
(a) 外热式；(b) 内热式

外热式电烙铁常用的规格有 25、45、75、100W 和 300W，其外形如图 1-17（a）所示，其特点是传热筒内部固定烙铁头，外部缠绕电阻丝，并将热量传到烙铁头上，具有耐振动，机械强度大的优点，适用于较大体积的电线接头焊接，缺点是预热时间长，效率较低。

内热式电烙铁常用的规格有 20、30W 和 50W 等，其外形如图 1-17（b）所示，其特点是烙铁芯装置于烙铁头空腔内部，具有发热快、热量利用率高且体积小、质量轻、省电等优点，适用于在印制线路板上焊接电子元器件，缺点是机械强度差、不耐受振动、不适于大面积焊接。

吸锡式电烙铁用于拆换电子元器件，可将熔锡吸进气筒内，特别是拆除焊点多的电子元器件时更为方便。大多吸锡式电烙铁为两用，进行焊接时与一般电烙铁一样。

恒温式电烙铁是借助于电烙铁内部的磁性开关自动控制通电时间而达到恒温的目的，断续通电，比普通电烙铁省电一半。由于烙铁头始终保持在适于焊接的温度范围内，焊料不易氧化，烙铁头也不至于"烧死"，可减少虚焊和假焊，从而延长使用寿命，并保证焊接质量。

电烙铁使用时应注意以下几点：

（1）使用前应检查电源电压与电烙铁上的额定电压是否相符，一般为 220V，检查电源和接地线接头是否相符，不要接错，电烙铁金属外壳必须接地。

（2）新电烙铁应在使用前先用砂纸把烙铁头打磨干净，然后在焊接时和松香一起在烙铁头上沾上一层锡（称为搪锡）。

（3）电烙铁不能在易爆场所或有腐蚀性气体的场所中使用。

（4）电烙铁在使用时一般用松香做焊剂，特别是电线接头、电子元器件的焊接，一定要用松香焊剂，电烙铁在焊接金属铁等物质时，可用焊锡膏焊接。

（5）如果在焊接中发现紫铜的烙铁头氧化不易沾锡时，可将铜头用锉刀锉去氧化层，在酒精内浸泡后再用，切勿浸入酸液中浸泡以免腐蚀烙铁头。

（6）焊接电子元器件时，最好选用低温焊丝，头部涂上一层薄锡后再焊接，焊接场效应晶体管时，应将电烙铁电源插头拔下，利用余热去焊接，以免损坏管子。

（7）使用外热式电烙铁还要经常将铜头取下，清除氧化层，以免日久造成铜头烧死。

（8）电烙铁通电后不能敲击，以免缩短寿命；不准甩动使用中的电烙铁，以免锡珠溅击伤人。

（9）电烙铁使用完毕，应拔下插头，待冷却后放置干燥处，以免受潮漏电。

六、电钻

电钻是一种电动钻孔工具，主要分为手提式电钻、手枪式电钻和冲击电钻，其外形如图1-18所示。

手提式电钻和手枪式电钻合称手电钻，其特点是体积小、质量轻、能随意移动。近年来，手电钻的功能不断扩大，功率也越来越大，不但能对金属钻孔，带有冲击功能的手电钻还能对砖墙、钢管水泥打眼。手电钻电源一般为220V，也有三相380V的。钻头也分两类，一类为麻花钻头，用于金属打孔；另一类为冲击钻头，用于砖和水泥柱打孔。

冲击电钻具备普通电钻的功能，作普通电钻使用时，将调节开关调到标记为"钻"的位置；作冲击钻使用时，把调节开关调到标记为"锤"的位置，即可冲打砌块和砖墙等建筑材料的木楔孔和导线穿墙孔，冲打直径为6～16mm的圆孔。

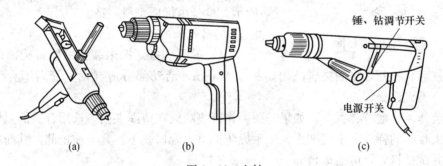

图1-18　电钻
（a）手提式电钻；（b）手枪式电钻；（c）冲击电钻

使用手电钻应注意：

（1）使用时首先要检查电线绝缘是否良好，如果电线有破损处，可用胶布包好。最好使用三芯橡皮软线，并将手电钻外壳接地。

（2）检查手电钻的额定电压与电源电压是否一致，开关是否灵活可靠。

（3）手电钻接入电源后，要用电笔测试外壳是否带电，如不带电方能使用。操作时需接触手电钻的金属外壳时，应戴绝缘手套、穿电工绝缘鞋并站在绝缘板上。

（4）拆装钻头时应用专用工具，切勿用螺钉旋具和手锤敲击钻夹。

（5）装钻头要注意钻头与钻夹保持同一轴线，以防钻头在移动时来回摆动。

（6）在使用手电钻过程中，钻头应垂直于被钻物体，用力要均匀，当钻头被卡住时，应停止钻孔，检查钻头是否卡得太松，重新紧固钻头后使用。

（7）钻头在钻金属孔过程中，若温度过高，很可能引起钻头退火，为此，钻孔时要适量加些润滑油。

（8）钻孔完毕，应将电线绕在手电钻上，放置干燥处以备下次使用。

使用冲击钻应注意：

（1）检查冲击钻的接地线是否完整，检查电源电压是否与铭牌相符，电源线路上是否有熔断器保护。

（2）钻头必须锋利，钻孔时不宜用力过猛，以防电动机过载，如果发现钻头转速降低，应立即切断电源并进行检查，以免烧坏电动机。

（3）使用冲击钻时严禁戴手套。

（4）装卸钻头时，必须用钻头钥匙，不能用其他工具来敲打夹头。

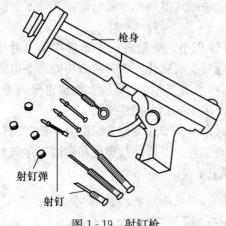

图 1-19　射钉枪

七、射钉枪

射钉枪是一种先进的紧固安装工具，能在没有电源及其他能源的地方，利用枪管内弹药爆发时的推力，将专用钉射入钢板、混凝土、坚实砖墙或其他基体内，以安装或固定仪器、仪表、电线管、电缆、配电板等电气设备。它可代替预埋固定、打洞浇注、焊接等手工劳动，提高工程质量、降低成本、缩短施工工期。

射钉枪由枪身和射钉两部分组成，如图 1-19 所示。枪身由优质钢材制造。

1. 射钉枪的使用方法

（1）射前准备。把未装弹的射钉枪前端抵在施工面上，然后再松开，垫圈夹应凸出防护罩 20mm，活动部分应灵活，管内不允许有障碍物，各螺钉不允许松动。

（2）装弹。将前枪部扳开，如果需要，将钉垫圈放在垫圈夹内。选用合适的射钉放入管内，再放入相应的弹，一手握把手，一手握防护罩，管口朝下。合上前枪部，其前后管应成一直线，并试揿钉管，应活动自如。

（3）作业准备。将防护罩刻线对准事先画好的十字坐标线，钉管必须与施工面垂直抵紧。

（4）击发。先按下保险阻铁，后扣动扳机。因该扣扳机不是微力扳机，因此扣扳机有两个步骤：轻扣扳机，扣到一定位置即有扣不动的感觉，再用力扣动扳机保险阻铁跳出，立即发火，完成作业。

（5）退壳。钉管垂直退出施工面，各工作机构复位，扳开压弹处弹壳退出。如有退不出现象，可将钉管口对施工面，轻拍几下即可退出弹壳。

2. 使用射钉枪注意事项

（1）装弹时管内不可有杂物，装弹后，严禁管口对人，停止作业时，应退出钉弹。

（2）严禁在易燃、易爆场所施工；严禁在容易被穿透的建筑物及钢板上作业，在作业面背后禁止有人。

（3）如弹药哑火，钉管口可不必离开施工面，再按阻铁，扣动扳机；也可取出钉弹，转动 90°，继续按步骤击发；如再次哑火，应在原位稍停 15～30s 后，再将哑火弹药取出做妥善处理。

八、喷灯

喷灯是一种利用喷射火焰对工件进行加热的工具，常用来焊接铅包电缆的铅包层、大截面铜导线连接处的搪锡以及其他连接表面的防氧化镀锡等。

喷灯的构造如图 1-20 所示。喷灯按照所用燃料分为煤油喷灯和汽油喷灯两种。

1. 喷灯的使用方法

（1）加油。根据喷灯所用燃料油的种类，加注燃料油。旋开加油螺栓，倒入适量的油，一般不超过油桶最大容量的 3/4，保留一部分空间贮存压缩空气以维持必要的空气压力，然后旋紧加油螺栓，关闭放油阀的阀杆，擦净撒在外部的油，并检查喷灯各处是否有漏油现象。

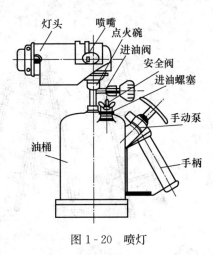

图 1 - 20 喷灯

（2）预热。操作手动泵增加油涌内油压，在预热燃烧盘（杯）中加入燃料油点燃，预热喷头。

（3）喷火。待火焰喷头烧热后，燃烧盘中油烧完之前，打气 3～5 次，将放油阀旋松，使阀杆开启，喷出油雾，喷灯即点燃喷火，而后继续打气，至火力正常为止。

（4）作业。观察火焰达到要求，手持喷灯，使喷灯保持直立，将火焰对准工件即可。

（5）熄火。作业完毕需熄灭喷灯，先关闭放油调节阀，直到火焰熄灭，再慢慢旋松加油口螺栓，放出油筒内的压缩气体。

2. 使用喷灯的注意事项

（1）使用前应仔细检查油桶是否漏油，喷嘴是否畅通、是否漏气等。

（2）打气压时应首先检查并确认进油阀可靠关闭，喷灯点火时，喷嘴前严禁站人。

（3）工作场所不能有易燃物品。喷灯工作时应注意火焰与带电体之间的安全距离：10kV 以上大于 3m，10kV 以下大于 1.5m。

（4）不得在煤油喷灯内加入汽油。

（5）打气压力不得过高，使用过程中应经常检查油筒内油量是否少于筒体体积的 1/4，以防筒体过热发生危险。

（6）喷灯的加油、放油和维修应在喷灯熄火后进行。喷灯使用完毕，应倒出剩余燃料油并回收，然后将喷灯污物擦除，妥善保管。

九、电工用梯

梯子是电工登高作业的工具，电工常用的有直梯和人字梯两种，如图 1-21 所示。直梯用于户外登高作业，人字梯用于户内登高作业。

使用梯子要注意在光滑坚硬的地面上使用时，梯脚应加装胶套或胶垫之类的防滑材料，如图 1-21（a）所示，用在泥土地面时，梯脚最好加铁尖。人字梯应在中间绑扎两道防自动滑开的安全绳，如图 1-21（b）所示。靠梯站立姿势如图 1-21（c）所示。为避免靠梯翻倒，梯脚与墙距离不得小于梯子长的 1/4，如图 1-22 所示，但也不得大于梯长的 1/2，以免梯子滑落，使用时最好有人扶梯。作业人员登梯高度，腰部不得超过梯顶，切忌站在梯顶或顶上一、二级横档上作业，以防朝后仰面摔下，站立姿势要正确，不可采取骑马方式在人字梯上作业，以防人字梯两脚自动滑开时摔伤。另外，骑马站立的姿势对人体操作也极不灵活。

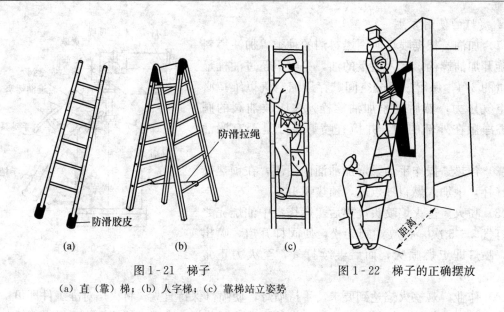

图 1-21　梯子　　　　　　　　　图 1-22　梯子的正确摆放

(a) 直（靠）梯；(b) 人字梯；(c) 靠梯站立姿势

第四节　电气制图与识图

电路图一般由电路、技术说明和标题栏三部分组成。电路通常由主电路和辅助电路组成。主电路是电源向负载输送电能的部分，一般包括发电机、变压器、开关、接触器、熔断器和负载等。辅助电路是对主电路控制、保护、监测、指示等的电路。标题栏画在电路图的右下角，其中注有工程名称、图名、图号、设计人等项内容。技术说明在电路图的右上方，包含文字说明和元件明细表等。

一、电气图的种类

电气图按照表达形式和用途的不同，种类繁多，各种形式的电气图都从某一方面或某些方面反映电气产品、电气系统的工作原理、连接方法和系统结构，常见的电气图的分类有以下几种。

1. 按表达形式分类

（1）图样。图样是利用投影关系绘制的图形，如各种印制板图等。

（2）简图。简图是用国家规定的电气图形符号、带注释的图框或简化外形来表示电气系统或设备中各组成部分之间相互关系及其连接关系的一种图，如框图、电路原理图、电路接线图等。简图并非电气图的简化图，而是对电气图表示形式的一种称呼。

（3）表图。表图是反映两个或两个以上变量之间关系的一种图，如表示电气系统内部各相关电量之间关系的波形图等，它是以波形曲线来表达电气系统的特征。

（4）表格。电气图中的表格是把电气系统的有关数据或编号按纵横排列的一种表达形式，用以说明电气系统或设备中各组成部分的相互联系功能的连接关系，也可提供电气工作参数，如电气主接线中的设备参数表。

2. 按功能和用途分类

（1）系统图（或系统框图）。系统图是用符号或带注释的框，概括表明各子系统的组成，各组成部分的相互关系及主要特征，是一种简化图。如图 1-23 所示是电动机转速负反馈自动调速系统框图。

（2）电气原理图。电气原理图是用图形符号并按电气设备的工作顺序排列，表明电气系统的基本组成、各元件间的连接方式、电气系统的工作原理及其作用，而不涉及电气设备和电气元件的结构和其实际位置的一种电

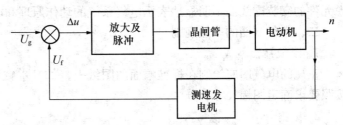

图 1-23 电动机转速负反馈的自动调速系统框图

气图，目的是便于详细理解作用原理及分析和计算电路特性和参数，与框图、接线图、印制板图等配合使用，可作为装配、调试和维修的依据。电气原理图是有关技术人员不可缺少的资料。电气原理图由三大部分组成，即电源部分、负载部分、中间环节。

为了便于分析研究，电气原理图又分为原理接线图和原理展开接线图。

1）原理接线图。原理接线图以元件的整体形式表示设备间的电气联系，使看图者对整个装置的构成有一个明确的整体概念。原理接线图概括地给出了装置的总体工作概念，能够明显地表明各元件形式、数量、电气联系和动作原理，但对一些细节未表示清楚。

2）原理展开接线图。对于较复杂的辅助电路，利用原理展开接线图的形式更为清楚、简洁，易于阅读。所谓原理展开接线图，就是将每个元件的线圈、辅助触点及其他控制、保护、监测、信号等元件，按照它们所完成的动作过程绘制。展开接线图可水平绘制，也可垂直绘制。绘制展开接线图时，一般是把电路分成主回路、交流电流回路、交流电压回路、直流操作回路、信号回路等几个主要组成部分，每一部分又分成很多支路，这些支路在水平绘制时自上而下排列，在垂直绘制时自左而右排列。各支路的排列顺序，在交流回路中按相序，在直流回路按设备的动作顺序。在每一行或列的支路中，各元件的线圈和触点是按实际连接顺序画出的。

在展开接线图中，同一元件的线圈和辅助触点按照其不同功能和不同动作顺序往往是分离的。为了区别各元件的类型、性质和作用，每个元件上都标有规定的文字符号，并在其两边标有相关数字；为了表示同一元件的线圈和触点，在线圈和触点的图形旁应标注该元件的文字符号。

（3）电气接线图、接线表。电气接线图或接线表是反映电气系统或设备各部分的连接关系的图或表，是专供电气工程人员安装接线和维修检查用的，接线图中所表示的各种仪表、电器、继电器及连接导线等，都是按照它们的实际图形、位置和连接绘制的，设备位置与实际布置一致。接线图只考虑元件的安装配线而不明显地表示电气系统的动作原理和电气元器件之间的控制关系。接线图以接线方便、布线合理为目标，必须表明每条线所接的具体位置，每条线都有具体明确的线号，标有相同线号的导线可以并接于一起；每个电气设备、装置和控制元件都有明确的位置，而且将每个控制元件的不同部件都画在一起，并且常用虚线框起来。如一个接触器是将线圈、主触点、辅助触点都绘制于一起用虚线框起来。而在电气原理图中是辅助触点绘制在辅助电路中，主触点绘制在主电路中。对于较复杂的辅助电路，利用展开接线图的形式更为清楚、简洁，易于阅读。

（4）电气安装图。电气安装图是用以进行安装接线和维修检查的，是根据电气设备或元件的实际结构和安装情况绘制的，图中所表示的设备位置与实际布置一致。电气安装图只考

虑元件的安装配线而不明显地表示电气系统的动作原理和电气元器件之间的控制关系。

二、电气制图的一般规则

1. 图纸幅面格式

正规的电气图应绘制在标准幅面的图纸上，如基本幅面不够，可选择规定的加长幅面，按照要求确定图幅尺寸和分区。

2. 比例

比例是指图形尺寸和实物尺寸之比。在现场施工中，有时常用比例尺量取图样上的尺寸，来换算出实际尺寸。

3. 图线

电气图常用的线型有实线、虚线、点划线和双点划线等。通常只选粗线和细线两种，粗线宽度为细线的两倍。

实线为电气图的基本线型，用它表示可见导线和可见轮廓线等。实线分为粗实线和细实线，粗实线主要表示主回路，细实线主要表示控制回路或一般线路。

虚线主要作为辅助线、屏蔽线和机械连接线。它还可表示不可见轮廓线、不可见导线和计划扩展内容等用线。

点划线常用作分界线、结构围框线、功能和分组围框线等。

双点划线常用作辅助围框线等。

4. 标高

安装电气设备时，常需要表示或确定安装或敷设的高度，工程上称这种高度为标高。施工时，一般以建筑物的室内地平面作为标高的零点，单位用 m 表示，图上表示符号为±0.00。高于零点标高，注"＋"号，低于零点的标高，注"－"号。

5. 箭头和指引线

箭头在图样中用来表示信号的流向和必要的注释。对于信号线和连接线上的箭头，规定使用开口箭头（即箭头内部不涂黑），表示为→。对于指引线上指向注释处的箭头，则用实心箭头（即箭头内部涂黑），表示为→。

指引线由细实线表示，并根据注释处的位置不同分别加以表示。如果指引点在轮廓线内，则将指引线连向指引点，并将指引点画成黑点"·"，表示为——。如果指引点在轮廓线上，则将指引箭头指到轮廓线为止；如果指引点在电路线上，则用短斜线表示。

6. 电气图的布局

电气图的布局应合理、排列均匀，图面应清晰易懂。表示导线、信号通路、连接线的图线最好为直线，尽量减少交叉和弯折。可以水平也可垂直布置。电路或元件的布置应按功能进行，并尽可能按工作顺序从左到右或从上至下排列。

三、电气图中常用的电气图形符号、文字符号

电气图中元件、部件、组件、设备装置、线路等一般采用图形符号、文字符号和项目代号来表示。电气识图首先应了解和熟悉这些符号的形式、内容、含义及它们之间的关系，这是看懂电路图的基础。图形符号有四种基本形式，即符号要素、一般符号、限定符号和方框符号。在电气图中，一般符号和限定符号最为常用。

1. 一般符号

一般符号是表示同一类元器件或设备特征的一种简单符号，它是各类元器件或设备的基

本符号，如图 1-24（a）所示。

2. 限定符号

限定符号是用以提供附加信息的一种加在其他符号上的符号，不能单独使用，而必须与其他符号组成使用，如图 1-24（b）所示。

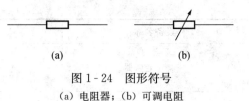

图 1-24　图形符号

(a) 电阻器；(b) 可调电阻

3. 文字符号

在电气图中，除用图形符号来表示各种设备、元件外，还在图形符号旁标注相应的文字符号，以区分不同的设备、元件以及同类设备或元件中不同功能的设备或元件。

文字符号组合形式一般为：基本符号＋辅助符号＋数字符号。

如第 2 组熔断器的文字符号为 FU2。

详细的电气图形符号可参阅国标 GB 4728—1985《电气图常用图形符号》，表 1-2 是电气简图常用的图形符号和文字符号表。

4. 项目代号

项目是指在电气图上用一个图形符号表示的基本件、部件、组件、设备、功能单元、系统等，如发电机、继电器、电力系统等。

项目代号是用于识别图、图表、表格中和设备上的项目种类，并提供项目的层次关系、实际位置等信息的一种特定的代码。通过项目代号可将图、图表、表格、技术文件中的项目和实际设备一一对应和联系起来。

一个完整的项目代号是由 4 个具有相关信息的代号段组成，每个代号段都用特定的前缀符号加以区分。

有关电气图用图形、文字和项目代号在绘制和阅读时应注意以下几点：

(1) 电气图的方位不是强制性的，在不改变符号含义的前题下，可根据图面需要旋转或镜像布置。

表 1-2　　　　　　　　　电气简图常用的图形符号和文字符号

设备名称	图形符号	文字符号
直流发电机	Ⓖ	GD
交流发电机	Ⓖ	GA
直流电动机	Ⓜ	MD
交流电动机	Ⓜ	MS
双绕组变压器	○○	TM

设备名称	图形符号	文字符号
三绕组变压器	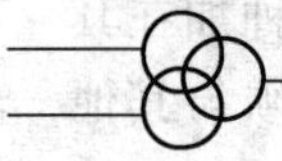	TM
自耦变压器		TM
电抗器、扼流圈		L
电流互感器 脉冲变压器	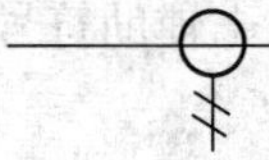	TA
电压互感器	同变压器	TV
整流器	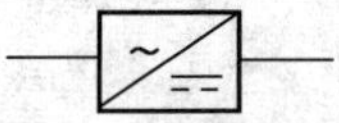	U
桥式全波整流器		U
高压断路器	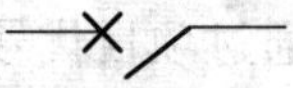	QF
自动开关低压断路器		Q
隔离开关	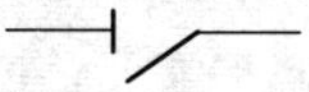	QS
负荷开关	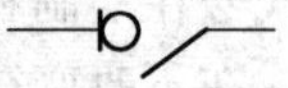	QL
熔断器		FU
避雷器		F

（2）图形符号仅表示器件或设备的非工作状态，所以均按无电压、无外力作用的状态表示。如继电器和接触器在无电压状态，断路器和隔离开关在断开位置。

（3）图形符号旁应有标注，用以指明图形符号所代表的元器件或设备的文字符号、项目代号及相关性能参数。

四、电气图的基本表示方法

1. 用于电路的表示方法

在电气图中，连接导线可用单线、多线或混合线表示。

单线图是用一条图线表示两根或两根以上的连接导线，主要用于三相或多线基本对称的情况。

多线图是每根连接导线各用一条图线表示，能详细表达各相或各线的内容，比较复杂，不如单线图清晰。所以，目前在设计、运行、安装工作中广泛应用单线图，只有在需要表示局部电路的详细情况时才用多线图表示。

混合线图是在同一图中，一部分用单线表示，另一部分用多线表示，兼有单线图简洁精炼的特点，又兼有多线图对描述对象精确、充分的特点。

2. 用于电气元件的表示法

电气元件在电气图中根据需要可采用集中表示法、半集中表示法和分开表示法。

(1) 集中表示法是把一个元件各组成部分的图形符号绘制在一起的方法。在集中表示法中，各组成部分用机械连接线（虚线）连接，且连接线是一条直线。

如图 1-25（a）所示为一个继电器的集中表示法。

(2) 半集中表示法是把一个元件某些组成部分的图形符号在简图上分开布置，并用机械连接线表示它们之间关系的方法。在半集中表示法中机械连接线可以弯折、分支和交叉。如图 1-25（b）所示为一个继电器的半集中表示法。

(3) 分开表示法是把一个元件各组成部分的图形符号在简图上分开布置，并仅用项目代号表示它们之间的关系。如图 1-25（c）所示为一个继电器的分开表示法。

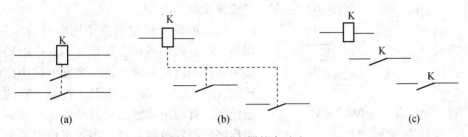

图 1-25 继电器的表示法
(a) 集中表示法；(b) 半集中表示法；(c) 分开表示法

五、识图步骤

(一) 电气图识读的一般方法

1. 阅读图样说明

图样说明包括图纸目录、技术说明、器材（元件）明细表及施工说明书等。识图时，先看图样说明、了解工程的整体轮廓、设计内容及施工的基本要求，这有助于了解图样大体情况，抓住识图重点。

2. 系统模块分解

对原理图、逻辑图、流程图等按功能模块分解，对接线图按安装制作位置模块分解，化大为小，通过模块的组成和特点的分析，有助于理解系统的工作原理、功能特点和安装方式要求。

3. 导线和元器件识别

分清电气图中的动力线、电源线、信号控制线、负载线等导线的线型、规格和走向，识别元器件及设备的型号、规格参数及在图中的作用，必要时可查阅元器件或设备手册。这种细化的识读方式，是对系统全面地分析理解所必须的，也是安装、调试和维修的基础。

4. 整理识读结果

电气图识读结束应整理出必要的文字说明，指出电气图的功能特点、工作原理、主要元器件和设备、安装要求、注意事项等。这种文字说明对简单的电气图可极其扼要甚至没有，但对于复杂的电气图必须要有而且成为技术资料的一个组成部分。

(二) 识读电气原理图的方法

1. 根据电工基本原理，在图纸上首先分出主电路和辅助电路

(1) 主电路。主电路是给用电器（电动机、电弧炉等）供电的电路，是受辅助电路控制的电路。主电路习惯用粗实线画在图纸的左边或上部。

（2）辅助电路。辅助电路是给控制元件供电的电路，是控制主电路动作的电路。辅助电路习惯用细实线画在图纸的右边或下部。

实际电气原理图中主电路一般比较简单，用电器数量较少；而辅助电路比主电路要复杂，控制元件也较多。

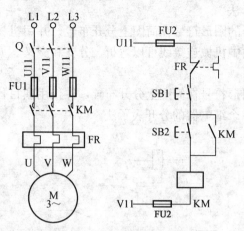

图 1 - 26　笼型电动机直接启动的控制线路原理图

2. 识读电气原理图的步骤和方法

先看主电路，后看辅助电路。

（1）识读主电路的具体步骤。

第一步看用电器。首先看清楚主电路中有几个用电器，它们的类别、用途、接线方式以及一些不同的要求等。如图 1 - 26 中的用电器是一台三相异步电动机 M。

第二步看清楚主电路中用电器的控制元件，用几个控制元件控制。如图 1 - 26 中电动机是用接触器控制启动和停止的。实际电路中用电器的控制方法很多，有的只用开关控制，有的用启动器控制，有的用接触器或其他继电器控制，有的用程序控制器控制，有的用集成电路控制，这要求我们分清主电路中的用电器与控制元件的对应关系。

第三步看清楚主电路除用电器以外的其他元器件以及这些元器件的作用。如图 1 - 26 中，主电路除电动机外还有刀开关 Q 和熔断器 FU。刀开关是总电源开关，熔断器起到电路的短路保护作用。看主电路时可顺着电源，沿着电流流过的路径逐一观察。如图 1 - 26 中主电路是：三相电源—Q—FU—KM（主触点）—FR（热元件）—M3～。

第四步看电源。要了解电源的种类和电压等级，分清是直流电源还是交流电源，直流电源有的是直流发电机，有的是整流设备，电压等级有 660、220、110、24、12、6V 等；交流电源多由三相交流电网供电，有时也由交流发电机供电，电压等级有 380、220V 等。如图 1 - 26 中电源为 380V 交流三相电。

（2）识读辅助电路的具体步骤和方法。

第一步看辅助电路的电源，分清辅助电路电源种类和电压等级，辅助电路的电源有两种，一种是交流电源，一种是直流电源。辅助电路所用交流电源电压一般为 380V 或 220V，辅助电路电源取自三相交流电源的两根相线（火线），则电压为 380V，取自三相交流电源的一根相线和一根中性线，则电压为 220V；辅助电路所用直流电源电压等级有 220、110、24、12V 等。

若同一个电路中主电路电源为交流，而辅助电路电源为直流，一般情况下，辅助电路是通过整流装置供电的。若在同一个电路中主电路和辅助电路的电源都为交流电，则辅助电路的电源一般引自主电路。如图 1 - 26 中辅助电路的电源是从主电路中引出的，电压为 380V。

辅助电路中的控制元件所需的电源种类和电压等级必须与辅助电路电源种类和电压等级相一致，绝不允许将交流控制元件用于直流电路，否则控制元件通电会烧毁交流线圈；也不允许将直流控制元件用于交流电路，否则控制元件通电也不会正常工作。

第二步弄清辅助电路中每个控制元件的作用，弄清辅助电路中控制元件对主电路用电器的控制关系。

辅助电路是一个大回路，而在大回路中经常包含若干个小回路，每个小回路中有一个或多个控制元件。主电路用电器越多，则辅助电路的小回路和控制元件也越多。如图 1 - 26 中，辅助电路只有一个回路，此回路是：

U11—FU2—FR（动断触点）——SB1————SB2————KM（线圈）—FU2—V11

　　　　　　　　　　　　　　　　└—KM（辅助触点）—┘

当电源总开关 Q 合上后，主电路和辅助电路都与电源接通（有电压、无电流），按下启动按钮 SB2，主电路中的电动机启动运行；按下停止按钮 SB1 则运行中的电动机就停止运行；运行中若辅助电路发生短路故障，则 FU2 熔断，KM 线圈失电，电动机停止运行。

总之，弄清电路中各控制元件的动作关系和对主电路用电器的控制作用是读懂电气原理图的关键。

第三步研究辅助电路中各个控制元件之间的制约关系。在电路中电气设备、装置、控制元件不是孤立存在的，而是相互之间有密切联系，有的元器件之间是控制与被控制的关系，有的是相互制约关系，有的是联动关系。图 1 - 26 中 SB2 就是控制 KM 通电的元件。

（3）识读原理展开接线图。原理展开接线图通常属于电气原理图中的控制电路部分。识读时必须参照整个电路原理图对展开接线图从左向右或自上而下分析。首先应按列或行一个支路、一个支路的依照顺序读通，有时性质不同的支路是交错画在一起的，就要跳过无关的支路，找到有关的支路，在整张展开接线图中，把与这个支路有联系的所有支路都找到。在读具体支路时，要先找到继电器线圈的启动支路，然后寻找该继电器的触点支路，一个继电器往往有几对触点，所有与该继电器有关的触点支路都要找到。要注意的是，这种图中同一元件的不同部分不一定在同一个地方，元件的触点和线圈可能接在不同回路中，看图时不要遗漏。

（三）识读电气接线图的方法和步骤

识读电气接线图，要弄清电气原理图，结合电气原理图看电气接线图是看懂电气接线图最好的方法。

第一步分析清楚电气原理图中主电路和辅助电路所含有的元器件，弄清楚每个元器件动作原理。要特别弄清辅助电路控制元件之间的关系，弄清辅助电路中控制元件与主电路的关系。

第二步弄清电气原理图和接线图中元器件的对应关系。同一个元器件在两种电路图中的绘制方法可能不同，在原理图中同一元件的线圈和触点画在不同位置，而在接线图中同一元件的线圈和触点是画在一起的。

第三步弄清电气接线图中接线导线的根数和所用导线的具体规格。在接线图中每两个接线柱之间需要一根导线，在有些接线图中并不标明导线的具体型号和规格，而是将所有元器件和导线型号规格列入元件明细表中。

第四步根据电气接线图中的线号研究主电路的线路走向。分析主电路时从电源引入线开始，根据电流流向，依次找出接主电路用电器所经过的元器件。电路引入线规定用文字符号 L1、L2、L3 或 U、V、W 表示三相交流电源的三根相线。

第五步根据线号研究辅助电路的走向。在实际接线中主电路和辅助电路是按先后顺序接线的，另外，主电路和辅助电路所用导线型号规格也不相同。分析辅助电路时从辅助电路的电源引入端开始，根据假定电流方向，依次研究每条支路的线路走向。

（四）常见电气工程图的识读实例

电力工程中，经常用到许多工程图，识读电气工程图时，可从以下几方面入手：

（1）结合电工基础理论看图。无论是变配电站、电力拖动，还是照明供电和各种控制电路的设计，都离不开电工基础理论。要搞清电路的电气原理，必须具备电工基础知识。

（2）结合电器元件的结构和工作原理看图。电路中有各种电器元件，如断路器、隔离开关、熔断器、互感器、避雷器、继电器、接触器、控制开关等，看图时先搞清这些元件的性能、相互关系及在电路中的地位和作用，才能搞清工作原理，否则无法看懂图。

（3）结合典型电路看图。一张复杂的电气图，细分起来不外乎是由典型电路所组成。熟悉各种典型电路，对于看懂复杂的电气图有很大帮助，能很快分清主次，抓住主要矛盾，而且不易搞错。

（4）结合电路图的绘制特点看图。绘制电气原理图时，通常把主电路和辅助电路分开。主电路一般用粗实线画，辅助电路一般用细实线画。

1. 电动机启动控制安装接线图的识读

图1-27所示为笼型电动机启动的控制线路安装图。图中使用了

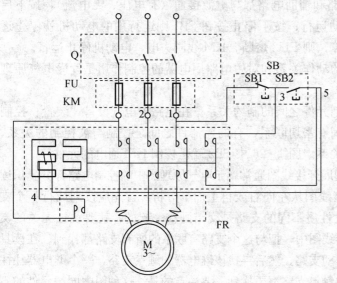

图1-27　笼型电动机直接启动的控制线路安装图

组合开关Q、交流接触器KM、按钮开关SB、热继电器FR及熔断器FU等几种电器。该电路还可实现短路保护、过负荷保护和失压保护。该安装图中各个电器是按实际位置画出的，属于同一电器的各部件集中在一起。

2. 笼型电动机正反转的控制电路原理图和安装接线图

在生产上往往要求运动部件向正、反两方向运动，为实现电动机的正反转，只要用两个交流接触器就能满足这一要求。

图1-28所示为电气和机械互锁的笼型电动机正反转控制电路原理接线图，而图1-29所示为电气和机械互锁的笼型电动机正反转控制电路安装图。

接线图与原理图对照识图是应掌握的基本技能。对照两图，其特点是原理图中连接在一起的符号在

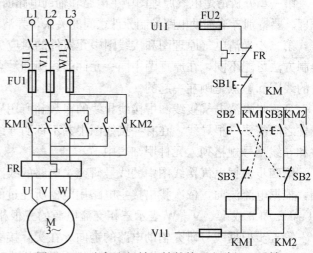

图1-28　电气和机械互锁的笼型电动机正反转
控制电路原理接线图

实物中不一定在一起，而安装接线图中是以实物的实际布置来绘图，各种图形符号大体上也是以实物为基础画在相连之处。两图的文字符号相对应。

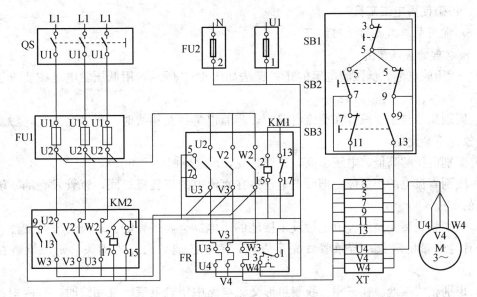

图 1-29 电气和机械互锁的笼型电动机
正反转控制线路安装图

第五节 实 训 课 题

一、电工材料的正确使用

认知导电材料和绝缘材料。

1. 认知导电材料

练习（1）：取各种型号的绝缘导线若干种，识别绝缘导线的型号及截面积。

练习（2）：根据条件选择导线。

某车间需安装 100W 白炽灯 20 只，80W 高压水银灯 15 只（高压水银灯镇流器为 10W），40W 日光灯 15 只（日光灯镇流器为 8W），1kW 单相电动机 1 台，5kW 三相异步电动机 5 台，10kW 三相异步电动机 2 台，三相异步电动机最高利用率为 60%。求：

（1）进户线采用明线敷设，应选用何种规格的塑料铜芯线。

（2）进户线采用钢管敷设（一管穿 4 线）时，应选用何种规格的塑料铜芯线。将计算和选择结果填写在表 1-3 中。

表 1-3   导 线 选 择 结 果

导线敷设方式	进户线总电流	导线规格
明线敷设		
钢管敷设		

2. 认知绝缘材料

练习（1）：识别云母、石棉、大理石、电瓷、玻璃无机绝缘材料。

练习（2）：识别虫胶、树脂、橡胶、棉纱、绝缘纸、麻等有机绝缘材料。
熟知其性能和用途。

二、正确使用电工工具

（一）常用电工工具的使用练习

1. 验电器的正确使用

（1）低压验电笔。低压验电笔的正确握法如图 1-2 所示，用低压验电笔按要求进行下列测试：

1）区别相线与中性线。在交流电路中，当验电笔触及相线时，氖管会发亮，触及中性线时，氖管不会发亮。

2）区别电压的高低。电压越高，氖管越亮，反之则暗。

3）区别直流电的正负极。把验电笔连接在直流电的正负极之间，氖管发亮的一端即为直流电的负极。

4）识别相线碰壳。用验电笔触及未接地的用电器金属外壳时：若氖管发亮强烈，则说明设备有碰壳带电现象；若氖管发亮不强烈，搭接接地线后亮光消失，则该设备存在感应电。

5）识别相线接地。在三相三线制星形交流电路中用验电笔触及相线时：有两根比通常稍亮，另一根稍暗，说明亮度暗的相线有接地现象，但不太严重；如果有一根不亮，则这一相已完全接地。在三相四线制电路中，当单相接地后，用验电笔测量中性线，也可能发亮。

（2）高压验电器。高压验电器的正确握法如图 1-4 所示，用高压验电器按下列要求测试高压带电体：

1）在室内或天气晴朗的室外。

2）穿戴符合耐压要求的绝缘鞋和绝缘手套，身旁有人监护。

3）测试人逐渐靠近高压带电体，与带电体保持足够的安全距离（10kV 高压为 0.7m 以上）。

4）将高压验电器金属部分逐渐靠近带电体，氖管发亮（或有声音发出）。

5）只有氖管不发亮时高压验电器金属部分才可触及高压带电体。

2. 钢丝钳的正确使用

按下面的方法进行练习。

（1）按图 1-11（b）所示方法紧固或起松螺母。

（2）按图 1-11（c）所示方法弯绞导线。

（3）按图 1-11（d）所示方法剪切 8～12 号铅丝，连续 6～10 次剪断为合格。

（4）按图 1-11（e）所示方法铡切钢丝。

3. 尖嘴钳的正确使用

将截面积为 1.5～4mm² 的单股导线弯成 $\phi4$～$\phi6$ 的圆圈形接线鼻子，每分钟 10 个为合格。

4. 剥线钳的正确使用

用剥线钳剥除截面积为 1.5～4mm²、长度为 1～3cm 的绝缘铜导线，每分钟剥除 20 个线头为合格。

5. 螺钉旋具

螺钉旋具的正确使用方法如图 1-6 所示。

选用合适的螺钉旋具在木板上拧长短不等的木螺钉 20 个，在灯口或插座上松紧螺钉 20 个。

6. 活络扳手

活络扳手的正确使用方法如图 1-8 所示，用 M10～M16 的螺栓紧固相应的器件。

注意事项：不可用活络扳手旋钮带电的螺栓或螺帽。

7. 电工刀

电工刀的正确使用方法如图 1-16 所示。

用单股铜导线和护套线在导线的端部和中间位置剖削绝缘。

(1) 用电工刀剖削 1.5～6mm^2 单股导线的绝缘。

(2) 用电工刀剖削 10～35mm^2 多股导线的绝缘。

(3) 用电工刀剖削导线的绝缘皮时不得损伤导线芯。

注意事项：不允许用电工刀剖削带电导线的绝缘。

(二) 其他电工工具的使用练习

1. 电烙铁焊接练习

(1) 在空心铆钉板的铆钉上焊接圆点（50 个铆钉），先清除空心铆钉板和铆钉表面的氧化层，然后在空心铆钉板各铆钉上焊上圆点。

(2) 在空心铆钉板上焊接铜丝（50 个铆钉），先清除空心铆钉表面氧化层，清除铜丝表面氧化层，然后搪锡，并在空心铆钉上（直插、弯插）焊接。

(3) 在印刷线路板上焊接铜丝（100 个孔），在保持印刷线路板表面干净的情况下清除铜丝表面的氧化层，然后搪锡，并在印刷线路板上焊接。

焊接操作项目：

1) 一般结构的焊接。

2) 印刷线路板的焊接。

3) 集成电路的焊接。

2. 电钻

操作内容：

(1) 钻头的安装。普通钻头的安装，冲击钻头的安装。

(2) 作为普通电钻用。用 $\phi4$ 的钻头在 2mm 厚的铁板上打孔，然后用 $\phi14$ 的钻头进行扩孔，每分钟 6 个为合格。

(3) 作为冲击钻用。分别用 $\phi8$，$\phi12$ 的冲击钻头在砖墙和水泥墙上打孔，打孔 20 个，并进行使用方法的总结。

3. 射钉抢

练习内容：在水泥墙上固定铁质或铝质器件。

第二章

电 工 基 本 操 作 技 术

第一节 常用导线的连接

在电气线路的配线和维修中,经常遇到导线不够长或要分接支路,需要把一根导线与另一根导线连接起来,或把导线端头固定于电气设备上的情况。导线的连接是电工的基本技能之一,导线的连接质量影响着线路和设备运行的可靠性和安全程度,线路的故障往往发生在导线接头处。

导线的连接应符合的基本要求是:电气接触要紧密,使接触电阻最小,机械强度足够,接头整齐美观,绝缘强度不低于导体本身的绝缘强度。

由于导线的材料、线径的大小和对连接的要求不同,所以连接方法也不同。

绝缘导线的连接分为剖削绝缘、导线连接、导线绝缘层的恢复三个步骤。

一、剖削绝缘

在导线连接前,先把导线端部的绝缘层剥除,并将裸露的导体表面清洁干净。剖去绝缘层的长度由连接方法和导线截面积而定。剖削绝缘层时,不应损伤导线线芯。

导线线头绝缘层的剖削方法有直削法、斜削法和分段剖削法。直削法、斜削法适用于单层绝缘导线,如塑料绝缘线;分段剖削法适用于绝缘层较多导线,如橡皮线、铅皮线等。

剖削绝缘层可用电工刀、剥线钳、钢丝钳等电工工具。一般情况下,导线线芯截面积为 $4mm^2$ 及以下的塑料硬线,用钢丝钳剖削;导线线芯截面积大于 $4mm^2$ 的硬塑料线,用电工刀剖削;塑料软线只能用剥线钳或钢丝钳剖削,不可用电工刀剖削,因塑料软线太软且线芯由多股铜丝组成,用电工刀易伤及线芯。

1. 硬塑料线绝缘层的剖削

(1)用钢丝钳剖削。如图 2-1 所示,左手捏住导线,根据线头所需长度,用钢丝钳钳口轻切塑料层表皮,用力要适中,不可切入芯线;右手握住钢丝钳头部用力向外勒去塑料绝缘层,同时左手把紧导

图 2-1 钢丝钳剖削

线反向用力配合动作,在勒去绝缘层时,不可在钳口处加剪切力,否则会伤及线芯甚至剪断导线。剖削出的芯线应保持完整无损,损伤较大时要重新剖削。

(2)用电工刀剖削。如图 2-2(a)所示,握好电工刀;根据所需线头长度,用电工刀

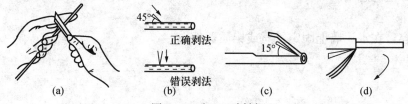

图 2-2 电工刀剖削

(a)握刀姿势;(b)刀以 45°倾斜切入;(c)刀以 15°倾斜推削;(d)扳转塑料层并在根部切去

刀口以45°倾斜切入塑料绝缘层，注意力度刚好剖透绝缘层而不伤及线芯，如图2-2（b）所示；然后刀面与线芯保持15°角左右，用力向线端推削出一条缺口，如图2-2（c）所示；最后将绝缘层剥离芯线，向后扳翻，用电工刀齐根切去，如图2-2（d）所示。

2. 塑料软线绝缘层的剖削

塑料软线绝缘层仍可用钢丝钳直接剖削截面积为4mm²以下的导线，方法同上；另外还可用剥线钳剖削。

用剥线钳剖削时，先定好所需的剖削长度，把导线放入相应的刀口中（比导线直径稍大），用手将柄一握，导线的绝缘层即被割破自动弹出。

3. 塑料护套线的护套层和绝缘层的剖削

护套层用电工刀剥离，方法是按所需长度用电工刀刀尖对准线芯缝隙间划开护套层，如图2-3（a）所示；接着向后扳翻护套层，用刀齐根切去，如图2-3（b）所示；然

图2-3 塑料护套线绝缘层的剖削

（a）电工刀在芯线缝隙间划开护套层；（b）扳翻护套层并齐根切去

后在距离护套层5～10mm处用电工刀以45°倾斜切入绝缘层，剖削方法同塑料硬线的剖削。

4. 橡皮线绝缘层的剖削

先把橡皮线编织保护层用电工刀尖划开，将其扳翻后齐根切去，与剥离护套层方法相同；然后用剥削塑料线绝缘层相同的方法剥去橡胶层；最后松散纱层到根部，用电工刀切去。

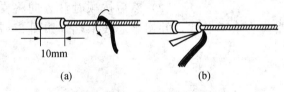

图2-4 花线绝缘层的剖削

（a）将棉纱层散开；（b）割断棉纱层

5. 花线绝缘层的剖削

花线绝缘层分内外两层，外层是柔韧的棉纱编织物。其剖削方法如图2-4所示，根据所需长度用电工刀在棉纱织物保护层四周割切一圈后拉去；然后在距棉纱织物保护层10mm处，用钢丝钳刀口剖削橡胶绝缘层，右手握住钳头，左手把花线用力抽拉，钳口勒出橡胶绝缘层；最后将露出棉纱层松散开来，用电工刀割断。

6. 铅包线绝缘层的剖削

铅包线绝缘层分为外部铅包层和内部线芯绝缘层。

先根据所需长度用电工刀在铅包层切割一刀，如图2-5（a）所示；然后用双手来回扳动切口处，铅包层便沿切口折断，就可把铅包层拉出来，如图2-5（b）所示；最后按塑料线绝缘层的剖削方法剖削内部线芯绝缘层，如图2-5（c）所示。

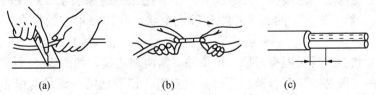

图2-5 铅包线绝缘层的剖削

（a）按所需长度切入；（b）折扳和拉出铅包层；（c）剖削内部线芯绝缘层

二、导线连接

1. 铜芯导线的连接

（1）单股铜芯导线的直线连接。

1）将已剖除绝缘层并去掉氧化层的两根导线线头成 X 形相交，互相缠绕 2～3 圈，如图 2-6（a）所示。

2）然后扳直两线头，如图 2-6（b）所示。

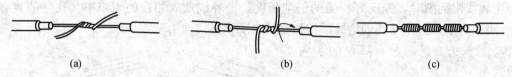

（a）　　　　　　　　（b）　　　　　　　　（c）

图 2-6　单股铜芯导线的直线连接

3）各线头分别在芯线上紧密缠绕 6～8 圈，用钢丝钳切去余下线头，并钳平芯线末端的切口毛刺，如图 2-6（c）所示。

（2）单股铜芯导线的 T 形分支连接。

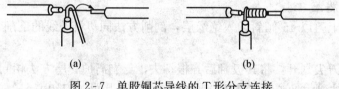

（a）　　　　　　　（b）

图 2-7　单股铜芯导线的 T 形分支连接

1）将已剖除绝缘层并去掉氧化层的支路芯线的线头与干线芯线十字交叉，在支路芯线根部留出约 3～5mm，如图 2-7（a）所示。

2）然后按顺时针方向将支路芯线在干线上紧密缠绕 6～8 圈，用钢丝钳剪去余下芯线，并钳平芯线末端，如图 2-7（b）所示。

（3）7 股铜芯导线的直线连接。

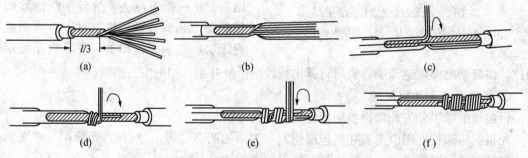

（a）　　　　　　　　（b）　　　　　　　　（c）

（d）　　　　　　　　（e）　　　　　　　　（f）

图 2-8　7 股铜芯导线的直线连接

1）先将剖去绝缘层的芯线头散开并拉直，接着把靠近绝缘层 1/3 线段的芯线顺着原来的扭转方向绞紧，然后把余下的 2/3 芯线分散成伞状，并将每根芯线拉直，如图 2-8（a）所示。

2）将两个伞状芯线线头隔根对插，拉平并夹紧两端芯线，如图 2-8（b）所示。

3）把一端的 7 股芯线按两、两、三根分成三组，接着把第一组的两根芯线扳起，垂直于芯线，并按顺时针方向缠绕，如图 2-8（c）所示。

4）缠绕两圈后，将余下的芯线向右扳直，再将第二组的两根芯线扳起垂直于芯线，也按顺时针方向紧紧压着前两根扳直的芯线缠绕,如图 2-8 (d) 所示。

5) 缠绕两圈后,也将余下的芯线向右扳直,再把下边第三组的三根芯线扳起垂直于芯线,也按顺时针方向紧压前四根扳直的芯线向右缠绕,如图 2-8 (e) 所示。

6) 缠绕三圈后,切去每组多余的芯线,钳平线端,如图 2-8 (f) 所示。

7) 用同样方法再缠绕另一边芯线。

(4) 7 股铜芯导线的 T 形分支连接。

1) 把除去绝缘层和氧化层的分支芯线散开并拉直,在距离绝缘层 1/8 处将芯线绞紧,再把支路线头 7/8 的芯线分成两组,一组四根,一组三根,两组排列整齐,然后用旋凿把干线的芯线撬分两组,再把支线中四根芯线的一组插入干线两组芯线中间,而把三根芯线的一组支线放在干线芯线的前面,如图 2-9 (a) 所示。

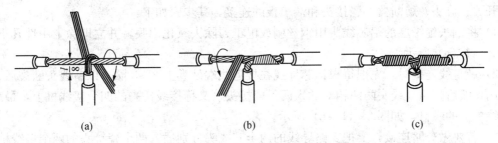

(a)   (b)   (c)

图 2-9 7 股铜芯导线的 T 形分支连接

2) 把右边三根芯线的一组在干线一边按顺时针方向紧紧缠绕 3~4 圈,钳平线端,如图 2-9 (b) 所示。

3) 再把左边四根芯线的一组按逆时针方向缠绕 4~6 圈,剪去多余线头,修去毛刺,钳平线端,如图 2-9 (c) 所示。

(5) 19 股铜芯导线的直线连接。19 股铜芯导线的直线连接方法与 7 股铜芯导线的基本相同。芯线太多可剪去中间的几根芯线,然后按要求将根部绞紧,隔根对叉,分组缠绕。连接后,为增加其机械强度和改善导电性能,应在连接处进行钎焊。

(6) 19 股铜芯导线的 T 形分支连接。19 股铜芯导线的 T 分支处连接方法与 7 股芯线的基本相同,只是将支路导线的芯线分成 9 根和 10 根,并将 10 根芯线插入干线中,各向干线左右两边缠绕。

(7) 单股铜芯导线与多股铜芯导线的 T 形分支连接。

1) 按单股铜芯导线直径约 20 倍的长度剖削多股铜芯导线连接处的绝缘层,并在离多股铜芯导线的左端绝缘层切口 3~5mm 处的芯线上,用螺钉旋具把多股铜芯导线分成均匀的两组,如图 2-10 (a) 所示。

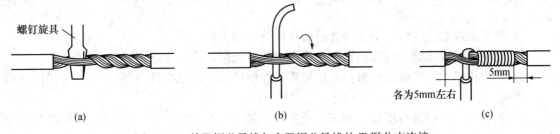

螺钉旋具

各为5mm左右

5mm

(a)   (b)   (c)

图 2-10 单股铜芯导线与多股铜芯导线的 T 形分支连接

2）按多股铜芯导线的单根铜芯线直径约 100 倍长度剖削单股铜芯导线端的绝缘层，并勒直芯线，把单股铜芯线插入多股铜芯线的两组芯线中间，但单股铜芯线不可插到底，应使绝缘层切口离多股芯线约 5mm 左右，如图 2-10（b）所示。

3）用钢丝钳把多股铜芯线的插缝钳平钳紧，并把单股铜芯线按顺时针方向紧密缠绕在多股芯线上，务必要使每圈直径垂直于多股芯线的内轴心，并应圈圈紧挨密排，绕足 10 圈，钳断余下线头，并钳平切口毛刺，如图 2-10（c）所示。

2. 铝芯导线的连接

铝极容易氧化，且氧化铝膜的电阻率极高，所以铝芯导线不宜采用铜芯导线的方法连接，否则易发生事故。铝芯导线的连接方法有以下几种。

（1）螺钉压接法连接。该方法适用于负荷较小的单股铝芯导线的连接，常用于线路上导线与开关、灯头、熔断器、瓷接头和端子板的连接，其步骤如下：

1）将剖去绝缘层的铝芯线头用钢丝刷或电工刀除去氧化铝膜，并立即涂上中性凡士林，如图 2-11（a）所示。

2）做直线连接时，先把每根铝芯导线在接近线端处卷上 2～3 圈，以备线头断裂后再次连接用，然后把四个线头两两相对插入两只瓷接头（又称接线桥）的四个接线桩上，最后旋紧接线桩上的螺钉，如图 2-11（b）所示。

3）若要做分路连接，要把支路导线的两个芯线头分别插入两个瓷接头的两个接线桩上，然后旋紧螺钉，如图 2-11（c）所示。

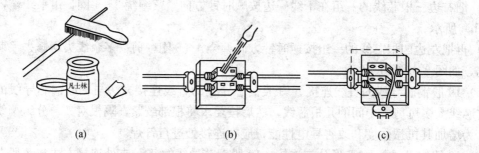

（a）　　　　　　　　　　（b）　　　　　　　　　　（c）

图 2-11　单股铝芯导线的螺钉压接法连接
（a）刷去氧化膜涂上凡士林；（b）在瓷接头上作直线连接；（c）在瓷接头上分路连接

4）最后在瓷接头上加盖铁皮盒或木罩盒盖。

如果连接处在插座或熔断器附近，则不必用瓷接头，可用插座或熔断器上的接线桩进行过渡连接。

（2）压接管（钳接管）压接法连接。该方法适用于户内外较大负荷的多根铝芯导线的连接，通常使用手动冷挤压接钳和压接管（又称钳接管），如图 2-12（a）、（b）所示，其步骤如下：

1）根据多股铝芯导线规格选择合适的压接管（钳接管）。

2）用钢丝刷清除铝芯线表面和压接管内壁的氧化层，涂上一层中性凡士林。

3）把两根铝芯导线线端相对穿入压接管，并使线端穿出压接管 25～30mm，如图 2-12（c）所示。

4）然后用压接钳进行压接，如图 2-12（d）所示。压接时，第一道压坑压在铝芯线线端一侧，不可压反，压接坑的距离和数量应符合技术要求。

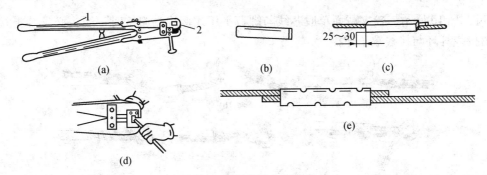

图 2-12　压接钳和压接管

（a）压接钳；（b）压接管；（c）穿进压接管；（d）进行压接；（e）压接后的铝芯线

1—压接钳；2—压模

3. 线头与接线桩的连接

在各种电器和电气装置上，均有接线桩供连接导线用。常用的接线桩有针孔式和螺钉平压式两种。

（1）线头与针孔式接线端子的连接。如图 2-13（a）所示。在针孔式接线桩上接线时，如果单股芯线与接线桩插线孔大小适宜，只要把芯线插入针孔，旋紧螺钉即可；如果单股芯线较细，则要把芯线折成双根，再插入针孔；或选一根直径大小相宜的铝导线做绑扎线，在已绞紧的线头上紧密缠绕一层，线头与针孔合适后再进行压接；如果是多根细丝的软线芯线，必须先绞紧，再插入针孔，切不可有细丝露在外面，以免发生短路事故。若线头过大，插不进针孔，可将线头散开，适量减去中间几股，然后绞紧线头，进行压接。

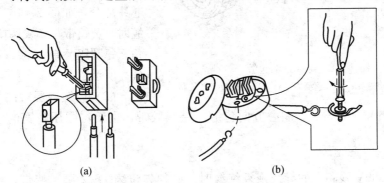

图 2-13　线头与接线端子的连接

（a）在针孔式接线端子上接线；（b）在螺钉平压式端子头上接线

（2）线头与螺钉平压式接线端子的连接。在螺钉平压式接线桩上接线时，若是较小截面积的单股芯线，则必须把线头弯成羊眼圈，如图 2-14 所示，羊眼圈弯曲的方向应与螺钉拧紧的方向一致，如图 2-14（b）所示。多股芯线与螺钉平压式接线桩连接时，压接圈的

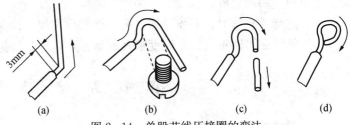

图 2-14　单股芯线压接圈的弯法

（a）离绝缘层根部 3mm 处向外侧折角；（b）按略大于螺栓直径弯圆弧；

（c）剪去芯线余端；（d）修正圆圈致圆

弯法如图 2-15 所示。较大截面单股芯线与螺钉平压式接线端连接时，线头必须装上接线耳环，由接线耳环与接线端子连接。

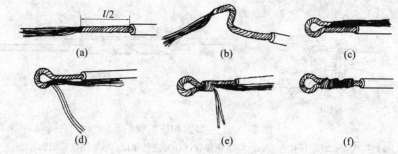

(a)　　　　　　　(b)　　　　　　　(c)

(d)　　　　　　　(e)　　　　　　　(f)

图 2-15　多股导线压接圈的弯法

三、导线绝缘层的恢复

导线的绝缘层破损和导线连接后都要恢复绝缘。为了保证用电安全，恢复后的绝缘强度不能低于原有的绝缘能力。在恢复绝缘时，常用黑胶带、黄蜡带、塑料绝缘带和涤纶薄膜带作为恢复绝缘层的材料，它们的绝缘强度按上列顺序依次递减。黄蜡带和黑胶带一般选用 20mm 宽较适中，包缠也方便。

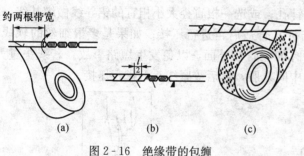

(a)　　　　(b)　　　　(c)

图 2-16　绝缘带的包缠

(a) 包缠起点选择；(b) 缠绕方法；(c) 另起缠绕黑胶布

1. 包缠方法

（1）将黄蜡带（或塑料绝缘带）从导线左边完整的绝缘层上开始包缠，包缠两根带宽后方可进入无绝缘层的芯线部分，如图 2-16（a）所示。包缠时，黄蜡带与导线保持约 55° 的倾斜角，每圈压叠带宽的 1/2，如图 2-16（b）所示。

（2）包缠一层黄蜡带后，将黑胶带接在黄腊带的尾端，按另一斜叠方向包缠一层黑胶带，也要每圈压带宽的 1/2，如图 2-16（c）所示。

2. 注意事项

（1）用在 380V 线路上的导线恢复绝缘时，必须先包缠 1~2 层黄蜡带，然后再缠一层黑胶带。

（2）用在 220V 线路上的导线恢复绝缘时，先包缠一层黄蜡带，然后再包缠一层黑胶带，也可只包两层黑胶带。

（3）绝缘带包缠时，不能过疏，更不能露出芯线，以免造成触电或短路事故。

（4）绝缘带平时不可放在温度很高的地方，也不可浸染油类。

第二节　焊　接　工　艺

一、焊接工艺的基本知识

1. 焊接的概念

焊接就是在金属连接处实行局部加热、加压或同时加压加热等方法，促使焊料与焊接金属原子或分子之间相互扩散和结合，以达到永久牢固的连接。

2. 焊接的种类

焊接根据工作原理大致分为加热和加压两种方法，即熔化焊和压力焊。电力工程中常用的是气焊（气割）和手工电弧焊，电子设备装配和维修中主要采用钎焊。

气焊是利用乙炔和氧气混合燃烧的火焰热量来加热金属的一种熔化焊。气焊使用的设备有氧气瓶和乙炔瓶，主要工具有焊炬和胶管。

气割是利用乙炔和氧气混合燃烧的火焰热量加热金属后，立即从割嘴的中心槽中排出切割氧，使加热的金属燃烧成氧化物，并在熔化状态下被切割氧气流吹走，而使金属分开。气割使用的设备和工具同气焊基本一样，只是将焊炬换成割炬。

手工电弧焊是利用电弧放电时产生的热量来熔化焊条及焊体，从而获得金属之间牢固连接的焊接方法。手工电弧焊的主要设备是电焊机，分为交流电焊机和直流电焊机两类，主要工具有焊钳和电缆等，操作防护主要用品有面罩、专用手套等。

钎焊是用加热把作为焊料的金属熔化成液态，使另外的被焊固态金属（母材）连接在一起，并在焊点发生化学变化。钎焊中的焊料是起连接作用的，其熔点必须低于被焊金属材料的熔点。根据焊料熔点的高低，钎焊又分为硬焊（焊料熔点高于 450℃）和软焊（焊料熔点低于 450℃）。锡焊是软焊的一种。

3. 焊接（锡焊）的必备条件

（1）母材应具有良好的可焊性。

（2）母材表面和焊锡应保持清洁接触，应清除被焊金属表面的氧化膜。

（3）应选用助焊剂性能最佳的助焊剂。

（4）焊锡的成分及性能应在母材表面产生浸润现象，使焊锡与被焊金属原子间因内聚力作用而融为一体。

（5）焊接要具有足够的温度，使焊锡熔化并向被焊金属缝隙渗透和向表层扩散，同时使母材的温度上升到焊接温度，以便与熔化焊锡生成金属合金。

（6）焊接的时间应适当，过长或过短都不行。

二、焊接的基本要点

1. 焊料、焊剂的选用

焊料是用来熔合两种或两种以上的金属面，使之成为一个整体的金属或合金。焊剂是用来改善焊接性能的。

（1）焊料的选用。常用的焊料有锡铅焊料（也叫焊锡）、银焊料及铜焊料。锡铅焊料是一种合金，锡、铅都是软金属，熔点较低，配制后的熔点在 250℃ 以下。纯锡的熔点为 232℃，它具有较好的浸润性，但热流动性不好；铅的熔点比锡高，约为 327℃，具有较好的热流动性，但浸润性差。锡和铅按一定比例组成合金后，其熔点和其他物理性能都有变化，当合金的铅锡比例各为 50％ 时，其熔点为 212℃，凝固点为 182℃，182～212℃ 之间为半凝固状态，这种合金含锡量低、熔点高，只可用于一般焊接中，不能用于电子设备装配和维修。

当锡/铅为 62％/38％ 时，这种合金称为共晶焊锡，其熔点和凝固点都是 182℃，由液态到固态几乎不经过半凝固状态，焊点凝固迅速，缩短了焊接时间，适合在电子线路焊接中使用。目前在印制线路板上焊接元件时，都选用低温焊锡丝，这种焊锡丝为空心，内心装有松香焊剂，熔点为 140℃，其中含锡 51%、含铅 31%、含镉 18%；其外径有 $\phi2.5mm$、$\phi2.0mm$、$\phi1.5mm$、$\phi1.0mm$ 等几种。

（2）焊剂的选用。金属在空气中，加热情况下，表面会生成氧化薄膜。在焊接时，它会阻碍焊锡的浸润和接点合金的形成，采用焊剂能改善焊接性能。焊剂能破坏金属氧化物，使氧化物漂浮在焊锡表面，有利于焊接；又能覆盖在焊料表面，防止焊料或金属继续氧化；还能增强焊料与金属表面的活性，增加浸润能力。

1）对铂、金、银、铜、锡等金属，或带有锡层的金属材料，可用松香或松香酒精溶液作焊剂。

2）对铅、黄铜、青铜及带有镍层的金属，若用松香焊剂，则焊接较困难，应选用中性焊剂。

3）对板金属，可用无机系列的焊剂，如氯化锌和氯化铵的混合物。

4）焊接半密封器件，必须选取用焊后残留物无腐蚀的焊剂。

2. 焊接点的质量要求

焊接点的质量要求包括接触良好、机械性能牢固和美观三方面。最关键的一点就是必须避免假焊、虚焊和夹生焊。

（1）虚焊、假焊是指焊件表面没有充分镀上锡层，焊件之间没有被锡固住，这是由于焊件表面没有清除干净或焊剂用得太少引起的。

（2）夹生焊是指锡未被充分熔化，焊件表面堆积着粗糙的锡晶粒，焊点的质量大为降低，这是由于电烙铁温度不够或电烙铁留焊时间太短引起的。

假焊使电路不通。虚焊使焊点成为有接触电阻的连接状态，从而使电路工作时噪声增加，产生不稳定状态，电路的工作状态时好时坏没有规律，给电路检修带来很大困难。

3. 焊接要点

焊接要点可用刮、镀、测、焊四个字概括，具体还要做好以下几点：

（1）焊接时的姿势和手法。焊接时要把桌椅的高度调整适当，挺胸端坐，操作者鼻尖与烙铁尖的距离应在 20cm 以上，选好电烙铁头的形状和采用适当的烙铁握法。电烙铁的握法有握笔式和拳握式，握笔式使用的电烙铁是直形的，适合电子设备和印制线路板的焊接；拳握式使用的电烙铁功率较大，烙铁头是弯型的，适合电气设备的焊接。

（2）被焊处表面的焊前清洁和搪锡清洁焊接元器件引线的工具，可用废锯条做成的刮刀。焊接前，应先刮去引线上的油污、氧化层和绝缘漆，直到露出紫铜表面，其上面不留一点脏物为止。对于有些镀金、镀银的合金引出线，因为基材难于搪锡，所以不能把镀层刮掉，可用粗橡皮擦去表面的脏物。引线做清洁处理后，应尽快搪锡，以防表面重新氧化。搪锡前应将引线先蘸上焊剂。直排式集成块的引线，一般在焊前不做清洁处理，但在使用前不要弄脏引线。

（3）电烙铁温度和焊接时间要根据不同的焊接对象确定。焊接导线接头时，工作温度以 300～480℃ 为宜；焊接印制线路板上的元件时，一般以 430～450℃ 为宜；焊接细线条印制线路板或极细导线时，应在 290～370℃ 为宜；焊接热敏元件时，其温度至少要 480℃ 才能保证烙铁头接触器件的时间尽可能短。电源电压为 220V 时，20W 的电烙铁的工作温度约为 290～400℃，40W 的电烙铁的工作温度约为 400～510℃。焊接时间在 3～5s 内为最佳。

（4）恰当掌握焊点形成的火候。焊接时，不要将烙铁头在焊点上来回磨动，应将烙铁头的搪锡面紧贴焊点。等到焊锡全部熔化，并因表面张力紧缩而使表面光滑后，迅速将烙铁头从斜上方约45°的方向移开。这时，焊锡不会立即凝固，不要移动被焊元件，也不要向焊锡吹气，待其慢慢冷却凝固。烙铁移开后，如果使焊点带出尖角，说明焊接时间过长，由焊剂气化引起的，应重新焊接。

（5）焊完后应清洁焊好的焊点，检查后，应用无水酒精把焊剂清洗干净。

4. 焊接方法

常见的焊接方法有网绕、钩接、插接和搭接，选取焊接方法是由焊接前的连接方式所决定的。

（1）一般结构件的焊接。焊接前先进行接点的连接，连接方式如图2-17所示。焊接前先清洁烙铁头，可将烙铁头放在松香或石棉毡上摩擦，擦掉烙铁头上的氧化层及污物，并观察烙铁头的温度是否适宜；焊接中工具要放整齐，电烙铁要拿稳对准，一手拿电烙铁，另一手拿焊锡丝，先放烙铁头于焊点处，随后跟进焊锡，待锡液在焊点四周充分熔开后，快速向上提起烙铁头。每次下焊时间不得超过2s。具体步骤如图2-18所示。

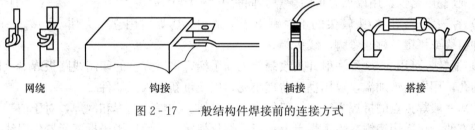

网绕　　　　　钩接　　　　　插接　　　　　搭接

图2-17　一般结构件焊接前的连接方式

焊锡丝　烙铁头　被焊件

图2-18　一般结构焊接步骤

（2）印制线路板的焊接。将温度合适的烙铁头对准焊点，并在烙铁头上熔化少量的焊锡和松香；在烙铁头上的焊剂尚未挥发完时，烙铁头与焊锡丝先后接触焊接点，开始熔化焊锡丝；在焊锡熔化到适量和焊接点上焊锡充分的情况下，要迅速移开焊锡丝和烙铁头，移开焊锡丝的时间绝不能晚于烙铁头离开的时间，一定要同时完成。

（3）集成电路的焊接。集成电路的接点多而密，焊接时烙铁头应选用尖形的，焊接温度以230℃为宜，焊接时间要短，焊料和焊剂应严格控制，只需用烙铁头挂少量焊锡，轻轻在器件引线与接点上点上即可。另外，对所使用的电烙铁应可靠的接地或将电烙铁外壳与印制线路板用导线连接，也可拔下烙铁的电源插头趁热焊接。

（4）绕组线头的焊接。先清除线头的绝缘层，线头连接后置于水平状态下再下焊，使锡液充分填满接头上的所有空隙。焊接后的接头含锡要丰满光滑、无毛刺。

（5）桩头接头的焊接。将剥去绝缘层的单芯或多股芯线清除氧化层，并拧紧多股芯线头，再清除接线耳内氧化层，把镀锡后的线头塞入涂有焊剂的接线耳内下焊，焊后的接线耳端口也要丰满光滑。在焊锡未充分凝固时，切不要摇动线头。

　　　　　　　　　　5. 拆焊

　　　　　　　　　拆焊是焊接的逆操作。在实际操作上，拆焊比焊接更困难，因此拆焊元、器件或导线时，必须使用恰当的方法和利用必要的工具。

　　　　　　　　（1）拆焊工具。常用的拆焊工具除电烙铁外，还有以下几种。

　　　　　　　　1）吸锡器：用来吸除焊点上存锡的一种工具。它的形式有多种，

图 2-19　球形吸锡器

常用的有球形吸锡器，如图 2-19 所示，利用橡皮囊压缩空气，将热熔化的焊锡通过特别的吸锡嘴吸入球体内，拔出吸锡管就可倒出存锡。还有管式吸锡器，利用抽拉吸锡。

　　　　2）排锡管：使印制线路板上元器件的引线与焊盘分离的工具。它是一根空心的不锈钢管，如图 2-20 所示。一般可用 16 号注射用针头改制，将头部锉平，尾部装上适当长的手柄，使用时将针孔对准焊盘上元器件引线，待电烙铁熔化焊点后迅速将针头插入电路板孔内，同时左右旋动，这样元器件与焊盘就分离了，最好准备几种规格配套使用。

　　　　3）吸锡电烙铁：用以加温拆除焊点，同时吸去熔化的焊锡。

　　　　4）钟表镊子：以端头较尖的不锈钢镊子最适用。拆焊时用它来夹住

图 2-20　排锡管

元器件引线或用镊尖挑起弯脚、线头等。

　　　　5）捅针：可用 6～9 号注射针头改制，也加手柄，将拆焊后的印制线路板焊盘上被焊锡堵住的孔，用电烙铁加温，再用捅针清理小孔，以便重新插入元器件。

　　　　（2）一般焊接点的拆焊方法。一般焊接点有搭焊、钩焊、插焊和网焊，对于前三种的拆焊比较方便，仅需用烙铁在需拆焊点上加温，熔化焊锡，然后用镊子拆下元器件引线。但拆除网焊接点就比较困难，可在离焊点约 10mm 处将欲拆的元器件引线剪断，然后再与新元器件焊接。

　　　　（3）印制线路板上装置件的拆焊。

　　　　1）分点拆焊法。焊接在印制线路板上的阻容元件，只有两个焊接点，当水平装置时，两个焊点之间的距离较大，可先拆除一端焊点的引线，再拆除另一端，最后将元件拔出。

　　　　2）集中拆焊法。焊接在印制线路板上的集成电路、中频变压器等，有多个焊接点，如多接点插件、转换开关、三极管等，它们的焊接点之间距离很近，而且较密集，就采用集中拆焊法：先用电烙铁和吸锡工具逐个将焊点上的焊锡吸掉，再使用排锡管将元器件引线逐个与焊盘分离，最后将元器件拔下。

　　　　总之，拆焊最重要的是加热迅速、精力集中、动作快。

第三节　实　训　课　题

一、导线的连接方法和工艺练习

1. 单股导线的直接连接和 T 形连接

（1）材料与器件。4mm² 的单股绝缘铜导线若干米、电工刀、剥线钳、电工钳、钢板直尺、线手套等。

（2）连接方法和要求。

1）单股导线的直接连接方法如图 2-6 所示。

2）单股导线的 T 形连接方法如图 2-7 所示。

3）连接要求：①剖削导线绝缘层时不能损伤芯线；②导线缠绕方法要正确；③导线缠绕后要平直、整齐、紧密。

（3）考核标准。单股导线的直接连接和 T 形连接分别操作三次，进行过程和结果考核，见表 2-1。

表 2-1　　　　　　　　　单股导线的直接连接和 T 形连接的评分标准

姓名		单位		考核时限		实操时间	
考核项目		配分	评分标准			扣分	备注说明
主要项目	准备工作	6	工具、材料准备不齐全，每缺一项扣 2 分				
	导线绝缘层的剖削	20	1. 剖削导线绝缘层的方法不正确，扣 5 分				
			2. 剖削导线绝缘层时，电工刀或剥线钳损伤导线芯，每处扣 10 分				
	工具使用	4	工具使用方法不规范，每种扣 2 分				
	导线连接工艺	60	1. 导线连接松动，扣 30 分				
			2. 导线缠绕不紧密，每圈扣 2 分				
			3. 导线缠绕时压绝缘层，每处扣 5 分				
			4. 绝缘层剖削过长，每处扣 5 分				
			5. 导线缠绕圈数不够，每少一圈扣 2 分				
			6. 导线缠绕圈数过多，每多一圈扣 2 分				
			7. 导线芯上有明显的钳压、损伤痕迹，扣 10 分				
	文明生产	6	1. 作业时言语、行为不文明，扣 3 分				
			2. 作业完毕未清理现场，扣 3 分				
	作业时限	4	考核时限内完成不加分；每超 1min 扣 1 分				
考评员				合计			
考评组长				总得分			

2. 多股导线的直接连接和 T 形连接

（1）材料与器件。7 股铜芯绝缘导线若干米、电工刀、电工钳、钢板直尺、线手套等。

（2）连接方法和要求。

1）多股导线的直接连接方法如图 2-8 所示。

2）多股导线的 T 形连接方法如图 2-9 所示。

3）连接要求：①剖削导线绝缘层时不能损伤芯线；②导线缠绕方法要正确；③导线缠

绕后要平直、整齐、紧密。

（3）考核标准。多股导线的直接连接和 T 形连接分别操作两次，进行结果和过程考核，见表 2-2。

表 2-2　　　　　　　　　　　多股导线的直接连接和 T 形连接的评分标准

姓名		单位		考核时限	20min	实操时间		
考核项目		配分		评分标准			扣分	备注说明
主要项目	准备工作	6	工具、材料准备不齐全，每缺一项扣 2 分					
	导线绝缘层的剥削	20	1. 剥削导线绝缘层的方法不正确，扣 5 分					
			2. 剥削导线绝缘层时，电工刀损伤导线芯，每处扣 10 分					
	工具使用	4	工具使用方法不规范，每种扣 2 分					
	导线连接工艺	60	1. 导线连接松动，扣 20 分					
			2. 导线缠绕不紧密，每圈扣 2 分					
			3. 导线缠绕时压绝缘层，每处扣 5 分					
			4. 绝缘层剥削过长，每处扣 5 分					
			5. 导线缠绕圈数不够，每少一圈扣 2 分					
			6. 导线缠绕圈数过多，每多一圈扣 2 分					
			7. 7 股导线未按 2.2.3 根分成三组，每侧导线扣 3 分					
			8. 导线芯上有明显的钳齿损伤痕迹，扣 10 分					
			9. 导线连接不平整，扣 7 分					
	文明生产	6	1. 作业时言语、行为不文明，扣 3 分					
			2. 作业完毕未清理现场，扣 3 分					
	作业时限	4	考核时限内完成不加分；每超 1min 扣 1 分					
考评员					合计			
考评组长					总得分			

3. 导线的压接管压接法连接

（1）材料与器件。35mm^2 多股铝芯导线若干米、压接管、钢丝刷、中性凡士林、压接钳、木锤、电工钳、钢板直尺、线手套等。

（2）连接方法和要求。

1）压接管压接法连接方法如图 2-12 所示。

2）连接要求：①压接管型号选择正确；②对氧化层要进行处理；③第一道压坑方向要正确，压接坑的距离和数量要符合技术要求；④压接后，压接管要平直，不弯曲、不扭曲。

（3）考核标准。连做三个压接连接，进行过程和结果的考核，见表 2-3。

表 2 - 3   **导线压接管压接法连接的评分标准**

姓名		单位		考核时限	15min	实操时间	
考核项目		配分	评分标准			扣分	备注说明
准备工作		6	工具、材料准备不齐全，每缺一项扣 4 分				
导线、压接管氧化层的处理		20	1. 导线表面氧化层的处理方法不正确，扣 10 分				
			2. 压接管内表面氧化层的处理方法不正确，扣 10 分				
工具使用		6	工具使用方法不规范，每种扣 4 分				
主要项目	导线压接工艺	60	1. 压模、压接管选择不对扣 10 分				
			2. 第一道压坑方向不正确，扣 5 分				
			3. 导线端头过长或过短，扣 5 分				
			4. 压接坑距离不符合技术标准，每个扣 5 分				
			5. 数量不符合技术标准，每少一个或多一个扣 5 分				
			6. 压接管破裂，扣 10 分				
			7. 压接后，压接管不平直，扣 5 分				
			8. 压接后，压接管表面有明显的敲击痕迹，扣 5 分				
			9. 压接时，压接钳没有压到位，压坑深浅不均匀，每个坑扣 3 分				
	文明生产	6	1. 作业时言语、行为不文明，扣 3 分				
			2. 作业完毕未清理现场，扣 3 分				
	作业时限	4	考核时限内完成不加分；每超 1min 扣 1 分				
考评员				合计			
考评组长				总得分			

二、铜导线接头处的锡焊

1. 单股导线直接连接或 T 形连接时的锡焊

（1）材料与器件。单股导线直接连接或 T 形连接的连接头一个、150W 电烙铁一只、无酸焊锡膏、电工刀、电工钳、线手套等。

（2）焊接要求：

1）焊接处焊锡均匀、牢固。

2）焊接处表面应光滑、无毛刺。

3）焊接处要清洁。

（3）考核标准。达到上述要求即可符合标准。

2. 多股导线直接连接或 T 形连接时的浇锡焊

（1）材料与器件。多股导线直接连接或 T 形连接的连接头一个、化锡锅一只、无酸焊锡膏、喷灯或电炉一个、焊锡勺一只、电工刀、电工钳、线手套等。

（2）浇锡焊焊接要求：

1）浇焊处焊锡均匀、牢固。

2）浇焊处表面应光滑、无毛刺。

3）浇焊处要清洁。

（3）考核标准。达到上述要求即符合标准。

第三章

电 工 测 量 技 术

第一节 常用电工仪表概述

测量各种电学量和磁学量的仪表统称为电工测量仪表。仪表在各类实验或实际测量中直接或间接使用,它不仅适用于电磁测量,而且通过适当的变换器可用来测量非电量,如温度、压力、速度等各种物理、化学量,成为工程上必不可少的工具。电工测量仪表的种类繁多,实用中最常见的是测量基本电学量的仪表。

一、电工仪表的基本知识

1. 电工仪表的分类方法

电工仪表的分类方法很多,一般按其测量方法、结构、用途等方面可分为指示仪表、比较仪表、数字仪表和巡回检测装置、记录仪表和示波器、扩大量程装置和变换器五大类。按测量对象可分为电流表、电压表、功率表、电能表、欧姆表等。按工作原理可分为磁电式、电磁式、电动式、铁磁电动式、感应式及流比计等。按准确度等级可分为0.1级、0.2级、0.5级、1.0级、1.5级、2.5级和5.0级七个等级。按使用性质和装置方法分为固定式和便携式。

2. 电工仪表的等级

电工仪表的等级是表示仪表准确度的级别。通常0.1级和0.2级的仪表用作标准表,0.5级和1.0级的仪表用于试验,1.5~5.0级的仪表用于工程。

所谓仪表的准确度等级是指在规定条件下使用时,可能产生的误差占满刻度的百分数。数字越小,准确度越高。如用0.1级和5.0级两只同样10A量程的电流表分别去测5A的电流,0.1级的电流表可能产生的误差为10A×0.1%=0.01A,而5.0级的电流表产生的误差为10A×5%=0.5A。另外,同一只仪表使用量程恰当与否也会影响测量的准确度。对同一只仪表,在满足测量要求的前提下,用小的量程测量比用大的量程测量准度高。通常选择量程时应使读数占满刻度的2/3左右为宜。

二、电工仪表的选择

1. 电工仪表类型的选择

(1) 根据被测量的是直流还是交流选用直流仪表或交流仪表。

(2) 测量直流电量时,广泛采用磁电式仪表,因为磁电式仪表准确度和灵敏度较高。

(3) 测量交流电量时,应分为正弦波和非正弦波。若是正弦波电流(或电压),只需测出其有效值,即可换算出其最大值。任何一种交流电流(或电压表)均可测量。

若是非正弦电流(或电压),则应区分是测量有效值、平均值、瞬时值还是最大值,其中有效值可用电磁式和电动式电流表(或电压表)测量;平均值用整流式仪表测量;瞬时值用示波器观察或用照相方法,然后从图形分析可求出各点的瞬时值及最大值。

测交流时,还应考虑被测量的频率。一般电磁式、电动式和感应式仪表,应用频率范围较窄,但特殊设计的电动式仪表可用于中频(5000~8000Hz),整流万用表应用频率一般在

$45\sim1000\,Hz$ 范围内，有的可达 $5000\,Hz$（如 MF10 型）。

2. 电工仪表准确度等级的选择

电工仪表准确度等级越高，其基本误差越小，测量误差也越小。但电工仪表的准确度等级越高，价格越贵，使用条件、要求也越严格。因此，电工仪表的准确度等级选择要从实际出发，兼顾经济性，不可片面追求高准确度。

与电工仪表配合使用的附加装置，如分流器、附加电阻器、电流互感器、电压互感器等的准确度等级应不低于 0.5 级。但仅做电压或电流测量的 1.5 或 2.5 级仪表，允许使用 1.0 级互感器，对非重要回路的 2.5 级电流表允许使用 3.0 级电流互感器，但测量电能用的电流互感器应不低于 0.5 级。

3. 电工仪表内阻的选择

选择电工仪表还应根据被测量阻抗的大小来选择电工仪表的内阻，否则会给测量结果带来较大测量误差。内阻的大小反映了电工仪表功率的消耗，为了使电工仪表接入测量电路后，不至于改变原来工作电路的工作状态，并能减小表耗功率，要求电压表或功率表的并联线圈电阻尽量大些，电压表的内阻也应尽量大。对于电流表或功率表的串联线圈电阻应尽量小，且量程越大，内阻应越小。

4. 电工仪表工作条件的选择

选择电工仪表时，应充分考虑电工仪表的使用场所和工作条件。如安装在开关板上和控制柜上时，可采用 IT1 型、42 型、44 型或 59 型仪表；实验室一般用便携式单量程或多量程的专用电工仪表。

5. 电工仪表绝缘强度的选择

测量时，为保证人身安全、防止测量时损坏电工仪表，在选择电工仪表时，还应注意被测量电路电压的高低选择相应绝缘强度电工仪表的附加装置，电工仪表的绝缘强度在电工仪表标度盘上用"☆"标记。

总之，在选择电工仪表时必须有全局观念，不可盲目追求电工仪表的某一项指标，要根据电工仪表和被测量的具体要求进行选择，统筹考虑；还应从测量实际出发，凡是一般电工仪表能达到测量要求的，就不要用精密仪器；既要考虑实用性，还要考虑经济性。

三、电工测量的方法

电工测量就是通过物理实验的方法，将被测量与其同类的单位进行比较的过程，比较的结果一般分为两部分，一部分为数值，另一部分为单位。

为了对同一个量，在不同场合进行测量时都有相同的测量单位，必须采用一种公认的、固定不变的单位，所以测量单位的确定和统一非常重要。目前各国广泛采用国际单位制作为法定的计量单位制度。

测量单位的复制实体称为度量器，如标准电池、标准电阻和标准电感等。电学度量器根据其准确度高低分为基准器、标准器和工作量具三大类。

在测量过程中，由于采用测量仪器仪表的不同，也就是度量器是否直接参与，以及测量结果如何取得等，形成了不同的测量方法。

1. 直接测量法

直接测量法是指测量结果可以从一次测量的实验数据中得到。它可以使用度量器直接参与比较，测得被测数值的大小；也可以使用具有相应单位分度的仪表，直接测得被测数值。如用电流表测电流、用电压表测电压等都属于直接测量法。直接测量法具有简便、读数迅速等优点。但是它的准确度除受到仪表的基本误差的限制外，还由于仪表接入测量电路后，仪表的内阻被引入测量电路中，使电路的工作状态发生了改变，因此直接测量法准确度较低。

2. 间接测量法

间接测量法是指测量时，只能测出与被测量有关的量，然后经过计算求得被测量。例如用伏安法测电阻，先用电压表和电流表测出电阻两端的电压和电阻上的电流，再利用欧姆定律算出电阻值。间接测量法要比直接测量法的误差大。

3. 比较测量法

比较测量法是将被测量与度量器在比较仪器中进行比较，从而测得被测量数值的一种方法，比较测量法又可分为以下几种：

（1）零值法。零值法又称零法或平衡法。它是利用被测量对仪器的作用，与已知量对仪器的作用两者相抵消的方法，由指零仪表做出判断。当指零仪表指零时，表明被测量与已知量相等。如天平称物体的质量一样。零值法测量的准确度取决于度量器的准确度和指零仪表的灵敏度。电桥就是采用零值法原理的。

（2）较差法。较差法是利用被测量与已知量的差值，作用于测量仪器而实现测量目的的一种测量方法，较差法有着较高的测量准确度。标准电池的相互比较就采用这种方法。

（3）替代法。替代法是利用已知量代替被测量，而不改变仪器原来的读数状态，这时被测量与已知量相等，从而获得测量结果，其准确度主要取决于标准量的准确度和测量装置的灵敏度。其优点是准确度和灵敏度较高，缺点是操作麻烦、设备复杂，适于精密测量。

电气测量是电工中不可缺少的一个部分，主要测量电流、电压、电功率和电阻等，随着生产和科技的发展，电气测量技术已广泛用于各个技术部门，如对温度、压力、转速、机械变形、加工精度等非电量的测量。电气测量之所以在测量技术中占有如此重要的地位，是因为它有两个主要优点：①电气仪表构造简单、准确可靠；②能做远距离测量。

因此，把它同其他设备组合起来，便能对生产过程进行调整和控制，从而为实现生产自动化提供有利条件，由此可见，正确掌握电气测量技术和技能是十分必要的。

第二节 常用电工仪表

一、万用表

1. 万用表的用途

万用表是电工最常用的仪表之一，可用它来测量交流电流、电压，直流电流、电压；电阻和音频电平等量；有的万用表还可测量电容、电感、功率、电动机转速和晶体管的某些参数。

万用表的形式很多，功能齐全。目前除传统的模拟式（指针式）万用表外，还有晶体管万用表和数字式万用表。数字式万用表由于其测量准确度高、消耗功率小、过载能力强、读数迅速直观、测量功能更多，得到了越来越多的应用。

2. 万用表的使用方法

（1）模拟式万用表。模拟式万用表是一种整流式仪表，其结构由表头（磁电式测量机

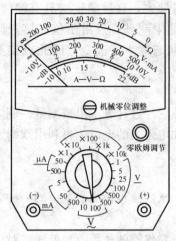

图 3-1　MF30 型万用表外形图

构）、测量线路和功能与量限选择开关组成。图 3-1 所示为 MF30 型万用表外形图，其使用方法如下：

1）万用表表笔的插接。测量时将红表笔插入"＋"插孔，黑表笔插入"－"插孔。

2）交流电压的测量。测量前将转换开关转到对应的交流电压量程挡；测量时表笔不分正负，将两表笔并联在被测电路或被测元器件两端，观察指针偏转，读数。

3）直流电压的测量。测量前将万用表的转换开关转到对应的直流电压量程挡；测量时用红表笔接触被测电压的正极，黑表笔接触被测电压的负极，观察指针偏转，读数。测量时表笔不能接反，否则表头指针反方向偏转易撞弯指针。

4）直流电流的测量。测量前将万用表的转换开关转到对应的直流电流量程挡；测量时按电流从正到负的方向，将两表笔串联接入被测电路中，观察指针偏转，读数。

5）电阻的测量。将万用表的转换开关转到对应的欧姆量程挡，测量前或每次更换倍率挡时，都应重新调整欧姆零点，即将两表笔短接，调节调零旋钮，使指针指在欧姆标度尺"0"位上；测量时用两表笔接触被测电阻的两端，观察指针偏转，读取欧姆标度尺上的数，将读取的数乘以倍率数就是被测电阻的电阻值。

6）晶体管极性的判断。用万用表的电阻挡，可通过测量二极管的正反向电阻测出二极管的极性。黑表笔接表内电池的正极，红表笔接负极，若测得的电阻小（几百～几千欧），则黑表笔连接的一端是二极管的正极，红表笔所接一端为二极管的负极；若测得的电阻很大（几百千欧～∞），则黑表笔连接的一端是二极管的负极，红表笔所接一端为二极管的正极，测得的正反向电阻相差越大越好，如相差不多则说明二极管不好或损坏。同样用万用表的电阻挡可判断三极管的极性。首先判断基极，测试时假定某一管脚为基极，

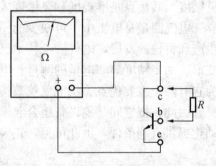

图 3-2　用万用表测试三极管

将黑表笔接"基极"，红表笔分别接触另两极，如果测得均为低电阻，则黑表笔接触的就是基极 b，且为 NPN 型（若均为高电阻，则为 PNP 型），若两次测得的电阻相差很大，可另选一管脚为假定基极，重测，直到符合上述条件为止。然后判断集电极 c 和发射极 e，若确定为 NPN 型和基极后，在剩下的两管脚中先假定一个集电极，另一个为发射极，按如图 3-2 所示方法接线，用 R×100 或 R×1k 挡，测得的数值越大，表示 I_{ceo} 越小，同时再用浸湿的手指捏住 c、b 两极（但不能将 c、b 直接接触），相当于在 c、b 间接入一个大电阻，则 c、e 间的电阻应明显减少，减少得越多则表明放大能力越好，并记住指针偏转了多少，然后把 c、e 对换，再测放大能力，两次电阻小的那一次的假设是正确的。对于 PNP 型三极管，也可根据上述方法判定 c、e 两脚。

7）使用模拟式万用表的注意事项。使用前观察表头指针是否处于零位，若不在零位则先

调零；测量前一定要注意正确选择测量项目和量程挡，量程最好选择使指针在量程的1/2～2/3范围内；测量中严禁旋转转动开关；电阻测量必须在断电状态下进行；读数时要认清所对应的读数标尺，眼睛位于指针正上方；使用后要将转换开关旋至交流电压最高量程位上。

（2）数字式万用表。数字式万用表采用运算放大器和大规模集成电路，通过模/数转换将被测量值用数字形式显示出来，读数直观、准确、性能稳定。可用作多种用途的数字测量，也可用作较低级数字电压表、数字面板表的校验用标准表。外形如图3-3所示。

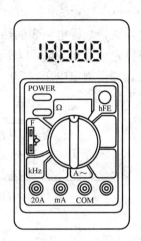

图3-3　数字式万用表

1）电压的测量。测量电压时，数字式万用表应与被测电路相并联，仪表具有自动转换并显示极性之功能。在测量直流电压时，可不必考虑表笔的接法；测量交流电压时，应用黑表笔接触被测电压的低电位端（如公共接地端、220V交流电源的中性线端等），以消除仪表输入端对地分布电容的影响，减小测量误差。如果误用交流电压挡去测量直流电压或误用直流电压挡测量交流电压，仪表将显示"000"，或在低电位上出现跳数现象。

2）电流的测量。测量电流时，应把数字式万用表串联到被测电路中。当被测电流源的内阻很低时，应尽量选择较高的电流量程，以减小分流电阻上的压降，提高测量的准确度。在测量直流电流时可不必考虑表笔的接法，因为数字式万用表能自动判定并显示出被测电流的极性。

3）电阻的测量。测量电阻时，特别是低电阻，测试插头与插座之间必须接触良好，否则会引起测量误差或导致读数不稳定；数字式万用表电阻挡所提供的测试电流很小，测量二极管、晶体管正向电阻时，要比用模拟式万用表电阻挡的测量值高出几倍，甚至几十倍，这种情况下建议改用二极管挡去测量PN结的正向压降。以获得准确结果。

另外，利用蜂鸣器挡可快速检查线路的通断。当被测线路电阻小于发声阈值电阻R_0时，蜂鸣器即会发出音频振荡声。改变电压比较器的参考电压，可调整蜂鸣器的发声阈值。

4）使用数字式万用表的注意事项。使用前仔细阅读使用说明书，熟悉电源开关功能及量限转换开关、输入插孔、专用插孔及各种功能键、旋钮、附件的作用；还应了解万用表的极限参数、出现过载显示、极性显示、低电压显示及其他标志符显示和报警的特征，掌握小数点位置的变化规律；测量前检查万用表是否完好；每次测量前，应再次核对测量项目及量限开关位置、输入插孔是否选对；刚测量时数字会出现跳跃现象，等显示值稳定后再读数；使用时注意避免误操作，以免损坏万用表；若使用时仅最高位显示"1"，其他位均消隐，说明仪表过载，应选择更高的量限；禁止在测量100V以上电压或0.5A以上电流时拨动转换开关，以免产生电弧烧坏转换开关的触点；测量完毕，应将量限开关拨至最高电压挡，防止下次开始测量时不慎损坏仪表。

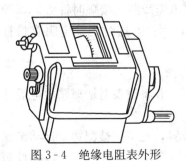

图3-4　绝缘电阻表外形

二、绝缘电阻表

1. 绝缘电阻表的用途和结构

绝缘电阻表又称兆欧表，其外形如图3-4所示，它是用来测量高电阻的携带型仪表，一般用来测量电路和电气设备的绝缘电阻，具有体积小、质量轻、携带方便的特点。

2. 绝缘电阻表的选用

绝缘电阻表中的手摇直流发电机可以发出较高的电压，通常绝缘电阻表按其额定电压分为 100、250、500、1000V 和 2500V 等几种。使用时应根据被试设备的额定电压来选择绝缘电阻表，绝缘电阻表的额定电压过高，可能在测试中损坏被试设备的绝缘。一般情况下，测量额定电压在 500V 以下的设备或线路的绝缘电阻时，可选用 500V 或 1000V 的绝缘电阻表，测量额定电压在 500V 以上的设备或线路的绝缘电阻时，应选用 1000～2500V 的绝缘电阻表。

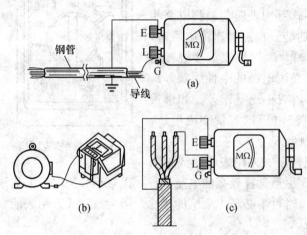

图 3-5　绝缘电阻表的测量接线方法
(a) 测量照明或动力线路绝缘电阻；(b) 测量电机
绝缘电阻；(c) 测量电缆绝缘电阻

3. 绝缘电阻表使用方法

绝缘电阻表对外有三个接线柱：接地（E）、线路（L）、保护环（G）。对于一般性测量，只需把被测绝缘电阻接在 L 与 E 之间即可，而测量电缆芯线的绝缘电阻时，就要用 L 接芯线、E 接电缆外皮、G 接电缆绝缘包扎物。

（1）测量照明及动力线路的对地绝缘电阻。按图 3-5（a）所示接线：将绝缘电阻表 E 接线柱可靠接地，L 接线柱与被测线路连接。按顺时针方向摇动绝缘电阻表发电机手柄，转速由慢变快，一般 1min 后发电机转速稳定（120r/min）时，绝缘电阻表指针也稳定下来，这时绝缘电阻表指针指示的数值就是所测的线路对地的绝缘电阻。

（2）测量电机的绝缘电阻。按图 3-5（b）所示接线：将绝缘电阻表 E 接线柱接电机壳上的接地螺钉或机壳上（勿接在有绝缘漆的地方），L 接线柱接电机绕组上。按顺时针方向摇动绝缘电阻表发电机手柄，待发电机转速稳定（120r/min）时，读数，这时绝缘电阻表指针指示的数值就是电机绕组对地的绝缘电阻值。若拆开电机绕组的星形或三角形的连线，用绝缘电阻表的两接线柱 E 和 L 分别接电机两相绕组，摇动绝缘电阻表发电机手柄，待指针稳定后，读数，这时绝缘电阻表指针指示的值就是电机绕组间的绝缘电阻值。

（3）测量电缆的绝缘电阻。按图 3-5（c）所示接线：将绝缘电阻表 E 接线柱接电缆外皮，G 接线柱接电缆线芯与外皮之间的绝缘层上，L 接线柱接电缆线芯。按顺时针方向摇动绝缘电阻表发电机手柄，待发电机转速稳定（120r/min）时，读数，这时绝缘电阻表指针指示的数值就是电缆线芯与外皮之间的绝缘电阻值。

4. 使用绝缘电阻表注意事项

（1）测量电气设备的绝缘电阻时，必须先断开设备的电源，并将设备对地短路放电后才能进行摇测，以保证人身和设备的安全及测量准确。

（2）测量前先检查绝缘电阻表，将绝缘电阻表放在水平位置，先不接被测物，摇动绝缘电阻表发电机手柄至额定转速（120r/min），指针应指在"∞"，再将 L 和 E 两个接线柱短接，慢慢转动发电机手柄，指针应指在"0"，说明绝缘电阻表完好。

（3）绝缘电阻表的引线应用绝缘良好的多股软线，且两根引线切忌绞在一起，以免造成测量误差。

（4）使用时绝缘电阻表应放在平稳的水平位置，远离大电流导体和有外磁场的地方，以免影响读数。对储能设备如电容器在测量取得读数后，应先将接线柱 L 的连线断开，再将发电机减速至停止转动，以防储能设备的放电将绝缘电阻表的指针打坏。

（5）绝缘电阻表使用后应立即使被测物放电，在绝缘电阻表未停止转动和被测物没有放电前，不可用手进行拆除引线或触及被测物的测量部分，以防触电。

三、钳形电流表

1. 钳形电流表的结构和用途

钳形电流表又称钳形表，可在不断开电路的情况下进行电流测量。钳形电流表是根据电流互感器的原理制成的，测量时只要将被测载流导线夹入钳口，便可从电流表上直接读出被测电流的大小。钳形电流表有指针式和数字式两种，其外形如图 3-6 所示。

图 3-6 钳形电流表

2. 钳形电流表的使用方法

使用时将量程开关转到合适位置，手持胶木或塑料手柄，用食指勾紧铁芯开关，便可打开铁芯，将被测导线从铁芯缺口引入到铁芯中央，然后放松铁芯开关的食指，铁芯就自动闭合，被测导线的电流就在铁芯中产生交变磁力线，表头上感应出电流，即可直接读数。

3. 使用钳形电流表的注意事项

（1）不可使用钳形电流表测高压线路的电流，被测线路的电压不能超过钳形表所规定的使用电压，以防绝缘击穿和人身触电。

（2）测量前应估计被测电流的大小，选择合适的量程挡，不能用小量程挡去测量大电流。如果被测电流太小，读数不明显，可将载流导线多绕几圈再放进钳口测量，但应将读数除以绕的圈数才是实际的电流值。

（3）测量时应将被测导线置于钳口中央部位，并注意铁芯缺口的接触面无锈斑且接触牢靠，以提高测量准确度。

（4）不要在测量过程中切换量程挡，测量后应将量程开关放在最大量程位置，以便下次安全使用。

四、直流电桥

电桥是一种测量电阻参数的比较仪器，其主要特点是灵敏度高、测量结果准确。电桥分为直流电桥和交流电桥两种，直流电桥又分为单臂电桥和双臂电桥两种。直流电桥由比例臂、比较臂、被测臂等构成桥式电路，除了用于测量电阻外，还有多种用途，如高精度电桥的比例臂可作为标准电阻使用，比较臂可作为精密电阻箱使用。

1. 直流单臂电桥

如图 3-7 所示为 QJ23 型直流单臂电桥的面板布置图。QJ23 型单臂电桥是一种使用广泛的直流电桥，其测量范围为 1～9999kΩ，准确级为 0.2 级，适用于中值电阻测量。

（1）使用方法。

1）测量前先估计被测电阻和所要求的准确度，选择适当的电桥；若需要外接检流计，

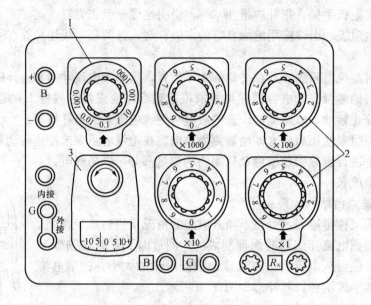

图 3-7　QJ23 型直流单臂电桥
1—倍数旋钮；2—比较臂读数盘；3—检流计

则检流计的灵敏度要合适，灵敏度过高调整电桥平衡困难，过低满足不了要求，检流计在调节电桥最低挡时有明显变化就行。若需要外接电源，电源电压应根据电桥要求选取，并将外接电源的正极接到"＋"接线柱上，负极接到"－"接线柱上。电源支路中最好接一个可调电阻，以保护检流计。

2）测量时先打开检流计的止动器，旋动其调零旋钮使指针指零；再将被测电阻 R_x 接到电桥上，然后选择合适的比例倍率，按下电源开关"B"并锁住，然后按一下检流计按钮开关"G"，若指针向正方向偏转，说明比较臂电阻值不够，就加大，反之应减小。调节比较电阻，使检流计指零，电桥达到平衡。这时的比例臂倍率和比较臂电阻之积就是被测电阻。

（2）使用注意事项。

1）注意测量范围。被测电阻太小，引线电阻和接触电阻会带来较大的测量误差，直流单臂电桥以测中值电阻（$1 \sim 10^6$）为宜。

2）选择适当的比臂倍率，使比较臂四挡位可调电阻均充分用上，以提高测量的准确度。

3）测量前一定要校正零位。测量时按钮不应长时间按下，以免标准电阻因长期通过电流而使阻值改变。

4）若测量对象为电感时，应先按下电源按钮"B"，稍后再按下检流计按钮"G"，测量完毕，先松开检流计按钮"G"，再放松电源按钮"B"。以免因电源突然接通或断开时在电感上所引起的自感电动势冲击检流计，使检流计损坏。

5）测量完毕，应将按钮"B"、"G"均打开，并推上检流计的止动器将其指针锁住，以防在搬动过程中震断悬丝。

6）发现电池电压降低时应及时更换，否则影响检流计灵敏度。

2. 直流双臂电桥

直流双臂电桥又称开尔文电桥，与单臂电桥相比，其特点在于它能消除由接线电阻和接触电阻造成的测量误差，测量准确度高，是测量小电阻的常用仪器。图3-8所示是 QJ103 型直流双臂电桥的面板示意图，它有两对测量端子，一对是电流端子 C，另一对是电压端子 P。

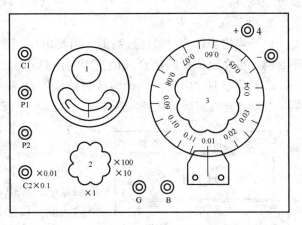

（1）使用方法。接通电源，根据被测量的大小选取适当的比较臂电阻，然后调节比例臂倍率，使电桥平衡。这时的比例臂倍率和比较臂电阻之积就是被测电阻。

（2）使用注意事项。除与使用单臂电桥相同外，还要注意：

图3-8 QJ103型直流双臂电桥的面板示意图

1）被测电阻有两对端子时，应注意电流端与电压端的正确连接。对于没有专用电流、电位端的被测物，连线时应注意使电位端接点在电流端内侧。接线时电线应尽量短、粗且接触紧密。

2）直流双臂电桥的工作电流较大，要选择适当容量的电源，最好选用较大的蓄电池（电压2~4V），测量时要迅速以免耗电量过大。

五、接地电阻测量仪

1. 接地电阻测量仪的用途

接地电阻测量仪也称接地电阻表，是专门用来测量接地电阻的。常用的有 ZC-8、ZC-29 型几种。

2. 使用方法

（1）测量前先将两根探测针分别插入地中，如图3-9所示，使被测接地极 E'、电位探测针 P' 和电流探测针 C' 三点在一线上，E' 至 P' 的距离为 20m，E' 至 C' 的距离为 40m，然后用专用线分别将 E'、P' 和 C' 接到仪表相应的端钮上。

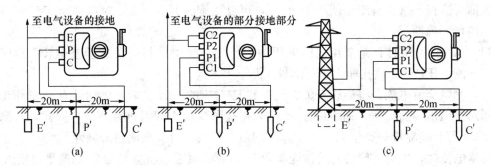

图3-9 接地电阻测量仪的接线

（a）三端钮式测量仪的接线；（b）四端钮式测量仪的接线；（c）测量小接地电阻时接线

（2）测量时先将仪器放在水平位置，然后调零，使指针指在红线上。

（3）将仪表的"倍率标度"置于最大倍数，转动发电机手柄，同时转动"测量标度盘"，使指针停在红线上。如果"测量标度盘"的读数小于1，则应将"倍率标度"置于较小一挡，重新测量。当指针完全平衡在红线上，用测量标度盘的读数乘以倍率标度，即为所测的接地电阻。

3．使用注意事项

（1）当检流计的灵敏度过高时，可将电位探测针 P′ 插入土中浅一些；当检流计灵敏度不够时，可在电位探测针 P′ 和电流探测针 C′ 周围注水使其湿润。

（2）测量时，应先拆开接地线与被保护设备或线路的连接点，以便得到准确的测量数据。在断开连接点时应戴绝缘手套。

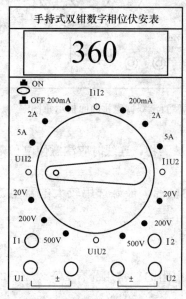

图 3 - 10　手持式双钳数字相
位伏安表盘面图

六、数字相位伏安表

1．数字相位伏安表的概述

MG2000/MG2000b 手持式数字相位伏安表是专为现场测量电压、电流及相位而设计的一种便携手持式、双通道输入测量仪器，其盘面如图 3 - 10 所示。使用该表可以很方便地在现场测量 U-U、I-I 及 U-I 之间的相位，判别感性、容性电路及三相电压的相序，检测变压器的接线组别，测试二次回路和母差保护系统，读出差动保护各组 TA 之间的相位关系，检查电能表的接线正确与否等。采用钳形电流互感器转换方式输入被测电流，因而测量时无需断开被测线路。测量 U1-U2 之间相位时，两输入回路完全绝缘隔离，因此完全避免了可能出现的误接线造成的被测线路短路、以致烧毁测量仪表。

仪表外壳采用工程绝缘材料、另配橡皮防震保护套，安全、可靠。

2．数字相位伏安表的使用操作方法

按下 ON-OFF 按钮，旋转功能量程开关正确选择测试参数及量限。

（1）测量交流电压。将旋转开关拨至参数 U1 对应的 500V 量限，将被测电压从 U1 插孔输入即可进行测量。若测量值小于 200V，可直接旋转开关至 U1 对应的 200V 量限测量，以提高测量准确性。

MG2000 两通道具有完全相同的电压测试特性，故也可将开关拨至参数 U2 对应的量限，将被测电压从 U2 插孔输入进行测量。

（2）测量交流电流。将旋转开关拨至参数 I1 对应的 10A 量限，将标号为 1# 的钳形电流互感器副边引出线插头插入 I1 插孔，钳口卡在被测线路上即可进行测量，同样，若测量值小于 2A，可直接旋转开关至 I1 对应的 2A 的量限测量，以提高测量准确性。

测量电流时，也可将旋转开关拨至参数 I2 对应的量限，将标号为 2# 的测量钳接入 I2 插孔，其钳口卡在被测线路上进行测量。

（3）测量两电压之间的相位角。测 U2 滞后 U1 的相位角时，将开关拨至参数 U1U2。测量过程中可随时顺时针旋转开关至参数 U1 各量限，测量 U1 输入电压，或逆时针旋转开关至参数 U2 各量限，测量 U2 输入电压。

（4）测量两电流之间的相位角。测 I2 滞后 I1 的相位角时，将开关拨至参数 I1I2。同样测量过程中可随时顺时针旋转开关至参数 I1 各量限，测量 I1 输入电流，或逆时针旋转开关至参数 I2 各量限，测量 I2 输入电流。

（5）测量电压与电流之间的相位角。将电压从 U1 输入，用 2#测量钳将电流从 I2 输入，开关旋转至参数 U1I2 位置，测量电流滞后电压的角度。测量过程中可随时顺时针旋转开关至参数 I2 各量限测量电流，或逆时针旋转开关至参数 U1 各量限测量电压。

也可将电压从 U2 输入，用 1#测量钳将电流从 I1 输入，开关旋转至参数 I1U2 位置，测量电压滞后电流的角度。同样测量过程中可随时旋转开关，测量 I1 或 U2 之值。

（6）三相三线配电系统相序判别。旋转开关至 U1U2 位置，将三相三线系统的 U 相接入 U1 插孔，V 相同时接入与 U1 对应的±插孔及与 U2 对应的±插孔，W 相接入 U2 插孔。若此时测得相位角为 300°左右，则被测系统为正相序；若测得相位角为 60°左右，则被测系统为负相序。

换一种测量方法，将 U 相接入 U1 插孔，V 相同时接入与 U1 对应的±插孔及 U2 插孔，W 相接入与 U2 对应的±插孔。这时若测得的相位值为 120°，则为正相序；若测得的相位值为 240°，则为负相序。

（7）三相四线系统相序判别。旋转开关置 U1U2 位置。将 U 相接 U1 插孔，V 相接 U2 插孔，中性线同时接入两输入回路的±插孔。若相位显示为 120°左右。则为正相序；若相位显示为 240°左右，则为负相序。

3. 使用注意事项

（1）测相位时电压输入插孔旁边有红色指引线的为同名端插孔，钳形电流互感器由红色"＊"符号一侧为电流同名端。

（2）不得在输入被测电压时在表壳上拔插电压、电流测试线，不得用手触及输入插孔表面，以免触电。

（3）测量电压不得高于 500V。

（4）仪表后盖未固定好时切勿使用。

（5）请勿随便改动、调整内部电路。

七、电流表和电压表

1. 电流表和电压表的种类和用途

电流表和电压表的种类很多，按工作电流和电压分为交流和直流两种；按工作原理分为磁电式、电磁式和电动式三种。直流电流表、电压表用来测量直流电路的电流和电压，交流电流表和电压表用来测量交流电路的电流和电压。磁电式仪表刻度均匀、准确度高、灵敏度高、功率消耗小、构造精细、阻尼良好，但过载能力小、只能测量直流，主要用于直流电路中测量电流和电压。电磁式仪表可直接测量较大电流和电压、过载能力强、结构简单、牢固且价格低，但标尺刻度不均匀，测量直流时有磁滞误差，测量中受外磁场影响大，既可测量直流也可测量交流。电动式仪表消除了磁滞和涡流影响、灵敏度和准确度高，但过载能力差，读数受外磁场影响大，可用来测量非正弦电流的有效值，适用于交流精密测量。

2. 使用方法

根据被测对象选择电流表或电压表，按要求接线进行测量。若选用多量程的电流表或电压表时，应将转换开关置于高量程位置，逐步减小直到合适的量程时读数并记录。

第三节　电流、电压、电阻、电功率的测量

一、电流的测量

用电流表测量一个电路中的电流时，电流表必须与该电路串联。为了使电流表的接入不影响电路的原始状态，电流表本身的内阻抗要尽量小，或者说与负载阻抗相比要足够小，否则，被测电流将因电流表的接入而发生变化。

1. 直流电流的测量

用直流电流表测量直流电路的电流如图 3-11（a）所示。接线时注意电流表的极性，电流表的正端钮接被测电路的高电位端，负端钮接被测电路的低电位端。在仪表允许量程范围测量。如要扩大仪表量程，用以测量较大电流时，则应在仪表上并联低阻值的分流器，如图 3-11（b）所示。在用带有分流器的仪表测量时，应将分流器的电流端钮接入电路中，由表头引出的外附定值导线应接在分流器的电位端钮上。一般外附定值导线是与仪表、分流器相配套的。如果外附定值导线不够长，可用不同截面积和长度的导线替代，但替代导线的电阻等于 0.035Ω。

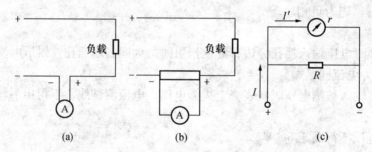

图 3-11　直流电流的测量电路图
（a）电流表直接接入法；（b）带有分流器的接入法；（c）内附分流器扩大量程

分流器是用来扩大电流量程的装置，是按专门的精密制造工艺制成的一种电阻器。根据使用方式的不同分为内附分流器和外附分流器。内附分流器安装在仪表的表壳内，与仪表做固定的连接；外附分流器制成多种规格，供扩大电流量程时选用，使用时临时与仪表的端子并联。图 3-11（c）是用内附分流器扩大量程的一种形式。分流电阻 R 与动圈并联，大部分电流从并联电阻中分流，动圈中只流过其允许的电流。图 3-11（c）中小圆圈内标一箭头表示测量机构，r 为其内阻。

并联分流后，通过测量机构的电流

$$I' = \frac{RI}{r+R}$$

可见，通过测量机构的电流与被测电流成正比，故仪表的标尺可直接用被测电流来刻度。

被测电流 I 与通过测量机构的电流 I' 之比称为电流量程扩大倍数，用 n 表示，即

$$n = \frac{I}{I'} = \frac{R+r}{R} = 1 + \frac{r}{R}$$

如果电流量程扩大倍数 n 为已知，则分流电阻为 $R = \dfrac{r}{n-1}$。

2. 交流电流的测量

用交流电流表测量交流电路的电流时，电流表不分极性，只要在测量量程范围内将其串

联接入被测电路即可，如图 3 - 12（a）所示。
因交流电流表的线圈和游丝截面积很小，故不
能测量较大电流。如需扩大量程，无论是磁电
式、电磁式或电动式电流表，均需加接电流互
感器，其接线如图 3 - 12（b）所示。电气工程
中所用电流互感器按测量电路电流大小不同，
有不同的标准电流比率，如 500/5A、1000/5A

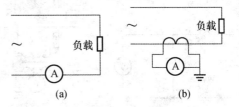

图 3 - 12　交流电流的测量电路图
（a）电流表直接接入法；（b）带有电流互感器的接入法

等，配合电流互感器的电流表量程一般为 5A
或 1A，选择时根据被测电路电流大小和电流表量程合理配合使用。读数时，电流表表盘刻
度值已按电流互感器比率（变流比）标出，可直接读出被测电路的电流值。

二、电压的测量

用电压表测量一个电路的电压时，电压表必须与被测电路或负载并联。为了不影响电路
的工作状态，电压表本身的内阻抗要尽量大，或者说与负载的阻抗相比要足够大，以免由于
电压表接入而使被测电路的电压发生变化，形成较大的测量误差。

1. 直流电压的测量

用直流电压表测量直流电路的电压如图 3 - 13（a）所示。接线时注意电压表的极性，电
压表正端钮必须接被测电路高电位点，负端钮接低电位点，在仪表量程允许范围内测量。如
需扩大量程，无论是磁电式、电磁式或电动式仪表，均可在电压表外串联分压电阻，如图
3 -13（b）所示，所串分压电阻越大，量程越大。

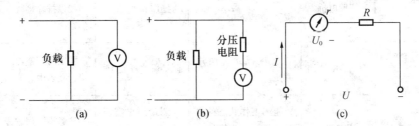

图 3 - 13　直流电压的测量电路图
（a）电压表直接接入法；（b）带有分压电阻的接入；（c）串联分压电阻的原理接线

图 3 - 13（c）是串联分压电阻的原理接线图，串联分压电阻后，分压电阻承受大部分电

压，测量机构承受很小的电压，此时测量机构的电流 $I = \dfrac{U}{r+R}$，仍与被测电压 U 成正比，

故指针的偏转可以反映被测电压的大小，标尺按扩大量程后的电压刻度，即可直接读取被测
电压值。

电压表的量程扩大为 U，它与测量机构的满偏电压 U_0 之比称为电压量程扩大倍数，用
m 表示，即

$$m = \frac{U}{U_0} = \frac{R+r}{r}$$

若 m 已知，则附加电阻

$$R=(m-1)r$$

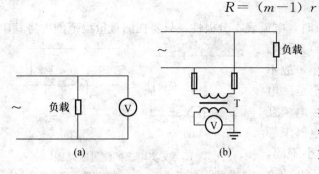

图 3 - 14　交流电压的测量电路图

（a）电压表直接接入法；（b）带有电压互感器的接入法

2. 交流电压的测量

用交流电压表测量交流电路的电压时，电压表不分极性，只要在测量量程范围内将其直接与被测电路并联接入即可，如图 3 - 14（a）所示。如需扩大量程，无论是磁电式、电磁式或电动式电流表，均需加接电压互感器，其接线如图 3 - 14（b）所示。电气工程上所用电压互感器按测量电压等级不同，有不同的标准电压比率，如 3000/100V、10000/100V 等。配合电压互感器的电压表量程一般为 100V 或 $100/\sqrt{3}$ V，选择时根据被测电路电压等级和电压表量程合理配合使用。读数时，电压表表盘刻度值已按电压互感器比率（变压比）标出，可直接读出被测电路的电压值。

三、电阻的测量

电阻的测量方法有多种，对不同的电阻应采用的测量方法和使用的测量仪表是不同的，从而各自的特点也不同，如表 3 - 1 所示。

表 3 - 1　　　　　　　　　　　　　电阻的各种测量方法及其比较

被测电阻范围	测量方法	优点	缺点	注意事项
低值电阻 （10^{-5}～1Ω）	双臂电桥	测量准确度高、灵敏度高	操作麻烦	注意电流端钮和电位端钮正确连线以排除接线电阻、接触电阻的影响
中值电阻 （1Ω～$1M\Omega$）	万用表欧姆挡	直接读数、使用方便	测量误差较大	零欧姆调整，选择量程使读数接近欧姆中心值
	伏安法	能测工作状态的电阻（尤其是非线性电阻）	测量结果需要计算、准确度不高	注意排除误差及选择准确度、灵敏度、量程合适的仪表
	单臂电桥	准确度高	操作不太方便	
高值电阻 （大于 $1M\Omega$）	绝缘电阻表	直接读数、使用方便	测量误差大	排除表面泄漏电流的影响

前一节电工仪表使用中已经介绍了万用表、绝缘电阻表和电桥测量电阻的方法，这里重点再介绍一种带电测量电阻的方法，即伏安法测量电阻。

1. 伏安法测量电阻的原理

伏安法测量电阻是在直流下进行的，属于间接测量，即先读出电压表和电流表的指示值，再通过计算才能得到被测电阻的值，因此其测量准确度不是很高，但这种测量方法很有实际意义。因为它是在通电的工作状态下进行的，对于非线性电阻和处于工作状态下的电机、变压器及互感器等绕组电阻的测量非常实用。

伏安法测电阻的范围是低中值电阻，即导体的电阻值和电阻器的电阻值。导体电阻通常指导线和线圈在直流状态下的电阻值，一般在 100Ω 以下，属于低中值电阻范围。

电阻按阻值大小分为三类：低值电阻（1Ω 以下）、中值电阻（$1\sim1M\Omega$）和高值电阻（$1M\Omega$ 以上）。

伏安法即电压表—电流表法测量电阻的工作原理是用电压表测得 U_X、电流表测得 I_X，得被测电阻 $R_X=U_X/I_X$。

2. 伏安法测量中电压表接线方式的选择

伏安法测量电阻有电压表前接和电压表后接两种，根据被测电阻值的不同进行合理选择，从而减小测量误差，提高测量准确度。

图 3-15（a）为电压表前接的电路，此电路中，电流表的读数 I 等于 I_X，但电压表的读数 U 为 U_X 和电流表内阻压降 $I_X r_A$ 之和，即 $U=U_X+I_X r_A$，以两表读数来计算电阻为

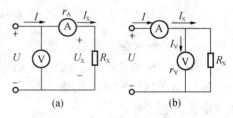

图 3-15　伏安法
(a) 电压表前接；(b) 电压表后接

$$R=\frac{U}{I}=\frac{U_X+I_X r_A}{I_X}=R_X+r_A$$

所得电阻中多含了电流表的内阻 r_A。

图 3-15（b）为电压表后接的电路，此电路中，电压表的读数 U 等于 R，但电流表的读数 I 中多包含了电压表中的电流 I_V，即 $I=I_X+I_V$，用两表读数来计算电阻为

$$R=\frac{U}{I}=\frac{U_X}{I_X+I_V}=\frac{1}{\dfrac{1}{R_X}+\dfrac{1}{r_V}}=\frac{R_X r_V}{R_X+r_V}$$

所得电阻为被测电阻 R_X 和电压表内阻 r_V 并联的等效电阻。

可见，电压表前接的方式适用于 $R_X\geqslant r_A$ 时，而电压表后接的方式适用于 $R_X\leqslant r_A$ 时。

伏安法测量电阻虽然属于间接测量，但只要所选电压表和电流表准确度等级高，方法得当，测量结果仍然比较准确。伏安法的一个突出特点是适用于测量大电感线圈的直流电阻，测量时稳定较快，便于读数。

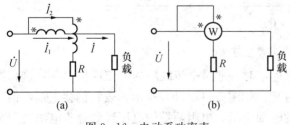

图 3-16　电动系功率表

四、电功率的测量

1. 电动系功率表的使用

将电动系测量机构按图 3-16（a）所示电路连接，负载与定圈串联，可动线圈串联分压电阻 R 后并联在负载两端。

功率表的指针偏转角与负载消耗的有功功率成正比，既可测量直流功率，又可测量交流功率。功率表的定圈称为电流线圈，动圈称为电压线圈，测量原理电路可简画

成如图 3-16（b）所示。功率表一般设计为 $P = U_N I_N$ 时达到满刻度，这里 U_N 为电压线圈的额定电压（电压量程），I_N 为电流线圈的额定电流（电流量程），功率表通常有两个电流量程和四个电压量程，使用时分别根据被测负载的电流和电压的最大值选择。实际上功率表的刻度盘只有一条刻有分格数的标尺，因此，被测功率须按下式换算

$$P = C\alpha$$

式中　P——被测功率，W；

　　　C——功率表的功率常数，W/格；

　　　α——功率表的偏转指示格数。

普通功率表的功率常数为

$$C = \frac{U_N I_N}{\alpha_m}(\text{W}/\text{格})$$

式中　α_m——标尺满刻度总格数。

功率表量程的改变可采用电压线圈和电流线圈分别改变的方法，改变电压线圈靠改变与电压线圈串联的附加电阻来完成，改变电流量程利用两个电流线圈串联或并联可得到两种电流量程。

功率表使用不当，极易造成损坏，使用时应特别注意以下两点：

（1）量程。除功率量程外，电压和电流都不允许超过功率表注明的额定值，在负载功率因数较低时，虽然指针偏转不大，但很可能电压或电流已超过额定值。由于从指针偏转中看不出电压和电流数值，因此使用时一般与电流线圈串接一只同量程的电流表，与电压线圈并联一只同量程的电压表，作为监视之用，以防功率表的电流线圈或电压线圈因过载而损坏。在测量功率因数较低的负载功率时，应使用低功率因数功率表，这不仅是安全问题，还因为一般功率表在负载功率因数很低时，表的误差也较大。

（2）同名端。功率表至少有四个接线端，两个是电流线圈的，两个是电压线圈的。两端钮中都有一个端钮标有特殊符号"＊"。有符号"＊"的端钮称为同极性端或同名端。当功率表接入电路时，电流线圈的"＊"端应接在电源侧，另一端接负载侧；电压线圈的"＊"端应与电流线圈的"＊"端接在一起，如图 3-16 所示。

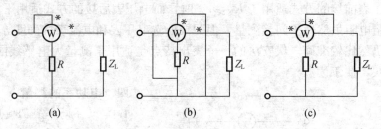

图 3-17　功率表连接图

当把电流线圈反接为图 3-17（a）所示连接时，通过电流线圈的电流反相 180°，这将造成指针反偏，如果这时把电压线圈也反接过来，如图 3-17（b）所示，表针仍会正偏，但有以下问题：功率表的电压线圈串联有很大的附加电阻，电阻两端的电压近似等于电源两根导线间的电压，如图 3-16（b）和图 3-17（a）所示，电流线圈和电压线圈同接在一根电源线上，所以两线圈是等电位的，而如图 3-17（b）所示中，电流线圈接在上面一根电源线上，而电压线圈接在下面一根电源线，使两线圈之间的电压等于两根电源导线之间的电压，这会

由于两线圈异性电荷的吸引作用而引起误差，甚至可能使线圈之间绝缘被击穿而损坏功率表，所以应避免使用图 3-17（b）的接法。正确的接法如图 3-17（c）所示，该图接法称电压线圈后接法，适用于测低阻抗负载，而图 3-16（b）的接法称电压线圈前接法，适用于测高阻抗负载。

2. 低功率因数功率表

对于功率因数比较低的负载（如铁芯线圈），用普通功率表测量功率时，由于电压线圈和电流线圈额定值的限制，只能在偏转角很小的部位读数，这将造成较大的测量误差。为了有效地测量低功率因数负载的功率，专门制成一种低功率因数功率表，其功率因数的数据在仪表盘上标明。这种功率表的功率量程等于 $U_N I_N \cos\varphi_N$。当说明功率表的规格时，不能简单地说满量程是多少瓦，而应分别说明电压、电流和功率因数值，低功率因数功率表的功率常数为

$$C = \frac{U_N I_N \cos\varphi_N}{\alpha_m} (\text{W/ 格})$$

值得注意的是，$\cos\varphi_N$ 与负载的功率因数无关，它是通过降低游丝的张力，使指针的偏转角增大，从而减小功率的量程，$\cos\varphi_N$ 就是表明减小的倍数。通常 $\cos\varphi_N$ 为 0.1 或 0.2。

使用低功率因数功率表时，应先根据表的额定电压、电流和功率因数值算出满刻度时的瓦数，然后根据标尺满刻度总格数 α_m 算出每分度代表的瓦数，即功率常数 C。测量时先读出指针偏转的格数 α，然后根据 $P = C\alpha$ 算出被测功率的数值。

3. 三相有功功率的测量

（1）两表法。在三相三线制电路中，用两只单相功率表测量三相总有功功率，称为两表法。两表法的接线如图 3-18 所示。两只单相功率表测得的功率读数之和就是三相总有功功率，即 $P = P_1 + P_2$，该方法只适用于三相三线制电路，但不要求电路对称，所以两表法不仅适用于对称的三相三线制电路，也适用于不对称的三相三线制电路。

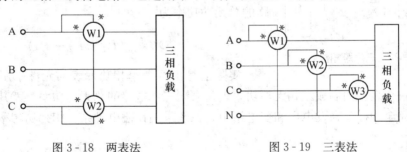

图 3-18　两表法　　　　　　　　图 3-19　三表法

（2）三表法。三相四线制电路应采用三只单相功率表分别测出每相有功功率，然后取三表读数之和，称三表法。三表法的接线如图 3-19 所示，不论三相负载是否对称，这种方法都适用，且三相总有功功率 $P = P_1 + P_2 + P_3$。

工程上，不使用两表法、三表法测三相有功功率，而是将两只单相功率表按两表半接线装在一个表壳内形成一只三相三线有功功率表；将三只单相功率表按三表法接线装在一个表壳内形成一只三相四线制有功功率表。三相三线有功功率表只能测三相三线制有功功率，三相四线有功功率表只能测三相四线制有功功率，两者不可替换。

4. 三相无功功率的测量

三相交流电路的无功功率的测量原理是用单相有功功率表，通过改变接线，达到测量三

相无功功率的目的。因为无功功率 $Q=UI\sin\varphi=UI\cos(90°-\varphi)$，只要使功率表的电压线圈支路的电压与电流线圈的电流之间的相位差为 $(90°-\varphi)$，有功功率表的读数就是无功功率。

（1）一表跨相法。将单相功率表的电流线圈串接在 A 相线中，而将电压线圈支路跨接在 B、C 两相线之间，如图 3-20 所示，功率表的读数乘以 $\sqrt{3}$，得到对称三相电路的总无功功率，即 $Q=\sqrt{3}P$。这种一表跨相法仅适用于对称三相电路。

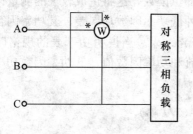 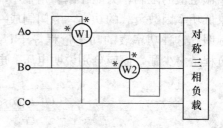

图 3-20　一表跨相法　　　　　　图 3-21　两表跨相法

（2）两表跨相法。将两只单相功率表按一表跨相法分别跨相接线，如图 3-21 所示，两表跨相法测得三相电路的总无功功率为

$$Q=\frac{\sqrt{3}}{2}(P_1+P_2)$$

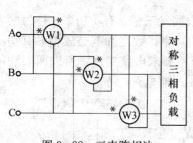

两表跨相法虽比一表跨相法多用一只功率表，但当三相电压不完全对称时，比一表跨相法的测量误差小。

（3）三表跨相法。将三只单相功率表按一表跨相法分别跨相接线，如图 3-22 所示，三表跨相法测得三相电路的总无功功率为

图 3-22　三表跨相法

$$Q=\frac{\sqrt{3}}{3}(P_1+P_2+P_3)$$

实际上是由两套单相功率表的元件采用不同的接线方式安装在一个表壳内制成三相无功功率表，来测三相电路的总无功功率，就其外部接线与两表跨相法完全一样。在发电厂和变电站中，一般采用铁磁电动系三相无功功率表测量三相无功功率。

第四节　实　训　课　题

一、仪表、仪器的正确使用

1. 万用表的正确使用

（1）实训器材。MF47 型万用表一块、交直流电源一个、电阻若干、交流线圈一只、直流线圈一只、二极管两支、三极管两支、带开关的交直流电路各一个。

（2）万用表的使用和抄读要求：

1）能正确使用 MF47 型万用表的转换装置。

2）能正确选用 MF47 型万用表的量程。

3）会正确对仪表进行调零。

4）抄读方法正确。

5）能安全测量各种电量。

（3）测量和抄读。将测量方法和读取的数值记录在表 3-2 中。

表 3-2　　　　　　　　　测量方法和读取的数值记录表（数值带单位）

项目 内容	电阻 的电 阻值	交流 电源 电压	直流 电源 电压	交流 回路 电流	直流 回路 电流	交流线 圈电阻	直流线 圈电阻	二极管 $R_正$、$R_反$	三极管 $R_{bc}R_{bc}R_{ce}$
转换装置 位　置									
量　程									
测量数值									

（4）考核标准：

1）测较高电压或大电流时带电转动开关，扣 10 分。

2）每换一电阻挡都要调零，否则每次扣 5 分。

3）选错挡位，每次扣 20 分。

4）量程数值切换方法不对，扣 10 分。

5）量程选择不当，扣 10 分。

6）测量时造成万用表损坏扣 30 分。

7）测量时万用表摆放姿势不正确，扣 5 分。

8）抄读数值不准确，每个扣 5 分。

9）有不安全的测量方法，扣 5 分。

得分在 80 分及以上为合格。

2. 绝缘电阻表的正确使用

（1）测量低压电动机的绝缘电阻。

1）实训器材。绝缘电阻表一块（500V）、三相低压异步电动机一台、短接线一组。

2）实训要求：①会正确使用绝缘电阻表测量绝缘电阻；②测量低压电动机三相绕组间、三相绕组对地间的绝缘电阻；③测量方法要正确无误；④根据测量的数据分析电动机的绝缘状况。

3）绝缘电阻测量。将设备参数和测量出的数值记录在表 3-3 中。

表 3-3　　　　　　　　　电动机参数和绝缘电阻数值表

抄读 测量 参数	绝缘电阻表 型号	绝缘电阻表 规格	电动机 功率（kW）	电动机 电压（V）	电动机 电流（A）	电动机 接线方式
	绝缘电阻值（MΩ）					
	R_{ab}	R_{bc}	R_{ca}	R_{ao}	R_{bo}	R_{co}
厂方数值						
分析结论						

4）考核标准。见表3-4。

表3-4　　　　　　　　　　　测量低压电动机绝缘电阻评分标准

姓名		单位		考核时限	20min	实操时间	
考核项目		配分	评分标准			扣分	备注说明
主要项目	准备工作	20	1. 工具、材料准备不齐全，每缺一项扣2分				
			2. 测量前没有对电动机进行清洁，扣5分				
			3. 测试前没有对电动机的绕组放电，扣5分				
	仪器使用	10	测量前没有对绝缘电阻表进行开路和短路试验检查，扣10分				
	绝缘电阻测量	60	1. 绝缘电阻表的E、L端子与电动机连接的方法不对，每处扣5分				
			2. 测试时绝缘电阻表放置歪斜，扣5分				
			3. 转动绝缘电阻表手柄时太快、太慢或不均匀，扣10分				
			4. 抄读数据方法不正确，扣10分				
			5. 在短路状况下仍然长时间转动绝缘电阻表手柄，扣10分				
			6. 抄读完毕，先停表后断开测量回路，扣10分				
			7. 测量完毕未对电动机进行放电，扣10分				
	文明生产	6	1. 作业时言语、行为不文明，扣3分				
			2. 作业完毕未清理现场，扣3分				
	作业时限	4	考核时限内完成不加分；每超1min扣1分				
考评员				合计			
考评组长				总得分			

（2）测量低压电缆的绝缘电阻。

1）实训器材。绝缘电阻表一块（1000V）、低压电缆一根、短接线一组。

2）实训要求：①会正确使用绝缘电阻表测量绝缘电阻；②测量低压电缆组间、相对地间的绝缘电阻；③测量方法要正确无误；④根据测量的数据分析电缆的绝缘状况。

3）绝缘电阻测量。将电缆参数和测量出的绝缘电阻值记录在表3-5中。

表3-5　　　　　　　　　　　电缆参数和绝缘电阻数值表

抄读测量参数	绝缘电阻表型号	绝缘电阻表规格	电缆型号	电缆额定电压（V）	电缆截面积（mm²）	电缆绝缘等级
	绝缘电阻值（MΩ）					
	R_{ab}	R_{bc}	R_{ca}	R_{ao}	R_{bo}	R_{co}
厂方数值						
分析结论						

4）考核标准。见表3-6。

表3-6 测量低压电缆绝缘电阻的评分标准

姓名		单位		考核时限	20min	实操时间	
考核项目		配分	评分标准			扣分	备注说明
主要项目	准备工作	20	1. 工具、材料准备不齐全，每缺一项扣2分				
			2. 测量前没有对电缆进行清洁，扣5分				
			3. 测试前没有对电缆放电，扣5分				
	仪器使用	10	测量前没有对绝缘电阻表进行开路和短路试验检查，扣10分				
	绝缘电阻测量	60	1. 绝缘电阻表的E、L、G端子与电缆连接的方法不对，每处扣5分				
			2. 测试时绝缘电阻表放置歪斜，扣5分				
			3. 转动绝缘电阻表手柄时太快、太慢或不均匀，扣10分				
			4. 抄读数据方法不正确，扣10分				
			5. 在短路状况下仍然长时间转动绝缘电阻表手柄，扣10分				
			6. 抄读完毕，先停表后断开测量回路，扣10分				
			7. 测量完毕未对电缆进行放电，扣10分				
	文明生产	6	1. 作业时言语、行为不文明，扣3分				
			2. 作业完毕未清理现场，扣3分				
	作业时限	4	考核时限内完成不加分；每超1min扣1分				
考评员				合计			
考评组长				总得分			

二、功率的测量与接线

1. 小功率负载的测量与接线方法

（1）实训器材。功率表一只、电阻值较大的小功率负载一个、电阻值较小的小功率负载一个、交流电源一个、导线若干米、开关一个、电路板一块、电工工具一套、万用表一只。

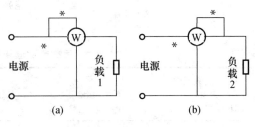

图3-23 功率表的连接

（2）实训要求：

1）测量和比较功率表电流线圈与两个负载的电阻值大小。

2）对电阻值较大的负载和电阻值较小的负载分别按图3-23所示的两种连接方法进行功率测量。

3）通过测量分析误差原因，得出测小功率负载功率时的正确接线方法。

（3）测量。将测得的负载电阻值和功率数值记录在表 3 - 7 中。

表 3 - 7   负载电阻值和功率测量值记录表

测量项目＼负载元件	负载 1	负载 2	电流线圈电阻	备　注
电阻值				
图 3 - 23（a）接线时的功率值（W）				
图 3 - 23（b）接线时的功率值（W）				
比较结果				

测小功率负载功率时的正确接线方法是：

1）当负载电阻远＿＿＿＿＿于电流线圈电阻时，应采用图 3 - 23（a）接线方式进行功率测量比较准确。

2）当负载电阻远＿＿＿＿＿于电流线圈电阻时，应采用图 3 - 23（b）接线方式进行功率测量比较准确。

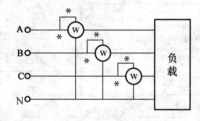

图 3 - 24　三相四线制电路
总功率的测量

2. 三相四线制电路功率的测量与接线方法

（1）实训器材。单相功率表三只、三相交流电源一个、导线若干米、三相开关一个、三相负载电路板一块、电工工具一套、万用表一只。

（2）实训要求：

1）按图 3 - 24 正确接线，测量三相电路的功率。

2）比较三只功率表测量出的功率数值。

3）求出三相电路的总功率。

（3）测量。将测得的负载电阻值和功率测量值记录在表 3 - 8 中。

表 3 - 8   负载电阻值和功率测量值记录表

测量项目＼负载元件	A 相负载	B 相负载	C 相负载	备注
电阻值				
功率（W）				
三相总功率（W）				

第四章

电工安全知识与技能

第一节 电工安全操作技术

一、电流对人体的伤害

触电是指电流通过人体时对人体产生的生理和病理伤害。

1. 电流对人体伤害的类型

电流对人体的伤害分为电击和电伤两类。

(1) 电击。电击是电流通过人体,对人体内部器官造成的伤害。它主要破坏了人体的心脏、呼吸和神经系统的正常工作,轻者肌肉痉挛,产生麻电感觉,重者造成呼吸困难、心脏麻痹、危及人的生命安全。多数触电死亡事故都是由电击造成的。

(2) 电伤。电伤是电流的热效应、化学效应、机械效应等对人体造成的外伤。电伤往往在人的肌体上留下伤痕,严重时也可导致死亡。电伤可分为电灼伤、电烙伤和皮肤金属化三种。

电灼伤是由于电流热效应产生的电伤,如带负荷拉隔离开关时的强烈电弧对皮肤的烧伤,电灼伤也称电弧伤害。电灼伤的后果是皮肤发红、起泡及烧焦、皮肤组织破坏等。

电烙伤发生在人体与带电体有良好接触的情况下,在皮肤表面留下和被触带电体形状相似的肿块痕迹,有时在触电后并不立即出现,而是隔一定时间才出现,电烙伤一般不发炎或化脓,但往往造成局部麻木和失去知觉。

皮肤金属化是指在电流作用下,熔化和蒸发的金属微粒渗入皮肤表层,使皮肤受伤的部分变得粗糙、硬化或使局部皮肤变为绿色或暗黄色。

2. 影响电流对人体伤害程度的因素

(1) 电流的大小。通过人体的电流越大,人体的生理反应越明显,对人体的伤害越严重。按照人体对电流的生理反应强弱和电流对人体的伤害程度,可将电流分为感知电流、摆脱电流和致命电流三级。感知电流是能引起人体感觉但无有害生理反应的最小电流;摆脱电流是指人体触电后能自主摆脱电源而无病理性危害的最大电流;致命电流是指能引起心室颤动而危及生命的最小电流。这几种电流的大小与触电者的性别、年龄及触电时间有关。一般使人体有麻电感觉的交流电流为 $0.7\sim1.1\text{mA}$,摆脱电流为 $10\sim16\text{mA}$,较短时间内的致命电流为 $50\sim100\text{mA}$。我国规定的安全电流为 30mA(触电时间不超过 1s),但在高度触电危险的场所,应取 10mA 为安全电流。

(2) 电流通过人体的持续时间。触电致死的生理现象是心室颤动,电流通过人体的持续时间越长越容易引起心室颤动;另外,由于心脏在收缩与舒张的时间间隙(约 0.1s)内对电流最为敏感,通电时间越长,重合这段间隙的可能性越大,心室颤动可能性也越大;技术上常用触电电流和触电持续时间的乘积(也称电击能量)来衡量电流对人体的伤害程度,通电时间越长,电击能量也大,电击能量超过 $50\text{mA}\cdot\text{s}$ 时,人就有生命危险。

（3）电流的途径。电流通过人体的途径不同，对人体的伤害程度也不同。电流通过心脏、中枢神经、呼吸系统是最危险的。因此，最危险的途径是从左手到前胸到脚，较危险的途径是从手到手，危险性较小的途径是从脚到脚。

（4）电流频率。人体对不同频率的电流的生理敏感是不同的，因而不同频率的电流对人体的伤害也是不同的。工频电流对人体伤害最为严重；高频电流对人体的伤害远不及工频电流严重，医疗上可利用高频电流做理疗，但电压过高也会致人危险；冲击电流对人体的伤害程度与冲击放电能量有关，由于冲击电流作用时间极短，故数十毫安的电流才能被人感知。

（5）人体电阻。当接触电压一定时，人体电阻越小，流过人体的电流越大，触电者的危险越大。人体电阻包括体内电阻和皮肤电阻，体内电阻较小，且基本不变，约为 500Ω。皮肤电阻与许多因素有关：

1）皮肤干燥时，电阻值较大；潮湿时，电阻值较小。

2）电极与皮肤的接触面接触紧密时，电阻值较小，反之较大。

3）通过人体的电流大时，皮肤发热温度上升，电阻随之增大；接触电压高时，会击穿皮肤，使人体电阻下降。

（6）电压的高低。人体接触的电压越高，流过人体的电流越大，对人体的伤害越严重。触电死亡的直接原因是人体电流，但电流大小与作用在人体上的电压有关，这不仅是就一定人体电阻而言（电压高，电流大），更由于人体电阻随电压升高而呈非线性急剧下降，使通过人体的电流显著增大。如果以触电者人体电阻为 $1k\Omega$ 计，在 220V 电压下通过人体的电流是 220mA，能迅速使人致命。

二、安全电压

加在人体上一定时间内不使人直接致命或致残的电压称为安全电压。一般情况下，人体触电时，如果接触电压在 36V 以下，通过人体的电流就不致超过 30mA，故安全电压规定为 36V，但在潮湿闷热的环境中，安全电压则规定为 24V 或 12V。

三、触电方式

人体触电方式一般可分为直接接触触电和间接接触触电两种类型。另外，还有高压电场触电、高频电磁场触电、静电感应触电、雷击等方式。

1. 直接接触触电

人体直接触及带电体或过分靠近带电体而发生的触电现象称为直接接触触电。直接接触触电分为单相触电、两相触电和电弧伤害。

（1）单相触电。人体与大地不绝缘的情况下，人体直接碰触带电设备或线路的一相导体，电流通过人体而发生的触电现象，称为单相触电，其触电危险程度与电网中性点运行方式有关。

1）在中性点直接接地的电网中发生单相触电的情况如图 4-1 所示。由于人体电阻比中性点工作接地电阻大得多，所以相电压几乎全部加在人体上，这是非常危险的。这时流过人体的电流为

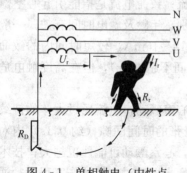

图 4-1　单相触电（中性点直接接地的电网中）

$$I_r = \frac{U_r}{R_r + R_D}$$

对于 380/220V 三相四线制电网，$R_D=4\Omega$，若取人体电阻 $R_r=1700\Omega$，则流过人体的电流 $I_r=129mA$，足以危及触电者的生命。

若人体与大地间绝缘电阻很大，如人体站在干燥的绝缘板上，通过人体的电流就很小，就不会造成触电危险。

2）在中性点不接地的电网中发生单相触电的情况如图 4-2 所示。这时电流从电源相线经人体、其他两相的对地阻抗（线路的绝缘电阻和对地电容）回到电源的中性点形成回路。正常情况下，由于设备的绝缘电阻很大，通过人体的电流就很小，一般不致造成对人体的伤害，但当非触电相的对地绝缘破坏或下降时，单相触电对人体的危害仍然存在。

图 4-2　单相触电（中性点不接地的电网中）

图 4-3 所示是单相触电的另一种形式，这种形式无论人体与地是否绝缘，触电时通过人体的电流都是致命的。

（2）两相触电。人体同时触及带电设备或线路的两相导体而发生的触电方式称为两相触电，如图 4-4 所示。两相触电比单相触电更危险。两相触电时，作用在人体上的电压为线电压，电流从一相导体经人体流入另一相导体，这是非常危险的。以 380/220V 三相四线制电网为例，若取人体电阻 $R_r=1700\Omega$，则流过人体的电流 $I_r=224mA$，足以致人死亡。

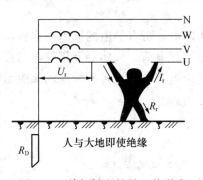

图 4-3　单相触电的另一种形式

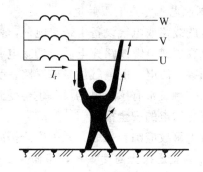

图 4-4　两相触电

（3）电弧伤害。电弧是气体间隙被强电场击穿时，电流通过气体的一种现象。被电弧"烧"着的人，将同时遭受电击和电伤。在引发电弧的各种情形中，人体过分接近高压带电体所引起的电弧放电以及带负荷拉、合隔离开关造成的弧光短路，对人体的危害往往是致命的。电弧不仅使人受电击，而且由于弧焰温度极高（中心温度达 6000～10000℃），将对人体造成严重烧伤，烧伤部位多在手部、胳膊、脸部及眼睛，造成皮肤金属化、失明或视力减退。

2．间接接触触电

人体触及正常情况下不带电，而非正常运行情况下（如绝缘损坏）变为带电设备所引起的触电现象，称为间接接触触电。间接接触触电分为接触电压触电和跨步电压触电两种。

（1）接触电压触电。接触电压是指人站在发生接地短路故障设备的旁边，其接触带电设备的手与脚步之间所承受的电压。接触电压大小随人体站立点位置而异，人体站立点离设备

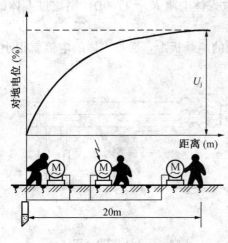

图 4-5　接触电压触电

接地点越远，则接触电压越大，反之越小。当人体站在距离接地体 20m 以外处与带电设备接触时，接触电压达最大，等于设备外壳的对地电压；当人体站在接地点与设备外壳接触，接触电压为零。由于受接触电压作用而导致的触电现象称为接触电压触电，如图 4-5 所示。

（2）跨步电压触电。跨步电压是指人在发生接地故障的电气设备附近，接地电流入地点周围电位分布区（以电流入地点为圆心，半径为 20m 的范围内）行走时，两脚之间（步距按 0.8m 考虑）的电位差。跨步电压大小除取决于两脚间距离外，还取决于人脚与接地点的距离，距离故障接地点越近，跨步电压越大，当一脚踏在接地点上，跨步电压最大。人体受到跨步电压作用时，电流从一脚经跨部到另一脚与大地形成回路。触电者的症象是脚发麻、抽筋、跌倒，跌倒后电流可能改变路径而流经人体重要器官，使人致命。

跨步电压触电还会发生在其他一些场合，如架空导线接地故障点附近或导线断落点附近、防雷接地装置附近地面等。

接触电压和跨步电压的大小与接地电流的大小、土壤电阻率、设备接地电阻及人体位置等因素有关。

3. 静电触电和感应电压触电

在停电的线路或电气设备上带有电荷，称为静电。带有静电的原因有多种，如物体的摩擦带电，电容器或电缆线路充电后，切除电源仍残存电荷。人体触及带静电的设备会受到电击，导致伤害。停电后的电气设备或线路，受到附近有电的设备或线路的感应而带电，称为感应电，人体触及带有感应电的设备也会受到电击。

四、防止触电的安全措施

防止触电事故应综合采取一系列安全措施：

1. 工作人员思想上高度重视，牢固树立安全第一的观念

2. 加强安全教育，认真学习并严格遵守《电业安全操作规程》

（1）上岗前必须戴好规定的防护用品，一般不允许带电作业。

（2）工作前认真检查所用工具安全可靠，了解场地、环境情况，选好安全位置工作。

（3）各项电气工作严格执行"装得安全、拆得彻底、经常检查、修理及时"的规定。

（4）不准无故拆除电气设备上的安全保护装置。

（5）设备安装或修理后在正式送电前必须仔细检查绝缘电阻及接地装置和传动部分的防护装置，使之符合安全要求。

（6）装接灯头时开关必须控制相线；临时线路敷设时应先接地线，拆除时应先拆相线。

（7）工作中拆除的电线要及时处理，带电的线头必须用绝缘带包好。

（8）高空作业时应系好安全带，梯子应有防滑措施，工具物品须装入工具袋内吊送式传递，地面上的人应戴好安全帽并离施工区 2m 以外。

（9）低压带电作业时应有专人监护，使用专用绝缘工具和防护用品，人体不得同时接触

两根线头，不得越过未采取绝缘措施的导线之间。

（10）在带电的低压开关柜（箱）上工作，应采取防止相间短路及接地等安全措施。

3. 技术防护措施

（1）停电工作中防止触电的安全措施。

1）断开电源。检修设备或线路时，应先断开低压开关，后断开高压开关。对多回路的线路要防止从低压侧向被检修设备反送电。

2）验电。工作前，必须用电压等级合适的验电器对检修设备的进出线两侧各相分别验电，确认无电后方可工作。

3）装设接地线。对可能送电到检修设备的各电源侧及可能产生感应电压的地方都要装设接地线。装拆接地线时，应戴绝缘手套和使用绝缘杆，人体不得碰触接地线，并有人监护。装接地线时，必须先接接地端，后接导体端，接触必须良好。拆接地线时的顺序与此相反。

4）悬挂警告牌。在断开的断路器和隔离开关的操作手柄上悬挂"禁止合闸、有人工作"的警告牌，必要时加锁固定。

（2）带电工作中防止触电的安全措施。如因特殊情况必须在电气设备上带电工作时，应按照带电工作安全规程进行。

1）在低压电气设备和线路上带电工作时应设专人监护，使用合格的有绝缘手柄的工具，穿绝缘鞋，并站在干燥的绝缘物上。

2）将可能碰的其他带电体及接地物体用绝缘物隔开，防止短路。

3）带电检修时应先分清相线和中性线。断开导线时先断开相线，后断开中性线。搭接导线时应先接中性线，后接相线。接相线时将两个线头搭接后再进行缠接，切不可使人体或手指同时接触两根导线。不能用绝缘钳同时钳断相线和中性线，以免发生短路。

4）对已断开的相线和带电体应采取绝缘或隔离措施。

5）检修高低压杆同杆架设的低压线路时，检修人员离高压线的安全距离应符合表 4 - 1 所示的安全距离。

表 4 - 1　　　　　　　　　　　　安 全 距 离

电压等级（kV）	安全距离（m）	电压等级（kV）	安全距离（m）
15 以下	0.70	44	1.20
20～35	1.00	66～110	1.50

（3）移动电具的安全使用。

1）电钻。电钻使用前应检查导线、插头是否完好，外壳是否漏电。使用电钻时，除 36V 以下电钻和双绝缘电钻外，都必须戴绝缘手套。

2）行灯。行灯的电压为 36V，但在金属容器内部或井下等危险场所作业，必须使用 24V 或 2V 低压安全行灯。

3）便携式电源插座。使用前应检查导线、插座有无破损，接地线是否可靠。

（4）防止直接触电的措施。

1）绝缘防护措施。用绝缘材料将带电体封闭起来的措施叫作绝缘防护措施。良好的绝缘是保证电气设备和线路正常运行的必要条件，是防止触电的最基本安全保护措施。

2）隔离保护措施。采用一些隔离装置将带电体与外界隔离开来，以杜绝不安全因素的措施称为隔离保护措施。

3）间距措施。为防止人体触及或过分接近带电体，为操作方便，在带电体与地面之间、带电体与带电体之间、带电体与其他设备之间均应保持一定的安全距离，叫作间距措施。具体的安全间距《电业安全工作规程》有详细规定。

（5）防止间接触电的措施。

1）加强绝缘措施。电气设备或线路采取双重绝缘，即使工作绝缘损坏后，还有一层加强绝缘，不易发生带电的金属导体裸露而造成间接触电。

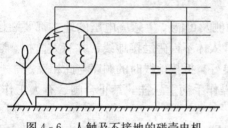

图4-6　人触及不接地的碰壳电机
原理接线图

2）保护接地措施。将电气设备在正常情况下不带电的金属部分与大地做金属性连接，以保证人身安全的措施叫作保护接地措施。在电源中性点不接地系统中，设备外壳不接地而意外带电时，外壳与大地间存在电压，人体触及外壳时，电流就会经过人体和线路对地电容形成回路，发生触电危险，如图4-6所示。当电气设备的金属外壳采用保护接地后，人体触及带电设备外壳

时，接地电流将沿着接地体和人体两条并联的通路流过，如图4-7所示，根据并联分流原理，流过每一通路的电流与其电阻的大小成反比，而保护接地电阻值 R_E 通常小于 4Ω，人体电阻 R_r 在恶劣环境下也为 1000Ω 左右，因此流过人体的电流很小，可完全避免或减轻触电危害。

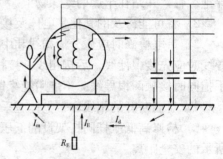

图4-7　保护接地的保护原理图

3）自动断电措施。在带电线路或设备上发生触电事故时，在规定时间内能自动切断电源而起保护作用的措施称为自动断电措施。如过电流保护、短路保护、过电压或欠电压保护、漏电保护、保护接零等均属于断电保护。

a. 保护接零。在电源中性点直接接地的380/220V三相四线制系统中，将电气设备正常不带电的金属外壳与电源的中性线（零线）相连接，称为保护接零。

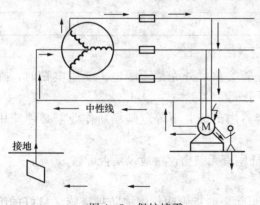

图4-8　保护接零

在中性点直接接地的三相四线制系统中广泛采用保护接零用以防止触电的安全技术措施。如图4-8所示，设备正常运行时，中性线是不带电的，人体触及与中性线相连的设备外壳时无触电危险；当设备发生碰壳故障时，电机的金属外壳将相线与中性线直接连通，单相接地故障成为单相短路，短路电流经外壳和中性线构成回路，由于中性线和相线阻抗很小，所以短路电流很大，立即使线路的熔断器熔断或其他过电流保护装置动作，迅速切断电源，防止触电。为使保护接零更为可靠，在中性线上禁止安装熔断器和开关设备，以防中性线断开，失去保护接零的作

用，同时为防止中性线断线，可在中性线上进行重复接地。另外，禁止在同一系统中有的设备接零而有的设备接地，否则，当接地设备发生碰壳时，会使接零设备对地电压升高，而由于接地电流较小，线路过电流保护不会动作，致使故障长期存在，人体触及碰壳设备和所有接零设备都有触电危险。

b. 漏电保护。将漏电保护装置装在供电线路上，当电气设备或线路发生漏电或接地故障时，能在人尚未触及前把电源断开；当人体触及带电体时，能在 0.1s 内切断电源，减轻电流对人体的伤害；另外，漏电保护还可防止漏电引起的火灾事故。1000V 以下的低压供电系统中，凡有可能触及带电部件或在潮湿场所装有电气设备时，都应装设漏电保护装置。

漏电保护装置在原理上可分为电压型和电流型两大类。电压型漏电保护装置用于中性点不直接接地的供电电网中，作为单相触电、线路漏电及设备碰壳短路的保护装置。电流型漏电保护装置用于中性点直接接地的低压供电电网中。

4）电气隔离措施。采用隔离变压器使电气线路和设备的带电部分处于悬浮状态，叫作电气隔离措施。

（6）防止跨步电压触电的措施。当人体突然处在高压线路跌落区时，不必惊慌，首先看清高压线位置，然后双脚并拢，做小幅度"兔子跳"或单足着地离开危险区，越远越好（8m 以上），千万不要迈步走，以防两脚间产生跨步电压。

第二节　触电急救技术

一、触电急救的原则

现场抢救必须做到迅速、就地、准确、坚持。

触电急救必须分秒必争，立即就地迅速用心肺复苏法进行抢救，并坚持不断地进行，同时，应尽早与医疗部门联系，争取医务人员接替救治。在医务人员未接替救治前，不应放弃现场抢救，更不能只根据没有呼吸或脉搏擅自判定伤员死亡，放弃抢救。只有医生才有权做出伤员死亡的诊断。

二、触电急救的程序

1. 脱离电源

（1）触电急救，首先要使触电者迅速脱离电源，越快越好，因为电流作用时间越长，伤害越重。

（2）脱离电源就是把触电者所接触的带电设备的开关、刀开关或其他断路设备断开，或设法将触电者与带电设备脱离。在脱离电源的过程中，救护人员既要救他人，也要保护好自己，防止触电。

（3）触电者未脱离电源前，救护人员不准直接用手触及伤员，以防触电。

（4）触电者位于高处时，应采取必要的防摔伤措施。

（5）触电者触及低压带电设备，救护人员应设法迅速切断电源，如拉开电源开关或刀开关、拔除电源插头等，或使用绝缘工具、干燥木棒、木板、绳索等不导电的材料解脱触电者；也可抓住触电者干燥而不贴身的衣服，将其拖开，切记救护人员要避免碰到金属物体和触电者的裸露身躯；也可戴绝缘手套或将手用干燥衣物等包起绝缘后再解救触电者；救护人员也可站在绝缘垫上或干木板上，把自己绝缘好后再进行救护。

为使触电者与导电体解脱，最好用一只手进行，避免重心偏斜。

如果电流通过触电者入地，并且触电者紧握电线，可设法用干木板塞到身下，与地隔离；也可用干木把斧子或有绝缘柄的钳子等将电线切断。切断电线要分相进行，并尽可能站在绝缘物体或干木板上。

（6）触电者触及高压带电设备，救护人员应迅速切断电源或用适合该电压等级的绝缘工具（如戴绝缘手套、穿绝缘靴并用绝缘棒）解救触电者。救护人员在抢救过程中，应注意自身与周围带电部分留有足够的安全距离。

（7）触电发生在架空线杆上，如是低压带电线路，若可能立即切断线路电源的，应迅速切断电源，或由救护人员迅速登杆，系好安全带后用带绝缘手柄的钢丝钳、干燥的不导电物体或绝缘物体将触电者拉离电源；如是高压带电线路又不可能迅速切断电源开关的，可采用抛挂足够截面积的适当长度的金属短路线方法，使电源开关跳闸。抛挂前，应将短路线一端固定在铁塔或接地引下线上，另一端系重物。抛掷短路线时，应防止电弧伤人或断线危及人员安全。不论是何等级的电压线路上触电，救护人员在使触电者脱离电源时，要注意防止发生高处坠落和再次触及其他有电线路的可能。

（8）触电者触及断落在地上的带电高压导线，如尚未明确线路是否有电，救护人员在未做好安全措施（如穿绝缘靴或临时双脚并紧跳跃地接近触电者）前，不能接近断线点周围8～10m 范围内，以防跨步电压伤人。触电者脱离带电导线后，迅速带至8～10m 以外，并立即开始触电急救。只有在确实证明线路已经无电，才可在触电者离开导线后，立即就地进行抢救。

（9）救护触电伤员切除电源时，有时会同时失去照明用电。因此应考虑事故照明、应急灯等临时照明。照明要符合使用场所防火、防爆的要求，但不能延误切除电源和进行抢救。

2. 脱离电源后的意识判断

（1）采用轻拍、轻摇、大声呼叫的方法，用5s 时间，呼叫伤员或轻拍其肩部，以判定伤员是否意识丧失。触电伤员脱离电源后若神志清醒，应使其就地平躺，严密观察，暂时不要站立或走动。

（2）触电伤员若神志不清，应就地仰面躺平，采用仰头抬颏法使其气道通畅，然后进行呼吸和心跳判断。禁止摇动伤员头部呼叫伤员。

（3）触电后又摔伤的伤员，应就地平躺，保持脊柱在伸直状态，不得弯曲；如需搬运，应用硬木板保持平躺，伤员处于平直状态，避免脊柱受伤。

（4）需要抢救的伤员，应立即就地坚持正确抢救，并设法联系医疗部门接替救治。

3. 呼吸、心跳情况的判定

（1）触电伤员如意识丧失，应在10s 内，用看、听、试的方法判定伤员呼吸、心跳情况，如图4-9所示。

1）看——看伤员的胸部、腹部有无起伏动作。

2）听——用耳贴近伤员的口鼻处，听有无呼气声音。

3）试——试测口鼻有无呼气的气流，再用两手指轻试一侧（左或右）喉结旁凹陷处的颈动脉有无搏动。

（2）若看、听、试结果，既无呼吸又无颈动脉搏动，则可判定为呼吸、心跳停止。

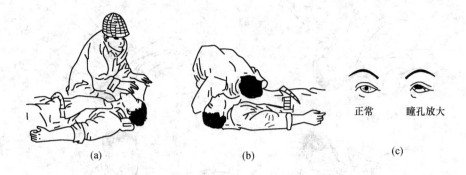

图 4 - 9　对触电者的检查
(a) 检查呼吸；(b) 检查心跳；(c) 检查瞳孔

4. 急救处理

(1) 如果触电者失去知觉，呼吸停止，但心脏微有跳动，迅速采用口对口人工呼吸抢救。

(2) 如果触电者虽有呼吸，但心跳停止，迅速采用人工胸外按压法抢救。

(3) 如果触电者呼吸和心跳都已停止，采用心肺复苏法抢救。

5. 心肺复苏法

(1) 经判断触电者的呼吸和心跳均已停止时，立即按心肺复苏法支持生命的三项基本措施，正确进行抢救。三项基本措施是：

1) 通畅气道。

a. 触电者呼吸停止，应始终确保气道通畅。如发现伤员口内有异物，可将其身体及头部同时转侧，并迅速用一个手指或用两手指交叉从口角处插入，取出异物，如图 4 - 10 (a)所示。注意防止将异物推入咽喉深部。

b. 通畅气道采用仰头抬颏法，如图 4 - 10 (b) 所示。用一只手放在触电者前额，另一只手的手指将其下颌骨向上抬起，两手协同将头部推向后仰，舌根随之抬起，气道即可通畅，严禁用枕头或其他物品垫在伤员头下。头部抬高前倾，会加重气道的阻塞，且使胸外按压时心脏流向脑部的血流减少，甚至消失。

2) 口对口 (鼻) 人工呼吸，如图 4 - 10 (c)、(d) 所示。

a. 在保持伤员气道通畅的同时，救护人员用放在伤员额头上的手的手指，捏住伤员的鼻翼，深吸气后，与伤员口对口紧合，在不漏气的情况下，先连续大口吹气两次，每次1～5s。如两次吹气后试测颈动脉仍无搏动，可判断心跳已经停止，要立即同时进行胸外按压。

b. 除开始时大口吹气两次外，正常口对口 (鼻) 呼吸的吹气量不需过大。吹气和放松时要注意伤员头部应有起伏的呼吸动作。

c. 触电者如牙关紧闭，可口对鼻进行人工呼吸。口对鼻人工呼吸时，要将伤员嘴唇紧闭，防止漏气。

3) 胸外按压。

a. 正确的按压位置是保证胸外按压效果的重要前提。确定正确按压位置步骤如下：

a) 右手的食指和中指沿触电者的右侧肋弓下缘向上，找到肋骨和胸骨接合处的中点。

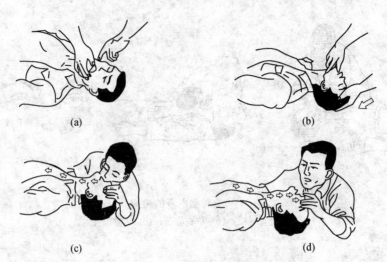

图 4-10　通畅气道及口对口（鼻）人工呼吸法
(a) 清理口腔阻塞；(b) 鼻孔朝天头后仰；(c) 贴嘴吹气胸扩张；(d) 放开喉鼻好换气

b）两手指并齐，中指放在切迹中点（剑突底部），食指平放在胸骨下部。

c）另一只手的掌根紧抬食指上缘置于胸骨上，即为正确的按压位置。如图 4-11（a）所示。

b. 正确的按压姿势是达到胸外按压效果的基本保证。正确的按压姿势如下：

a）触电者仰面平躺，救护人员站立或跪在伤员一侧肩旁，两肩位于伤员胸骨正上方，两臂伸直，肘关节固定不屈，两手掌根相叠，手指翘起，不接触伤员胸壁。

b）以髋关节为支点，利用上身的重力，垂直将正常成人胸骨压缩 3～5cm（儿童和瘦弱者酌减）。

c）按压至要求程度后，立即全部放松，但手掌不要离开胸部，使触电者胸部自主复原。如图 4-11（b）～（d）所示。

压区
(a)　　　　　(b)　　　　　(c)　　　　　(d)

图 4-11　胸外按压法
(a) 中指对凹膛当胸一手掌；(b) 掌根用力向下压；(c) 慢慢压下；(d) 突然放松

c. 操作频率。

a）胸外按压要以均匀速度进行，每分钟 80 次左右，每次按压和放松的时间相等。

b）胸外按压与口对口（鼻）人工呼吸同时进行，其节奏为单人抢救时，每按压 15 次后吹气 2 次（15∶2）反复进行；双人抢救时，每按压 5 次后由另一人吹气一次（5∶1），反复进行。

6. 抢救过程中的再判定

（1）按压吹气 1min 后，应用看、听、试的方法在 5～7s 内完成对伤员呼吸和心跳是否恢复的再判定。

（2）若判定颈动脉已有搏动但无呼吸，则暂停胸外按压，再进行 2 次口对口人工呼吸，接着每 5s 吹气一次（即每分钟 12 次），若脉搏和呼吸均未恢复，则继续坚持心肺复苏法抢救。

（3）在抢救过程中，每隔数分钟再判定一次，每次判定时间均不得超过 5～7s。在医务人员未接替之前，现场人员不得放弃抢救。

7. 杆上或高处触电急救程序

（1）发现杆上或高处有人触电，应争取时间及早在杆上或高处开始进行抢救。救护人员登高时应随身携带必要的工具和绝缘工具及牢固的绳索，并紧急呼救。

（2）救护人员在确认触电者已与电源隔离，且救护人员本身所涉及的环境安全距离内无危险时，方能接触伤员进行抢救，并注意防止高空坠落。

（3）高处抢救。

1）触电者脱离电源后，将伤员扶卧在自己的安全带上（或在适当的地方躺平），并注意保持伤员气道通畅。

2）救护人员迅速按规定判定反应、呼吸和循环情况。

3）如伤员呼吸停止，应立即进行口对口（鼻）吹气 2 次，再测试颈动脉。颈动脉如有搏动，则每 5s 吹气一次，如无搏动，则用空心拳头叩击心前区 2 次，促使心脏恢复。

4）高处发生触电，为使抢救更有效，应及早设法将伤员送至地面，或用有效的措施送至平台上。

5）在将伤员由高处送至地面前，应再进行口对口（鼻）吹气 4 次。

6）触电者送至地面后，继续按心肺复苏法坚持抢救。

第三节　电　气　灭　火

电气火灾较一般火灾有两个特点：一是着火的电气设备可能带电，灭火时若不注意会发生触电。二是有些电气设备充有大量油，如油浸式变压器，一旦着火，可能发生喷油甚至爆炸事故，造成火势蔓延，火灾范围扩大。为确保电力生产和用电设备使用的消防安全，必须认真贯彻"以防为主、防消结合"的方针，严格执行电力设备消防规程，切实落实各项消防及防火技术措施，完善消防设施，提高全体工作人员的消防安全意识和消防安全知识。

一、电气设备的防火措施

电气火灾常常是因为电气设备的绝缘老化、接头松动、接触不良、过载、短路、用电设备使用不当等原因导致过热而引发的。尤其是在易燃易爆场所，危害更大。为防止电气火灾事故发生，必须采取防火措施。

（1）经常检查电气设备的运行情况。检查接头是否松动，有无电火花发生，电气设备的过负荷、短路保护装置性能是否可靠，设备绝缘是否良好。

（2）合理选用电气设备，有易燃、易爆品的场所，安装使用电气设备时，应选用防爆电器，绝缘导线必须密封于钢管内，按爆炸危险场所等选用、安装电器设备。

（3）保持安全的安装位置。保持必要的安全检查间距是电气防火电厂的重要措施之一。

为防止电气火花和危险高温引起火灾，凡能产生火花和危险高温的电气设备周围不应堆放易燃、易爆品。

（4）保持电气设备正常运行。电气设备运行中产生的火花和危险高温是引起电气火灾的主要原因，为控制过量的工作火花和危险高温，保证电气设备的正常运行，应由经培训考核合格的人员操作、使用和维护保养。

（5）通风。在易燃、易爆危险场所运行的电气设备，应有良好的通风，以降低爆炸性混合物的浓度，其通风系统应符合有关规定。

（6）接地。在易燃、易爆危险场所的接地比一般场所接地的要求高，不论电压高低，正常不带电装置均按有关规定可靠接地。

二、电气设备的灭火规则

（1）电气设备发生火灾时，着火的电器、线路可能带电，为防止火势蔓延和灭火时发生触电危险，发生电气火灾时首先要切断电源。

（2）灭火时，灭火人员不可使身体或手持的灭火工具触及导线和电气设备。

（3）因生产不能停或其他原因不允许断电而必须带电灭火时，必须选择不导电的灭火剂，如二氧化碳灭火器、1211 灭火器、二氟二溴甲烷灭火器等进行灭火。灭火时救护人员必须穿绝缘鞋和戴绝缘手套。当变压器和断路器等电器着火后，有喷油和爆炸的可能，最好在切断电源后再灭火。不可用导电的灭火材料灭火，否则有触电危险，还会损坏电气设备。

（4）灭火时的安全距离。用不导电灭火剂灭火时，10kV 电压，喷嘴至带电体的最短距离不应小于 0.4m；35kV 电压，喷嘴至带电体的最短距离不应小于 0.6m；若用水灭火，电压在 110kV 及以上，喷嘴与带电体之间必须保持 3m 以上距离；220kV 及以上，应不小于 5m。

三、灭火器使用常识

（一）灭火器的分类

灭火器的种类很多，按其移动方式可分为手提式和推车式；按驱动灭火剂的动力来源可分为储气瓶式、储压式、化学反应式；按所充装的灭火剂可分为泡沫、干粉、二氧化碳、酸碱、卤代烷、清水灭火器等。

（二）灭火器适应火灾及使用方法

1. 泡沫灭火器

泡沫灭火器筒身内悬挂装有硫酸铝水溶液的玻璃瓶或聚乙烯塑料制的瓶胆。筒身内装有碳酸氢钠与发沫剂的混合溶液，使用时将筒身颠倒过来，碳酸氢钠与硫酸两溶液混合后发生化学反应，产生二氧化碳气体泡沫由喷嘴喷出。

泡沫灭火器适用于扑救一般 B 类火灾，如油制品、油脂等火灾，也可适用于扑救 A 类火灾，但不能扑救 B 类火灾中的水溶性可燃、易燃液体的火灾，如醇、酯、醚、酮等物质火灾；也不能扑救带电设备及 C 类和 D 类火灾。

泡沫灭火器存放应选择干燥、阴凉、通风并取用方便之处，不可靠近高温或可能受到曝晒的地方，以防止碳酸分解而失效；冬季要采取防冻措施，以防止冻结；并应经常擦除灰尘、疏通喷嘴，使之保持通畅；泡沫灭火器只能立着放置，筒内溶液一般每年更换一次。泡沫灭火器的使用方法如图 4-12 所示。右手握着压把，左手托着灭火器底部，轻轻地取下灭火器，然后用右手提筒体上部的提环，迅速奔赴火场。这时应注意不得使灭火器过分倾斜，更不可横拿或颠倒，以免两种药剂混合而提前喷出。当距离着火点 10m 左右，用右手捂住喷嘴，左手执筒底边缘；把灭火器颠倒过来呈垂直状态，用劲上下晃动几下，然后放开喷嘴；将射流对准燃烧物，站在离火源 8m 的地方喷射。在扑救可燃液体火灾时，如已呈流淌状燃烧，则将泡沫由远而近喷射，使泡沫完全覆盖在燃烧液面上；如在容器内燃烧，应将泡沫射向容器的内壁，使泡沫沿着内壁流淌，逐步覆盖着火液面。切忌直接对准液面喷射，以免由于射流的冲击，反而将燃烧的液体冲散或冲出容器，扩大燃烧范围。在扑救固体物质火灾时，应将射流对准燃烧最猛烈处。灭火时随着有效喷射距离的缩短，使用者应逐渐向燃烧区靠近，并始终将泡沫喷在燃烧物上，直到扑灭。使用时，灭火器应始终保持倒置状态，否则会中断喷射。灭火后，将灭火器卧放在地上，喷嘴朝下。

图 4-12 泡沫灭火器的使用方法

2. 二氧化碳灭火器的适应火灾和使用方法

二氧化碳成液态灌入钢瓶内，在 20℃时钢瓶内的压力为 6MPa，使用时液态二氧化碳从灭火器喷出后迅速蒸发，变成固态雪花状的二氧化碳，又称干冰，其温度为 −78℃。固体二氧化碳在燃烧物体上迅速挥发而变成气体。当二氧化碳气体在空气中含量达到 30%～35% 时，物质燃烧就会停止。

二氧化碳灭火器主要适用于各种易燃、可燃液体、可燃气体火灾，还可扑救仪器仪表、图书档案、工艺品和低压电器设备等的初期火灾。

二氧化碳灭火器的使用方法如图 4-13 所示。灭火时只要将灭火器提到或扛到火场，在距燃烧物 5m 左右，放下灭火器除掉铅封，拔出保险销，一手握住喇叭筒根部的手柄，另一只手紧握启闭阀的压把。对没有喷射软管的二氧化碳灭火器，应把喇叭筒往上扳 70°～90°。使用时，不能直接用手抓住喇叭筒外壁或金属连线管，也不要把喷筒对着人，以防冻伤。喷射方向应顺风。灭火时，当可燃液体呈流淌状燃烧时，使用者将二氧化碳灭火剂的喷流由近而远向火焰喷射。如果可燃液体在容器内燃烧时，使用者应将喇叭筒提起。从容器的一侧上部向燃烧的容器中喷射。但不能将二氧化碳射流直接冲击可燃液面，以防止将可燃液体冲出容器而扩大火势，造成灭火困难。

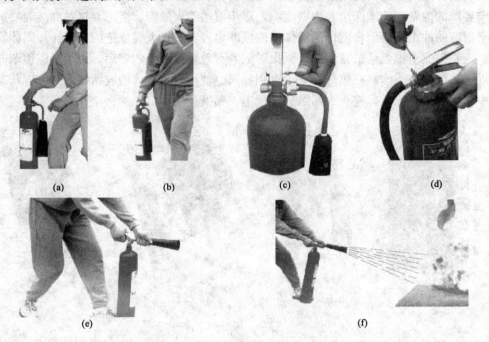

图 4-13　二氧化碳灭火器的使用方法

（a）用右手握着压把；（b）用右手提着灭火器到现场；（c）除掉铅封；
（d）拔掉保险销；（e）距火源 5m，左手拿喇叭筒，右手用力压下压把；
（f）对着火焰根部喷射，并不断推进，直至把火焰扑灭

3. 干粉灭火器适应火灾和使用方法

干粉灭火器是利用二氧化碳或氮气做动力，将干粉从喷嘴内喷出，形成一股雾状粉流，射向燃烧物质灭火。碳酸氢钠干粉是普通干粉又称 BC 干粉，适用于易燃、可燃液体、气体及带电设备的初期火灾，对固体火灾则不适用。磷酸铵盐干粉是多用干粉又称 ABC 干粉，除可用于上述几类火灾外，还可扑救固体类物质的初起火灾。但都不能扑救金属燃烧火灾。干粉灭火器应保持干燥、密封，以防止干粉结块，同时应防止日光曝晒，以防止二氧化碳受热膨胀而发生漏气。

干粉灭火器的使用方法如图 4-14 所示。灭火时，可手提或肩扛灭火器快速奔赴火场，在距燃烧处 5m 左右，放下灭火器。如在室外，应选择在上风方向喷射。操作者应先将开启把上的保险销拔下，然后握住喷射软管前端喷嘴部，另一只手将开启压把压下进行灭火。干粉灭火器扑救可燃、易燃液体火灾时，应对准火焰要部扫射，如果被扑救的液体火灾呈流淌燃烧时，应对准火焰根部由近而远，并左右扫射，直至把火焰全部扑灭。

如果可燃液体在容器内燃烧，使用者应对准火焰根部左右晃动扫射，使喷射出的干粉流覆盖整个容器开口表面；当火焰被赶出容器时，使用者仍应继续喷射，直至将火焰全部扑灭。在扑救容器内可燃液体火灾时，应注意不能将喷嘴直接对准液面喷射，防止喷流的冲击力使可燃液体溅出而扩大火势，造成灭火困难。如果当可燃液体在金属容器中燃烧时间过

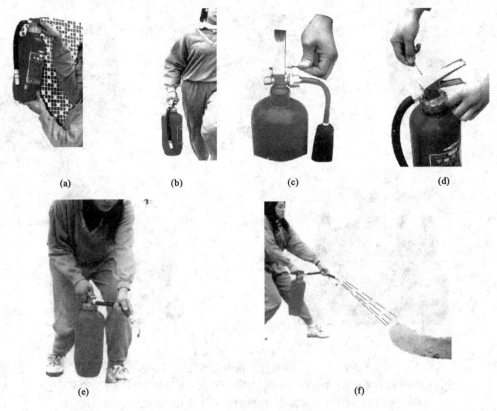

图 4-14　干粉灭火器的使用方法

(a) 右手握着压把，左手托着灭火器底部，轻轻取下灭火器；(b) 右手提着灭火器到现场；
(c) 除掉铅封；(d) 拔掉保险销；(e) 左手握着喷管，右手提着压把；(f) 在距火焰 5m
的地方，右手用力压下压把，左手拿着喷管左右摆动，喷射干粉覆盖整个燃烧区

长，容器的壁温已高于扑救可燃液体的自燃点，此时极易造成灭火后再复燃的现象，若与泡沫类灭火器结合使用，则灭火效果更佳。

推车式干粉灭火器移动方便、操作简单、灭火效果好，其使用方法如图 4-15 所示。

4. 酸碱灭火器

适用于扑救 A 类物质燃烧的初起火灾，如木、织物、纸张等燃烧的火灾。它不能用于扑救 B 类物质燃烧的火灾，也不能用于扑救 C 类可燃性气体或 D 类轻金属火灾。同时也不能用于带电物体火灾的扑救。

5. 1211 灭火器

1211 灭火器钢瓶内装二氟一氯一溴甲烷的卤化物，本身含有氟的成分，具有较好的热稳定性和化学惰性，久贮不变质，对钢、铜、铝等常用金属腐蚀作用小并且由于灭火时是液化气体，所以灭火后不留痕迹，不污染物品。1211 灭火器适用于电器设备、仪表、精密机械设备、电子仪器、文物、档案、各种装饰物等贵重物品的初期火灾扑救。由于它对大气臭氧层的破坏作用，在非必须使用场所一律不准新配置 1211 灭火器。

1211 灭火器使用时，除掉铅封，拔掉保险销，握紧压把开关，由压杆使密封阀开启，在氮气压力作用下，灭火剂喷出，松开压把开关，喷射即停止。

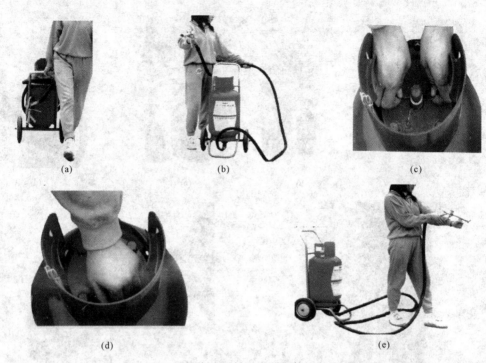

图 4-15　推车式干粉灭火器的使用方法

（a）把干粉车拉或推到现场；（b）右手抓着喷粉枪，左手顺势展开喷粉胶管，直至平直，
不能弯折或打圈；（c）除掉铅封，拔出保险销；（d）用手掌使劲按下供气阀门；
（e）左手把持喷粉枪管托，右手把持枪把手指扳动喷开关，对准火焰喷射，
不断靠前左右摆动喷粉枪，把干粉笼罩住燃烧区，直至把火扑灭

第四节　实 训 课 题

一、扑灭电气火灾

1. 可扑灭电气火灾的灭火器

（1）实训设备。二氧化碳灭火器、干粉灭火器、1211 灭火器。

（2）实训要求：

1）练习上述三种灭火器的使用方法。

2）熟悉上述三种灭火器的灭火特性。

（3）考核标准。在 10s 内打开灭火器进行灭火即为合格。

2. 电气火灾的扑灭

（1）实训设备。二氧化碳灭火器、干粉灭火器、1211 灭火器、变压器油、盛油容器一个。

（2）实训要求：

1）熟悉带电灭火的步骤和方法。

2）灭火器、灭火人员与带电体之间的距离要符合电气安全距离。

3）熟练使用上述三种灭火器扑灭电气火灾。

（3）扑灭电气火灾练习。模拟一电气火灾现场，实训人员按照带电灭火的步骤和方法，分别用二氧化碳灭火器、干粉灭火器、1211 灭火器扑灭电气火灾。

（4）考核标准。在保证电气安全距离的条件下，能正确使用二氧化碳灭火器、干粉灭火器、1211 灭火器迅速扑灭电气火灾即为合格。

二、触电急救

1. 实训器材

交流电源，开关，模拟复苏人，绝缘手套，木棍或其他绝缘工具，地毯一块。

2. 实训要求

（1）采取正确的方法使触电者脱离电源。

（2）在 10s 之内迅速判明触电者呼吸、心跳及伤势情况。

（3）根据触电者的具体情况实施有效的触电急救。

3. 触电急救

用模拟人模拟触电者，要求施救者对触电者实施急救，进行全过程考核。

4. 考核标准

见表 4 - 2。

表 4 - 2　　　　　　　　　　触 电 急 救 评 分 标 准

姓名		单位		考核时限	180s	实际用时	
操作时间		时　分　至　时　分					
考核项目		分值	评分细则		扣分	扣分原因	
1	施救准备	10	1. 施救人员不具备自身安全防护条件，如：绝缘鞋、绝缘手套等，每缺一项扣 5 分				
			2. 行为不敏捷，反应迟钝者扣 5 分				
2	现场施救	20	1. 施救时思想不集中，动作迟缓，扣 3 分				
			2. 未进行示警和求助，扣 2 分				
			3. 未断开电源，扣 5 分				
			4. 使用安全器具不正确，扣 5 分				
			5. 防护不全面、不准确，一项扣 2 分				
3	现场诊断	20	1. 急救前，触电者姿势摆放不正确，扣 3 分				
			2. 无促使触电人清醒，扣 2 分				
			3. 促使触电人清醒时间超过 5s，扣 2 分				
			4. 未进行瞳孔观察，扣 2 分				
			5. 未进行心跳诊断扣 3 分，动作不准确，扣 2 分				
			6. 未进行呼吸诊断扣 3 分，动作不准确，扣 2 分				
			7. 10s 内未判明心跳、呼吸情况，扣 3 分				

姓名			单位			考核时限		180s	实际用时	
操作时间			时　分　至　时　分							
考核项目		分值	评　分　细　则				扣分		扣分原因	
4	现场急救	40	1. 未进行解松衣物、畅通气道，各扣3分							
			2. 未清理口中异物，扣3分							
			3. 人工呼吸动作不正确，每次扣3分							
			4. 吹气过猛使模拟人气囊损坏，扣10分							
			5. 胸外按压位置不正确，扣10分							
			6. 胸外按压动作不正确，每次扣2分							
			7. 在90s内未完成四个循环动作，扣10分；剩余时间在10s以外，每秒扣0.5分							
			8. 第一次未救活，扣10分；第二次未救活者，扣30分							
5	留场观察	10	1. 操作完毕后未进行心跳、呼吸和瞳孔观察不得分							
			2. 观察动作不正确，每项扣2分							
配　分		100	总分			总扣分				
考评员			考评组长			时间			年　月　日	

三、电气安全操作

1. 变、配电站送电操作

（1）实训场所及设备。10kV变（配）电站一处，相应的安全用具，工作票、操作票。

（2）实训任务。对某一路出线进行送电操作。

（3）实训要求：

1）办理工作票手续。

2）填写操作票，严格履行操作票制度。

3）操作完毕向负责人汇报。

4）考核标准，见表4-3。

2. 变（配）电站停电操作

（1）实训场所及设备。10kV变（配）电站一处、相应的安全用具、工作票、操作票。

（2）实训任务要求。对某一路出线进行停电操作。

表4-3　　　　　　　　　　变（配）电站送电操作评分标准

姓名		单位		考核时限	30min	实操时间	
考核项目		配分	评分标准			扣分	备注说明
主要项目	送电前的准备工作	6	1. 工作票未收回，扣2分				
			2. 安全措施未拆除，扣4分				
	操作票内容填写情况	32	1. 一张操作票填写两个及以上的操作任务，扣4分				
			2. 操作项目有合并项者，每并一项扣4分				
			3. 用铅笔填写操作票者或有涂改的，扣4分				
			4. 字迹模糊不清的，扣4分				
			5. 所操作的设备名称、编号不清的，扣4分				
			6. 没有使用操作术语的，扣4分				
			7. 操作项目次序填反的，每项扣4分				
			8. 操作时间及其他项目填写不完整，每项扣4分				
	送电操作	52	1. 操作时未穿戴安全防护用具，扣3分				
			2. 操作前未核对送电设备，扣10分				
			3. 未拆除接地线和标志牌就开始送电操作，扣10分				
			4. 每一步操作完毕后，未对其位置进行核实，扣3分				
			5. 不按操作票上的项目次序进行操作，每错一项扣10分				
			6. 全部项目操作完毕，未检查所有操作步骤是否完全执行，扣10分				
			7. 未填写操作终结时间，扣3分				
			8. 送电操作完毕未进行汇报，扣3分				
	文明生产	4	1. 作业时言语、行为不文明，扣2分				
			2. 作业完毕未清理现场，扣2分				
	作业时限	6	每超1min扣1分				
考评员				合计			
考评组长				总得分			

（3）实训要求：

1）办理工作票手续。

2）填写操作票，严格履行操作票制度。

3）操作完毕向负责人汇报。

（4）考核标准，见表4-4。

表 4 - 4　　　　　　　　　　变（配）电站停电操作评分标准

姓名			单位		考核时限	30min	实操时间	
考核项目		配分	评分标准				扣分	备注说明
主要项目	办理工作票	6	1. 时间填写有误，扣2分					
			2. 操作任务填写不清楚，扣2分					
			3. 安全措施不正确，每项扣5分					
	操作票内容填写情况	32	1. 一张操作票填写两个及以上的操作任务，扣4分					
			2. 操作项目有并项者，每并一项扣4分					
			3. 用铅笔填写操作票者或有涂改的，扣4分					
			4. 字迹模糊不清的，扣4分					
			5. 所操作的设备名称、编号不清的，扣4分					
			6. 没有使用操作术语的，扣4分					
			7. 操作项目次序填反的，每项扣4分					
			8. 操作时间及其他项目填写不完整，每项扣4分					
	停电操作	52	1. 操作时未穿戴安全防护用具，扣3分					
			2. 操作前未核对送电设备，未检查安全用具，扣10分					
			3. 不按操作票上的项目次序进行操作，每错一项扣10分					
			4. 每一步操作完毕后，未对其位置进行核实，扣3分					
			5. 全部项目操作完毕，未检查所有操作步骤是否完全执行，扣10分					
			6. 停电操作完毕未进行验电、装接地线、悬挂警示牌，扣10分					
			7. 未填写操作终结时间，扣3分					
			8. 操作完毕未进行汇报，扣3分					
	文明生产	4	1. 作业时言语、行为不文明，扣2分					
			2. 作业完毕未清理现场，扣2分					
	作业时限	6	每超1min扣1分					
考评员					合计			
考评组长					总得分			

3. 更换电容器屏熔断器的停电操作

（1）实训场所及设备。电容器屏，高、低压电工工具，接地线，安全用具等。

（2）实训要求：

1）办理工作票手续。

2）填写停电操作票。

3）进行停电操作。

4）操作完毕向负责人汇报。

（3）考核标准，见表 4 - 5。

表 4 - 5　　　　　　　　　　更换电容器屏熔断器的停电操作评分标准

姓名		单位		考核时限	30min	实操时间	
考核项目		配分	评分标准			扣分	备注说明
主要项目	办理工作票	6	1. 时间填写有误，扣2分				
			2. 操作任务填写不清楚，扣2分				
			3. 安全措施不正确，每项扣5分				
	操作票内容填写情况	32	1. 一张操作票填写两个及以上的操作任务，扣4分				
			2. 操作项目有并项者，每并一项扣4分				
			3. 用铅笔填写操作票者或有涂改的，扣4分				
			4. 字迹模糊不清的，扣4分				
			5. 所操作的设备名称、编号不清的，扣4分				
			6. 没有使用操作术语的，扣4分				
			7. 操作项目次序填反的，每项扣4分				
			8. 操作时间及其他项目填写不完整，每项扣4分				
	停电操作	52	1. 操作时未穿戴安全防护用具，扣3分				
			2. 操作前未核对送电设备，未检查安全用具，扣10分				
			3. 不按操作票上的项目次序进行操作，每错一项扣10分				
			4. 每一步操作完毕后，未对其位置进行核实，扣3分				
			5. 全部项目操作完毕，未检查所有操作步骤是否完全执行，扣10分				
			6. 停电操作完毕未进行验电、装接地线、悬挂警示牌，扣10分				
			7. 未填写操作终结时间，扣3分				
			8. 操作完毕未进行汇报，扣3分				
	更换熔断器	6	1. 更换熔断器的方法不对，扣3分				
			2. 更换新的熔断器后未对各接线端的紧固情况进行检查，扣3分				
	作业时限	4	每超1min扣1分				
考评员				合计			
考评组长				总得分			

4. 更换电容器屏熔断器后的送电操作

（1）实训场所及设备。电容器屏、电容器屏熔断器、低压电工工具、接地线、安全用具等。

（2）实训要求：

1）办理工作票手续。

2）填写送电操作票。

3）进行送电操作。

4）操作完毕向负责人汇报。

（3）考核标准，见表4-6。

表4-6　　　　　　　　　　更换电容器屏熔断器的送电操作评分标准

姓名		单位		考核时限	30min	实操时间	
考核项目		配分	评分标准			扣分	备注说明
主要项目	送电前的准备工作	6	1. 工作票未收回，扣2分				
			2. 安全措施未拆除，扣4分				
	操作票内容填写情况	32	1. 一张操作票填写两个及以上的操作任务，扣4分				
			2. 操作项目有并项者，每并一项扣4分				
			3. 用铅笔填写操作票者或有涂改的，扣4分				
			4. 字迹模糊不清的，扣4分				
			5. 所操作的设备名称、编号不清的，扣4分				
			6. 没有使用操作术语的，扣4分				
			7. 操作项目次序填反的，每项扣4分				
			8. 操作时间及其他项目填写不完整，每项扣4分				
	送电操作	52	1. 操作时未穿戴安全防护用具，扣3分				
			2. 操作前未核对送电设备，未检查安全用具，扣10分				
			3. 未拆除接地线和标志牌就开始送电操作，扣10分				
			4. 每一步操作完毕后，未对其位置进行核实，扣3分				
			5. 不按操作票上的项目次序进行操作，每错一项扣10分				
			6. 全部项目操作完毕，未检查所有操作步骤是否完全执行，扣10分				
			7. 未填写操作终结时间，扣3分				
			8. 送电操作完毕未进行汇报，扣3分				
	送电操作完毕后	6	1. 未检查电容器三相电流是否平衡，扣3分				
			2. 未检查信号指示是否正确、设备和保护装置是否有异常，扣3分				
	作业时限	4	每超1min扣1分				
考评员					合计		
考评组长					总得分		

第五章

电气照明与内线工程

第一节 工程设计、施工、管理初步知识

项目管理是一门新兴的管理科学,是现代工程技术、管理理论和项目建设实践相结合的产物,经过数十年的发展和完善已日趋成熟,并以经济上的明显效益在各发达工业国家得到广泛应用。实践证明,实行项目管理,对于提高工程质量、保证工期、降低成本和节约建设资金具有十分重要的意义。

一、项目管理的基本概念

(一)项目

1. 项目的概念

"项目"一词已越来越广泛地被人们应用于社会经济和文化生活的各个方面,人们经常用"项目"表示一类事物。项目是指在一定的约束条件下(主要是限定的资源,限定的时间)具有专门组织、具有待定目标的一次性任务。项目的含义是广泛的,它包括了很多内容,最常见的有开发项目、建设项目、科研项目、环保规划项目、投资项目等。项目已存在于社会活动的各个领域,如果去掉其具体内容,作为项目它们都有共同的特征。

2. 项目的特征

(1)单件性和一次性。每个项目都有自己的最终成果和产生过程,都有自己的目标、内容和生产过程,为了避免管理失误,就要靠科学的管理手段和方法,以保证项目一次性成功。

(2)具有一定的约束条件。凡是项目都有自己的约束条件,项目只有在满足约束条件下才能获得成功,因而约束条件是项目目标完成的前题。一般情况下,项目的约束条件为限定的质量、限定的时间和限定的投资,通常称这三个约束条件为项目的三大目标。合理科学的制定项目的约束条件,对保证项目的完成十分必要。

(3)具有生命周期。项目的单件性、项目过程的一次性决定了每个项目都具有自己的生命周期,任何项目都有其产生时间、发展时间和结束时间,在不同的阶段中都有特定的任务、程序和工作内容。

3. 项目管理

项目管理是指在一定的约束条件下,为达到项目的目标对项目所实施的计划、组织、指挥、协调和控制的过程。

一定的约束条件是制定项目目标的依据,也是对项目控制的依据。项目管理的目的就是保证项目目标的实现,项目管理的对象是项目,由于项目的诸多特点,因此要求项目管理具有针对性、系统性、科学性、严密性,只有这样才能保证项目的完成。项目管理作为管理的一个分支,管理的所有职能它都具备,如计划、组织、指挥、协调和控制等。项目管理的目标就是项目目标,该目标界定了项目管理内容。

4. 项目管理的特点

(1)每个项目管理都有自己特定的管理程序和管理步骤。每个项目都有特定的目标,项

目管理的内容和方法是针对项目而定，因此，项目目标的不同决定了每个项目都有自己的管理程序和步骤。

（2）以项目经理为中心的管理。项目管理具有较大的责任和风险，其管理涉及多方面因素和多元化关系，为更好进行计划、组织、指挥、协调和控制，必须实施以项目经理为核心的管理体制。

（3）应用现代管理方法和科学技术手段。现代项目大多数是先进科学的产物或是一种涉及多学科的系统工程，要使项目圆满完成就必须将现代化管理方法和科学技术加以综合运用，如决策技术、网络计划技术、系统工程、价值工程、目标管理和样板管理等。

（4）在管理过程中实施动态控制。为了保证项目目标的完成，在项目实施过程中要采用动态控制，即阶段性地检查实际值与计划目标值的差异，采取措施，纠正偏差，制定新的计划目标值，使项目向最终目标前进。

（二）建设项目

1. 建设项目的概念

建设项目是指按一个总体设计进行建设的各个单项工程所构成的总体，也称为基本建设项目。

2. 建设项目的特征

建设项目除了具备一般项目特征外，还具有以下特征：

（1）投资额巨大，建设周期长。

（2）建设项目是按照一个总体设计建设的，是可以形成生产能力或使用价值的若干单项工程的总体。

（3）建设项目一般在行政上实行统一管理，在经济上实行统一核算，因此有权统一管理总体设计所规定的各项工程。

建设项目一般可以进一步划分为单项工程、单位工程、分部工程和分项工程。

3. 建设项目的管理

建设项目管理是项目管理的一个重要分支，它是指在建设项目的生命周期内，用系统工程的理论、观点和方法对建设项目进行计划、组织、指挥、协调和控制的管理活动。

建设项目的管理者应由参与建设活动的各方组成，包含业主单位，设计单位和施工单位，不同段建设项目管理的管理者也不同。一般建设项目管理分为以下几个阶段：

（1）全过程建设项目管理指包括从编制项目建议书至项目竣工验收投产使用全过程进行管理，一般由项目业主进行管理。

（2）设计阶段建设项目管理称为设计项目管理，一般由设计单位进行项目管理。

（3）施工项目管理发生在建设项目的施工阶段，一般由施工单位进行项目管理。

（4）由业主单位进行的建设项目管理，如果委托给建设监理单位对建设项目实施监督管理，称为建设监理，一般由建设监理单位进行项目管理。

（三）施工项目

1. 施工项目的概念

施工项目是建筑施工企业对一个建筑产品的施工过程及成果，也就是建筑施工企业的生产对象，它可能是一个建设项目的施工，也可能是其中一个单项工程或单位工程的施工。

施工项目管理就是建筑安装施工企业对一个建筑安装产品的施工过程及成果进行计划、

组织、指挥、协调和控制。

2. 施工项目的特点

（1）它是建设项目或其中的单项工程、单位工程的施工任务。

（2）它是以建筑安装施工企业为管理主体的。

（3）施工项目的任务范围是由工程承包合同界定的。

（4）它的产品具有多样性、固定性、体积庞大、生产周期长的特点。

二、推行项目管理的意义和作用

（1）项目管理是国民经济基础管理的重要内容。

（2）项目管理是企业竞争实力的体现。

（3）项目管理是建筑行业成为支柱产业的关键。

（4）项目管理是工程建设和建筑业改革的出发点、立足点和着眼点。

三、建设项目的建设程序

建设程序是指建设项目从设想、选择、评估、决策、设计、施工到竣工验收、投入生产整个建设过程中，各项工作必须遵循的先后秩序的法则。这个法则是人们在认识客观规律的基础上制定出来的，是建设项目科学决策和顺利进行的重要保证。按照建设项目发展的内在联系和发展过程，建设程序分成若干阶段，这些发展阶段有严格的先后秩序，不能任意颠倒。

按现行规定，我国大中型项目从建设前期工作到建设、投产要经历以下几个阶段：

（1）根据国民经济和社会发展长远规划，结合行业和地区发展规划的要求，提出项目建议书。

（2）根据项目建议书的要求，在勘察、试验、调查研究及详细技术经济论证的基础上编制可行性研究报告。

（3）可行性研究报告被批准以后，选择建设地点。

（4）根据可行性研究报告编制设计文件。

（5）初步设计经批准以后，进行施工图设计，并做好施工前的各项准备工作。

（6）编制年度基本建设投资计划。

（7）建设实施。

（8）根据工程进度，做好生产准备工作。

（9）项目按批准的设计内容完成，经投料试车合格后，正式投产，交付生产使用。

（10）生产经营一段时间后（一般为两年）进行项目后评价。

四、项目组织

（一）组织的基本原理

1. 组织的概念

所谓组织，就是为了使系统达到它的特定的目标，使全体参加者经分工与协作以及设置不同层次的权力和责任制度而构成的一种人的组合体。

组织有两种含义。第一种含义是指组织机构，即按一定的领导体制、部门设置、层次划分、职责分工等构成的有机整体，其目的是处理人和人、人和事、人和物的关系，第二种含义是指组织行为，即通过一定权力和影响力，为达到一定目标，对所需要资源进行合理配置，目的是处理人和人、人和事、人和物关系的行为。

2. 项目管理组织的职能

项目管理组织职能是项目管理的基本职能，项目管理组织具有计划、组织、控制、指挥和协调职能。

3. 组织构成因素

组织构成一般是上小下大的形式，由管理层次、管理跨度、管理部门、管理职责四大因素组成。各因素是密切相关、相互制约的。在组织结构设计时，必须考虑各因素间的平衡衔接。

（二）建立项目组织的步骤

1. 确定组织目标

项目目标是项目组织设立的前提，应根据确定的项目目标，明确划分为分解目标，列出所要进行的工作的内容。

2. 确定项目工作内容

根据项目目标和规定任务，明确列出项目工作内容，并进行分类归并及组合是一项重要组织工作。对各项工作进行归并及组合并考虑项目的规模、性质、工程复杂程度以及单位自身技术业务水平、人员数量、组织管理水平等。

3. 组织结构设计

（1）确定组织结构形式。由于项目规模、性质、建设阶段等的不同，可以选择不同的组织结构形式以适应项目工作需要。结构形式的选择应考虑有利于项目合同管理，有利于控制目标，有利于决策指挥，有利于信息沟通。

（2）合理确定管理层次。管理组织结构中一般应有三个层次：一是决策层，由项目经理和其助手组成，要根据工程项目的活动特点与内容进行科学化、程序化决策；二是中间控制层（协调层和执行层），由专业工程师和子项目工程师组成，具体负责规划的落实，目标控制及合同实施管理，属承上启下管理层次；三是作业层（操作层），由现场人员组成，负责具体的操作工作。

4. 配置工作岗位及人员

人员配置要体现"职能要落实，人员要精干"，任务以满负荷工作为原则。

5. 制定岗位职责标准、工作流程和信息流程

岗位人员职责标准要规定各类人员的工作职责和考核要求。

6. 制定工作流程与考核标准

为使管理工作科学、有序进行，应按管理工作的客观规律性制定工作流程，规范化地开展管理工作，并应确定考核标准，对管理人员的工作进行定期考核，包括考核内容、考核标准及考核时间。

五、项目经理

项目经理是企业法人代表在项目上的全权委托代理人。在企业内部，项目经理是项目实施全过程全部工作的总负责人，对外可以作为企业法人的代表在授权范围内负责、处理各项事务，因此项目经理是项目实施最高责任者和组织者。

1. 项目经理的任务

（1）确定项目组织机构并配置相应人员，组织项目经理班子。

（2）制定各项规章制度和岗位责任制，组织项目，有序地开展工作。

（3）制定项目的总目标和阶段性目标，进行目标分解，制定总体控制计划，并实施控制，保证项目目标的实现。

（4）及时、准确地作出项目管理决策，严格管理，保证合同的顺利执行。

（5）协调项目组织的内部及外部各方面的关系，并代表企业法人在授权范围内进行有关签证。

（6）建立完善的内部及外部信息管理系统，确保信息畅通无阻，保证工作高效率进行。

2. 项目经理应具备的基本条件

（1）有广泛的理论和科学技术知识。项目经理作为项目管理的核心，应具有丰富的知识。第一，应有较深的专业知识，以便在处理与专业有关的事件时得心应手；第二，应具备管理知识，尤其应掌握现代化管理方法，如项目管理、系统工程、网络技术、价值工程等；第三，应具有一定的经济知识，如建筑经济、技术经济、概预算等，以便处理项目实施过程中有关的经济与财务问题；第四，应具有一定的法律知识，如经济法、合同法等。

（2）具有较高的领导艺术和协调能力。项目经理作为项目管理组织者和指挥者，应具有良好的组织才能和优秀的个人素质，并具有决策应变能力、组织指挥能力、交际能力、谈判能力等。项目经理还应掌握行为科学与管理心理学中的一些领导艺术和方法，协调好各方面的关系。

（3）有健康的身体和丰富的实践经验。

六、项目计划与控制

（一）项目计划概述

1. 项目目标的概念

项目目标是指一个项目为了达到预期成果所必须完成的各项指标的标准。项目指标有很多，但最核心的是质量目标、工期目标和投资目标。这些目标值往往都是合同界定的。质量目标是指完成项目所必须达到的质量标准；工期目标是指完成项目所必须达到的时间限制；投资目标是指项目投资必须控制在限定的数额内。三大目标对一个项目而言不是孤立存在的，它们三者是一个既统一又矛盾的整体，三大目标的理想值是高质量、低投资、短工期。

2. 项目计划的概念

项目计划是为实现项目的既定目标，对未来项目实施过程进行规划、安排的活动。计划就是预先决定要去做什么，如何做，何时做和由谁做。在具体内容上，它包括项目目标的确立，确定实现项目目标的方法，预测、决策、计划原则的确立，计划的编制以及实施。项目的计划职能是实施项目控制职能的前提和条件，管理人员行使项目控制职能的目的就是使体现该项目目标的计划得以实施。

3. 项目分解结构

对一个项目进行结构分解，通常按系统分析方法，由粗到细，由总体到具体，由上而下地将工程项目分解成树型结构。结构分解的结果有：

（1）树型结构图。

（2）项目结构分析表。将项目结构用表来表示则为项目结构分析表。它类似于计算机中文件的目录路径。在表上可以列出各项目单元的编码、名称、负责人、成本项目等说明。

4. 项目结构分解过程

对于不同性质、规模的项目。其结构分解的方法和思路有很大的差别，但分解过程却很相近，其基本思路是以项目目标体系为主导，以项目的技术系统说明为依据，由上而下，由粗到细进行。一般经过如下几个步骤：

（1）将项目分解成单个定义的且任务范围明确的子部分（子项目）。

（2）研究并确定每个子部分的特点和结构规则，它的执行结果以及完成它所需的活动以作进一步的分解。

（3）将各层次结构单元（直到最低层的工作包）收集于检查表上，评价各层次的分解结果。

（4）用系统规则将项目单元分组，构成系统结构图（包括子结构图）。

（5）分析并讨论分解的完整性，如有可能让相关部门的专家或有经验的人参加，并听取他们的意见。

（6）由决策者决定结构图，并作相应的文件。

（7）在设计和计划过程中确定各单元的（特别是工作包）说明文件内容，研究并确定系统单元之间的内部联系。

5. 项目结构分解方法

（1）按产品结构进行分解：如果项目的目标是建设一个生产一定产品的工厂，则可以将它按生产体系、按生产一定产品分解成各子项目。

（2）按平面或空间位置进行分解：即一个项目、子项目可以按几何形体分解。

（3）按功能进行分解：功能是建好后应具有的作用，它常常是在一定的平面和空间上起作用，所以有时又被称为"功能面"。功能的要求对项目的目标设立和技术设计有特殊作用，工程项目的运行实质上是各个功能作用的组合。

（4）按要素进行分解：一个功能面又可以分为各个专业要素。

（5）按项目实施过程进行分解：每一个项目单元作为一个相对独立的部分，必然经过项目的实施的全过程，按实施过程分解则得到各种项目的实施活动。

（二）项目计划的基本内容

计划作为一个阶段，它位于项目批准之后、项目施工之前；而计划作为项目管理的一项职能，它贯穿于工程项目生命期的全过程。在项目全过程中，计划有许多版本，随着项目的进展不断细化和具体化，同时又不断地修改和调整，形成一个前后相继的体系。

1. 按照建设程序分类的计划内容

（1）工程项目的目标设计和项目定义就已包括一个总体的计划。它包括总的项目规模、生产能力、建设期和运行期的预计，总投资及其相应的资金来源的安排等。尽管它是一个大的轮廓，但它是一个初步计划。

（2）可行性研究中包含着较为详细的全面的计划。它是研究计划，是项目定义的细化。可行性研究本身是对计划的论证。它包括产品的销售计划、生产计划、项目建设计划、投资计划、筹资方案等。这里不仅有总投资的估算，而且有各个子项投资估算。不仅有总工期安排，而且有主要活动和重大事件时间安排（以横道图形式）；有费用—时间计划、现金流量计划等。

（3）项目批准作为一个控制计划。在项目批准后，设计和计划是平行进行的、国内外的工程项目都有多步设计，例如初步设计、扩大初步设计、施工图设计。计划随着技术设计而不断深入、细化、具体化。每一步设计之后就有一个相应的计划，它作为项目设计过程中阶段决策的依据。同时结构分解不断细化，项目组织形式也逐渐完备，这样就形成了一个多层次的控制和保证体系。

（4）在项目实施中一方面随着情况不断地变化，每一个阶段（一个月、一周）都必须研究修改，调整原则；另一方面由于计划期作的计划较粗，在实施中必须不断地采用滚动的方法详细地安排近期计划。

2. 按照项目控制目标分类的计划内容

（1）工期计划。工期计划包括项目结构多层次单元的持续时间的确定，以及各个工程活动开始和结束时间的安排，时差的分析。

（2）成本（投资）计划。成本计划包括：①各层次项目单元计划成本；②项目"时间—计划成本"曲线和项目成本模型；③项目现金流量（包括支付计划和收入计划）；④项目资金筹集（货款）计划。

（3）质量标准计划。质量标准计划包括：①力学与物理性能；②寿命期内使用性能的稳定性；③适用于安装机械设备的操作与维修；④具有规定的生产能力或效率，产品的经济性；⑤保证使用维修过程的安全性；⑥外观及与环境的协调性。

3. 按资源范围分类的计划内容

（1）劳动力的使用计划、招聘计划、培训计划。

（2）机械使用计划、采购计划、租赁计划、维修计划。

（3）物资供应计划、采购订货计划、运输计划等。

4. 其他计划

如现场平面布置、后勤管理计划（如临时设施、水电供应、道路和通信等）、项目的运营准备计划等。

5. 项目计划流程

工程项目的各种计划构成一个完整的体系，包括：

（1）各种计划有一个过程上的联系，按照工作逻辑有先后顺序。

（2）内容上的联系和机制，例如：工期与成本计划、进度与工程款收入、进度与工程成本计划，存在着复杂关系。

（三）工程项目进度控制的计划系统

工程项目应编制下列各种计划。

1. 工程项目前期工作计划

工程项目前期工作计划是指对可行性研究，设计任务书及初步设计的工作进度安排，通过这个计划，使建设前期的各项工作相互衔接，时间得到控制。前期工作计划由建设单位在预测的基础上进行编制。

2. 工程项目建设总进度计划

工程项目建设总进度计划是指初步设计被批准后、编制上报年度计划以前，根据初步设计对工程项目从开始建设（设计、施工）准备至竣工投产（动用）全过程的统一部署，以安排各单项工程和单位工程的建设进度，合理分配年度投资，组织各方面的协作，它由以下几个部分组成：

（1）文字部分。文字部分包括工程项目的概况和特点，安排建设总进度的原则和依据，投资资金来源和年度安排情况，技术设计、施工图设计、设备交付和施工力量进场时间的安排，道路、供电、供水等方面的协作配合，进度的衔接，计划中存在的主要问题及采取的措施，需要上级及有关部门解决的重大问题等。

（2）工程项目一览表。该表把初步设计中确定的建设内容，按照单项工程、单位工程归类并编号，明确其建设内容和投资额，以便各部门按统一的口径确定工程项目控制投资和进行管理。

（3）工程项目总进度计划。工程项目总进度计划是根据初步设计中确定的建设工期和工艺流程，具体安排单项工程和单位工程的进度。一般用横道图编制。

（4）投资计划年度分配表。该表根据工程项目总进度计划，安排各个年度的投资，以便预测各个年度的投资规模，筹集建设资金或与银行签订借款合同，规定年度用款计划。

（5）工程项目进度平衡表。工程项目进度平衡表用以明确各种设计文件交付日期，主要设备交货日期，施工单位进场日期和竣工日期，水、电、道路接通日期等。借以保证建设中各个环节相互衔接，确保工程项目按期投产。

在此基础上，分别编制综合进度控制计划，设计工作进度计划，采购工作进度计划，施工进度计划，验收和投资进度计划等。

3. 工程项目年度计划

工程项目年度计划依据工程项目总进度计划由建设单位进行编制。该计划既要有项目总进度的要求，又要与当年可能获得的资金、设备、材料、施工力量相适应。根据分批配套投产或交付使用的要求，合理安排年度建设的工程项目。工程项目年度计划的内容分为文字部分和表格部分。

4. 工程项目进度控制方法——网络计划技术

工程技术界在生产的组织和管理上，特别是施工的进度安排方面，一直使用"横道图"的计划方法，它是在列出每项工作后，画出一条横道线，以表明进度的起止时间。网络图与横道图相比内容完全相同，表示方法完全不同。

（四）项目控制概述

1. 项目控制的概念

要完成目标必须对其实施有效的控制。控制是项目管理的重要职能之一，其原意是注意是否一切都按规定的规章和下达的命令进行。

所谓控制就是指行为主体为保证在变化的条件下实现其目标，按照事先拟定的计划和标准，通过采用各种方法，对被控对象实施中发生的各种实际值与计划值进行对比、检查、监督、引导和纠正，以保证计划目标得以实现的管理活动。所以控制首先必须确立合理目标，然后制定计划，继而进行组织和人员配备，并实施有效地领导，一旦计划运行，就必须进行控制，以检查计划实施情况，找出偏离计划的误差，确定应采取的纠正措施，并采取纠正行动。

2. 项目计划与控制的关系

项目控制的基础是项目计划，而项目计划的基础是确定项目目标。

（五）目标控制措施

组织措施、技术措施、经济措施、合同措施是目标控制的必要措施。

（六）项目控制的任务和内容

项目控制的任务就是保证总目标的实现。控制内容有进度控制、质量控制和投资控制。

七、我国电气工程的主要管理要素

1. 项目管理

项目管理内容包括综合、范围、进度、成本、质量、资源、信息、风险、采购与安全管理。

项目管理活动包括策划、组织、监测与控制等方面，贯穿于决策、设计、实施与终结整个过程。

不同主体项目管理任务是不同的，政府是宏观管理，利用行政、法律与经济手段，追求的是国家和地区的综合利益；投资方通过调研决策组成项目法人，再通过董事会进行控制，保证得到希望的回报；项目法人从策划、建设直到经营管理全过程进行控制，负责保证增值；承包商对承接的任务完成效果负责；银行与保险公司等主体也要加强项目管理，完成自身预定的目标。

2. 项目建设法人

投资多元化以后，由投资方组建的项目法人真正代表着投资方的整体利益，它对项目的策划、筹建、建设、生产经营、偿还债务和资产保值等负全责。

项目建设法人是按现代企业制度建立起来的"产权清晰、权责明确、政企分开、管理科学"的法人实体，是独立行使权力和承担责任的项目建设管理主体，是实行责、权、利相统一，进行项目管理有效的组织形式。

3. 项目经理

项目经理是项目管理的核心。项目经理对外是本主体在该项目上的全权委托代理人，代表本主体承担规定的权利和义务，向本主体的领导或法定代表人负责。项目经理对内按本主体的制度和授权，全面领导并主持该项目的全部活动。项目经理要全面负责该项目的投入要素（人、财、物）的控制，达到规定的目标（质量、成本、工期和安全等）。

项目经理必须拥有的关键技能包括领导能力、信息沟通能力、谈判能力和解决问题的能力，以及影响组织与个人的能力等。

4. 项目招标与投标

基础设施项目的勘测设计和主要设备、材料采购都要实行公开招标。确需采取招标和议标形式的，要经过项目主管部门或主管地区政府批准。工程施工和监理单位也应通过竞争择优确定。

招标方式分为两种：公开招标、邀请招标。

投标活动涉及市场信息、技术活动、销售政策和经营策略，是一项十分重要的商务活动。在确定报价技术和价格时，既要考虑公司的合理利润，又要考虑能在竞争中得标，做到两者的统一，因而要求在报价管理中作大量细致而准确的工作，提高报价的管理水平。

5. 立项与可行性研究

项目立项与项目决策属于项目前期工作，主要是投资方、业主方的管理。包括：

（1）项目设想和项目目标，以项目建议书形式表达。

（2）项目可行性方案的论证和选择，以项目可行性方案形式表达。

（3）项目评估，由咨询单位、专家对项目进行综合再评价，以项目评价书形式表达。

6. 电气工程设计的组织方法和程序管理要求

（1）组织方法。在承担电气工程设计时，应首先了解设计任务书中需要设计的项目和内容，并且着手进行调查研究，收集必需的设计基础资料，遵循国家的相关规范和规定进行工程设计，按照设计各个阶段的深度要求编制初步设计及施工图设计文件。其中在初步设计完成后，需经工程上级主管部门审批，审批后按审批意见进行调整后开始施工图设计。在施工图完成后，需经施工图审查部门审查合格后才能进行施工。在施工开始时，设计人员还要向施工单位和监理单位的有关人员进行技术交底。施工中还应负责解决一些技术问题。当工程竣工后应参加工程竣工验收。

（2）程序管理要求。贯彻执行国家有关工程建设的政策和法令；符合国家现行设计规范和制图标准；遵守设计工作程序；设计文件内容完整，深度符合要求，文字、图纸准确、清晰，保证设计质量。

第二节　室内布线的基本操作工艺

一、室内线路分类

室内线路是由导线、导线支持物、连接件及用电器具等组成，分为照明线路和动力线路。室内线路的安装有明线安装和暗线安装两种：导线沿墙壁、天花板、梁及桥架等明敷称为明线安装；导线穿管埋设在墙内、柱内、屋顶棚里和地坪内等暗敷设称为暗线安装。按线缆划分有电线布线和电缆布线两种。按具体布线方式有护套线布线、钢管（塑料管）布线、绝缘子布线、槽板布线、钢索布线。

二、室内布线的基本要求

室内布线的要求是安全、可靠、经济、美观，并且还要符合有关规程规定，送电安全可靠。

1. 明线敷设的技术要求

（1）所用导线的额定电压应大于线路工作电压。不同电压、不同电价的用电设备应有明显区别：线路分开安装，如照明线路和动力线路。安装在同一块配电盘上的开关设备，应用文字注明以便维修。

（2）一般应采用绝缘导线，其绝缘应符合线路安装方式要求和敷设的环境条件，截面应满足供电和机械强度等条件要求。

（3）明设线路在建筑物内应水平或垂直敷设，配线位置应便于检查和维修。室内水平敷设导线距地面不得低于 2.5m，垂直敷设导线距地面不低于 2m，室外水平和垂直敷设距地面均不得低于 2.7m，否则应将导线穿在钢管内加以保护，以防机械损伤。

（4）导线穿过楼板时，应穿钢管或塑料管加以保护，长度应从高于楼板 2m 处至楼板下出口处为止。导线穿墙要用瓷管（或塑料管）保护，管两端出线口伸出墙面不小于 10mm，以防导线和墙壁接触，导线穿出墙外时，穿线管应向墙外地面倾斜或用釉瓷弯头套管，弯头管口向下，以防雨水流入管内。导线沿墙壁或天花板敷设时，导线与建筑物之间的距离一般不小于 100mm，导线敷设在通过伸缩缝的地方应稍松弛。

（5）配线时应尽量避免导线有接头。导线连接和分支处，不应受到机械力作用。导线相互交叉时，为避免碰线，每根导线上应套上塑料管或其他绝缘管，并将套管固定，不得移动。

（6）为确保安全用电，室内电气管线和配电设备与其他管道、设备间的最小距离应满足一定要求。

2. 穿管敷设的技术要求

（1）穿管敷设绝缘导线的电压等级不应小于交流 500V，绝缘导线穿管应符合有关规定。导线芯线的最小截面积规定铜芯为 1mm²（控制及信号回路的导线不在此限），铝芯线截面积不小于 2.5mm²。

（2）同一单元、同一回路的导线应穿入同一管路，对不同电压、不同回路、不同电流种类的供电线或非同一控制对象的电线，不得穿入同一管内。互为备用的线路也不得共管。

（3）电压为 65V 及以下的回路，同一设备或同一流水作业设备的电力线路和无防干扰要求的控制回路、照明灯的所有回路以及同类照明的几个回路等，可以共用一根管，但照明线不得多于 8 根。

（4）所有穿管线路，管内不得有接头。采用一管多线时，管内导线的总面积（包括绝缘层）不应超过管内截面积的 40%。在钢管内不准穿单根导线，以免形成交变磁通带来损耗。

（5）穿管明敷线路应采用镀锌或经涂漆的焊接管（水管、煤气管）、电线管或硬塑料管。钢管壁厚度不小于 1mm，明敷设用的硬塑料管壁厚度不应小于 2mm。

（6）穿管线路长度太长时，应加装一个接线盒，为便于安装和检修，对接线盒的位置有以下规定：①无弯曲转角时，不超过 45m 处安装一个接线盒；②有一个弯曲转角时，不超过 30m；③有两个弯曲转角时，不超过 20m；④有三个弯曲转角时，不超过 12m。

三、室内布线的基本操作工艺

1. 导线明敷设的操作工序

（1）按施工图确定灯具、插座、开关、配电箱等设备的位置（水平位置及高度）。

（2）确定导线敷设的路径包括电源进出线、穿过墙壁或楼板的位置。

（3）配合土建打好布线固定点的孔眼，预埋线管、接线盒和木砖及铁质预埋配合件等。

（4）装设绝缘支撑物、线夹或管子；明管线路在管内穿入带线。

（5）敷设导线。

（6）做好导线的连接、分支、包缠绝缘。

（7）检查线路安装质量。

（8）完成灯座、插座、开关及用电设备的接线。

（9）绝缘测量及通电试验，全面验收。

2. 导线暗敷设的操作工序

（1）按施工图确定灯具、插座、开关、配电箱等设备的位置（水平位置及高度）。

（2）确定导线敷设的路径包括电源进出线、穿过墙壁或楼板的位置。

（3）进行弯管，焊接和锯断管路，配合土建进行预埋管路。

（4）预埋管内穿入 φ1.2mm 钢丝引线（俗称带线），并用纱布堵好管口防止沙土杂物进入管口。

（5）扫管穿线。

（6）连接导线及分支。

（7）检查线路安装质量。

（8）完成灯座、插座、开关及用电设备的接线。

（9）绝缘测量及通电试验，全面验收。

第三节　明敷和暗敷线路

配线方式的选择要根据不同的环境、用途、安全要求、安装条件及经济条件等因素决定。要做到安全可靠，必须严格设计、认真施工、选用合适的配线方式。

表 5 - 1 是各种配线方式的适用范围。

表 5 - 1　　　　　　　　　各种配线方式适用范围

敷设方式	干燥	潮湿	易燃易爆	可燃	腐蚀	户外
瓷夹板	适用	不适用	不可用	不适用	不可用	不适用
瓷柱	适用	可用	不适用	可用	不适用	可用
绝缘子	适用	适用	适用	可用	可用	可用
塑料护套线	适用	可用	不适用	不适用	可用	可用
塑料管	适用	适用	不适用	适用	可用	适用
钢管	可用	适用	适用	适用	适用①	适用

① 对钢管有严重腐蚀的场所不适用。

一、塑料护套线线路

塑料护套线是一种具有塑料护套层的双芯或多芯绝缘导线，具有防潮、耐酸和耐腐蚀等性能。可直接敷设在空心墙壁和建筑物表面，用塑料线卡或铝片线卡作为导线的支持物，敷设施工简单、维修方便、线路整齐美观、造价低，广泛用于住宅楼、办公室等地方的电气照明和其他小容量配电线路。这种导线截面小，不宜用于大容量电路和室外露天明敷。

1. 安装工艺

（1）划线定位。根据图纸确定线路的走向、电器的安装位置（导线、开关、插座等固定位置）、导线的敷设位置、导线穿过墙和楼板的位置及导线的起始、转角的位置；用弹线袋划线，同时按护套线的安装要求：直线敷设段每隔 150～300mm 划出固定线卡的位置，转角处距转角 50～100mm 处划出固定线卡的位置，距开关、插座和灯具木台 50～100mm 处划出固定线卡的位置。

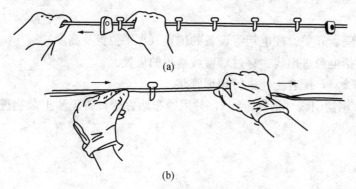

图 5 - 1　明敷导线收紧方法
（a）长距离；（b）短距离

（2）敷设塑料护套线。

1）敷设导线。为了使护套线敷设得平直，可在直线部分的两端各装一副瓷夹，敷线时先把护套线一端固定在瓷夹内，然后勒直并在另一端收紧护套线后固定在另一副瓷夹内，如图 5 - 1 所示。

2）钉线卡收紧夹持护套线。根据所敷设护套线选用相应的线卡，按所划出的固定线卡位置钉上线卡并把护套线依次夹入线卡中。

3）接线盒内接线和连接用电设备（开关、插座、灯头、电器等）。

4）绝缘测量及通电试验。

2. 质量检验和注意事项

（1）室内使用塑料护套线时，规定其铜芯截面积不得小于$1.0mm^2$，铝芯不得小于$1.5mm^2$；室外使用时，规定其铜芯截面积不得小于$1.5mm^2$，铝芯不得小于$2.5mm^2$。

（2）塑料护套线不可在线路上直接连接，可采用"走回头线"的方法通过瓷接头、其他电器的接线桩或增加接线盒，将连接或分支接头在接线盒内进行，如图5-2所示。

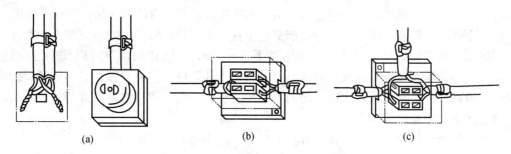

图5-2 护套线线头连接方法

（a）在电器装置上进行中间或分支接头；（b）在接线盒上进行中间接头；
（c）在接线盒上进行分支接头

（3）塑料护套线在同一墙面转弯时，必须保持相互垂直，弯曲导线要均匀，弯曲半径不应小于护套线宽度的三倍，弯曲半径太小会损坏线芯，太大不美观。转弯前后应各用一个线卡固定，如图5-3（a）所示。

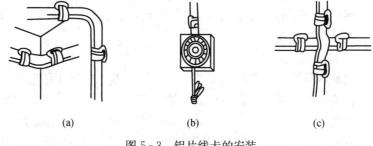

（4）塑料护套线进入木台前应钉一线卡固定，如图5-3（b）所示。

图5-3 铝片线卡的安装

（a）转角部分；（b）进入木台；（c）十字交叉

（5）两根护套线相互交叉时，交叉处要用四个线卡固定，如图5-3（c）所示。

（6）护套线线路离地面的最小距离不得小于$0.15m$，在穿越楼板及离地低于$0.15m$的一段护套线，应加钢管（或硬塑料管）保护，以免导线受到机械损伤。

二、塑料槽板线路

槽板布线导线不外露，比较美观，常用于用电量较小的屋内干燥场所，如住宅、办公室等。现在主要使用塑料线槽，用于干燥场合作永久性明线敷设，一般用于简易建筑或永久性建筑的附加线路。

1. 塑料线槽

塑料线槽分为槽底和槽盖，施工时先把槽底用木螺钉固定在墙面上，放入导线后再把槽盖盖上。

2. 塑料线槽的施工方法

（1）定位划线：为了美观，线槽一般沿建筑物墙、柱、顶的边角处布置，要横平竖直。为了便于施工，不能紧靠墙角，有时要有意识地避开不易打孔的混凝土梁、柱。位置定好后先用粉袋弹线画线，由于线槽布线都是后加线路，施工过程中要保持墙面整洁。弹线时，横线弹在槽上沿，纵线弹在槽中央，这样安上线槽就把线挡住了。

（2）槽底下料：根据所画线位置把槽底截成合适长度，平面转角处槽底锯成45°斜角，下料用手钢锯，有接线盒的地方，线槽到盒边为止。

（3）固定槽底和明装盒：用木螺钉把槽底和明装盒用胀管固定好。槽底的固定点位置，直线段小于500mm，短线段距两端100mm。在明装盒下部适当位置开孔，准备进线用。

（4）下线、盖槽底：按线路走向把槽盖料下好，由于在拐弯分支的地方都要加附件，槽盖下料时要把长度控制好，槽盖要压在附件下8～10mm。进盒的地方可以使用进盒插口，也可直接把槽盖压入盒下。直线段对接时上面可以不加附件，接缝要接严。槽盖的接缝最好与槽底接缝错开。把导线放入线槽，槽内不准接线头，导线头在接线盒内进行。放导线的同时把槽盖盖上，以免导线掉落。

（5）接线盒内接线和连接设备（开关、插座、灯头等）。

（6）绝缘测量及通电试验。

3. 线槽内导线敷设的质量检验

（1）导线的规格和数量应符合设计规定，当设计无规定时，包括绝缘层在内的导线截面积不应大于线槽截面积的60%。

（2）在可拆卸盖板的线槽内，包括绝缘层在内的导线接头处所有导线截面积之和，不应大于线槽截面积的75%；在不易拆卸盖板的线槽内，导线的接头应置于线槽的接线盒内。

三、管线线路

1. 管线布线的工艺要求

把绝缘导线穿在管内的布线称为管线布线。管线布线有耐潮湿、耐腐蚀、导线不易受损伤，但安装和维修不便且造价高，适用于室内外要求较高的照明和动力线路布线。

管线布线有明配和暗配两种，明配是把管线敷设在墙上以及其他明露处，要求横平竖直、管距短、弯头少。暗配是将管线置于墙壁等建筑物内，线管较长。

管线布线的方法和步骤如下。

（1）管线选择。根据敷设场所选择敷设管线类型，如潮湿和有腐蚀气体的场所采用管壁较厚的白铁管（又称水煤气管）；干燥场所内采用管壁较薄的电线管；腐蚀性较大的场所采用硬塑料管。

（2）根据穿管导线截面和根数来选择线管的管径。要求穿管导线的总截面（包括绝缘层）不应超过线管内径截面的40%。

（3）落料。落料前先检查线管质量，有裂缝、凹陷及管内有杂物的线管均不能使用。按两个接线盒之间为一个线段，根据线路弯曲转角情况决定用几根管接成一个线段，并确定弯曲部位。一个线段内应尽量减少管口的连接接口。

（4）弯管。常用的弯管器有管弯管器、木架弯管器和滑轮弯管器。弯管方法如下。

1）为便于管线穿线，管子的弯曲角度一般不小于90°明管敷设时，管子的曲率半径$R \geqslant 4d$；暗管敷设时管子的曲率半径$R \geqslant 6d$。

2）直径在 50mm 以下的钢管和电线管，可用弯管器进行弯曲；直径在 50mm 以上的管子可用电动或液压弯管机弯曲；塑料管可用热弯法弯曲（即在电烘箱或电炉上加热，待至柔软状态时弯曲成型），如图 5-4 所示。管径在 50mm 以上时，可在管内填充沙子进行局部加热，以免弯曲后粗细不均或弯扁。

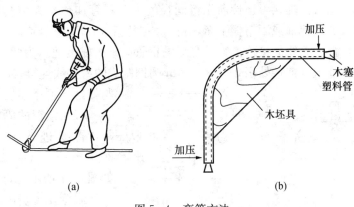

图 5-4　弯管方法
(a) 弯管器弯管；(b) 塑料管弯曲

3）锯管。按实际长度需要钢锯锯管，锯割时应使管口平整，并要锉去毛刺和锋口。

4）套丝。为了使管子与管子之间或管子与接线盒之间连接起来，需在管子端部套丝。钢管套丝可用管子套丝绞板，电线管和硬塑料管可用圆丝板套丝。套丝时用力要均匀，在管子虎钳上固定后分两次进行，并要及时加油。套丝完后，随即清扫管口，去除毛刺，使管口保持光滑，以免割破导线的绝缘层。

（5）线管连接。连接方法如下。

1）钢管与钢管的连接。钢管与钢管之间的连接，无论是明配或暗配管，最好采用管箍连接。为了保证管接口的严密性，管子的丝扣部分应顺螺纹方向缠上麻丝，并在麻丝上涂上一层白漆，再用管箍拧紧，使两管端部吻合。

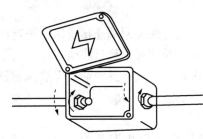

图 5-5　线管与接线盒的连接

2）钢管与接线盒的连接。钢管的端部与各种接线盒连接时，应采用在接线盒内外各用一个薄形螺母来夹紧线管的方法，如图 5-5 所示。

3）硬塑料管之间的连接。硬塑料管的连接采用插入法和套接法连接。

插入法连接：连接前先将待连接的两根管子的管口分别做内倒角和外倒角，然后用汽油或酒精把管子插接段的油污和杂物擦干净，接着将一个管子插接段放在电炉或喷灯上加热至 145℃ 左右，呈柔软状态后，将另一个管子插入部分涂上一层胶合剂后迅速插入柔软段，立即用湿布冷却，使管子恢复原来的硬度，如图 5-6 所示。

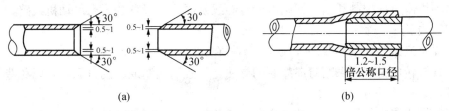

图 5-6　硬塑料管的插入法连接
（a）管口倒角；（b）插入

套接法连接：连接前先将同径的硬塑料管加热扩大成套管，然后把需要连接的管端倒角，并用汽油或酒精擦干净，待汽油挥发后，涂上黏合剂，迅速插入热套管中。

（6）管线的接地。管线配线的钢管必须可靠接地。为此，在钢管与钢管、钢管与配电箱及接线盒等连接处用 $\phi6\sim\phi10\mathrm{mm}$ 圆钢制成的跨接线连接，并在线始末端和分支线管上分别与接地体可靠连接，使线路所有线管都可靠接地。

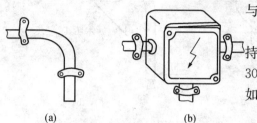

图 5 - 7　管卡固定
（a）线管弯曲处；（b）与接线盒连接处

（7）线管的固定。线管明敷设时采用管卡支持，管线进入开关、灯头、插座、接线盒前300mm 处，以及线管弯头两边均需用管卡固定，如图 5 - 7 所示。管卡应安装在木结构或木榫上。

线管在砖墙内暗敷设时，一般在土建砌砖时预埋，否则应先在砖墙上留槽或开槽，然后在砖缝里打入木榫并钉钉子，再用铁丝将线管绑扎在钉子上，进一步将钉子钉入。

线管在混凝土内单暗敷设时，可用铁丝将管子绑扎在钢筋上，也可用钉子钉在模板上，将管子用垫块垫高 15mm 以上，使管子与混凝土模板间保持足够的距离，并防止浇灌混凝土时管子脱开。

（8）扫管穿线。穿线工作一般在土建地坪和粉刷工程结束后进行。穿线前先清扫线管，用压缩空气或用在钢丝上绑扎擦布的方法，将管内杂物和水分清除。穿线方法如下：

选用 $\phi1.2\mathrm{mm}$ 的钢丝做引线。当线管较短且弯头较少时，可把钢丝引线直接由管子的一端送向另一端。当线管较长或弯头较多时，可从管的两端同时穿入钢丝线，引线端弯成小钩。当钢丝引线在管内相遇时，用手转动引线使其钩在一起，然后把一根引线拉出，即可将导线牵引入管。

导线穿入线管前，线管口应先套上护圈，然后按线管长度，加上两端连接所需的长度截取导线，削去两端绝缘层，并同时在两端头标出是同一根导线的记号，最后将所有导线与钢丝引线缠绕。穿线时，一个人将导线理成平行束向线管内送，另一人在另一端慢慢抽拉钢丝引线，即可将导线穿入线管。

2. 管线布线时的质量检验

（1）穿管导线的绝缘强度应不低于 500V，规定导线最小截面积铜芯为 $1\mathrm{mm}^2$、铝芯为 $2.5\mathrm{mm}^2$。

（2）线管内导线不得有接头和扭结，也不准穿入绝缘破损后经包缠恢复绝缘的导线。

（3）管内导线不得超过 10 根，不同电压或进入不同电能表的导线不得穿在同一根管内，但一台电动机内包括控制和信号回路的所有导线及同一台设备的多台电动机线路，允许穿在同一根线管内。

（4）除直流回路导线和接地导线外，不得在钢管内穿单根导线。

（5）线管转弯时，应采用弯曲线管的方法，不宜采用制成品的月亮弯，以免造成管口连接处过多。

（6）线管线路应尽可能少转角或弯曲，转角越多，穿线越困难。

（7）在混凝土内暗线敷设的线管，必须使用壁厚为 3mm 的电线管。当电线管的外径超过混凝土厚度的 1/3 时，不准将电线埋在混凝土内，以免影响混凝土的强度。

四、绝缘子线路

绝缘子（又称瓷瓶）比较高，机械强度大，适用于用电量较大而又比较潮湿的场合。绝缘子一般有鼓形绝缘子、蝶形绝缘子、针式绝缘子、悬式绝缘子等，它们都用于 500V 以下的交直流线路上固定导线。绝缘子的槽内可固定电线，绝缘子自身中间又用螺钉固定在线杆或角铁的支架上。绝缘子的作用一方面可在架空线路上拉紧固定电线，另一方面又可与别的金属导体起隔离绝缘作用。

绝缘子布线就是利用绝缘子支持导线的一种布线方式。导线截面较细时一般采用鼓形绝缘子布线，截面较粗时一般采用其他几种绝缘子布线。

1. 绝缘子布线的方法

（1）定位。定位工作应在土建未抹灰前进行。根据施工图确定灯具、开关、插座等电器设备的安装位置，导线的敷设位置，绝缘子的安装位置。

（2）划线。采用粉线或边缘有尺寸的木板条进行划线。如果室内已粉刷，划线时注意不要弄脏墙面，相邻夹板间的距离不要太大，排列要对称均匀。

（3）凿眼。按划线定位进行凿眼。在砖墙上可采用小扁凿或电钻凿眼；在混凝土结构上可用麻线凿和冲击钻凿眼；在墙上穿墙孔时，可用长凿。

（4）安装木榫或埋设缠有铁丝的木螺钉。孔眼凿好后可在孔眼中安装木榫或埋设缠有铁丝的木螺钉。

（5）埋设穿墙绝缘子或楼板钢管。最好在土建砌墙时进行，过梁或其他混凝土结构预埋瓷管应在土建铺板时进行。

（6）绝缘子的固定。木结构上只能固定鼓形绝缘子，可用木螺钉直接拧入。砖墙或混凝土墙上，可利用预埋的木榫或木器厂螺钉来固定鼓形绝缘子或用预埋的支架和螺栓固定鼓形绝缘子、蝶形绝缘子和针式绝缘子等。还可用缠有铁丝的木螺钉和膨胀螺栓固定鼓形绝缘子，在混凝土墙上还可用环氧树脂黏合剂固定绝缘子。

（7）敷设导线及导线的绑扎。在绝缘子上敷设导线，应从一端开始，先将一端的导线绑扎在绝缘子的颈部，然后将导线的另一端收紧绑扎固定，最后把中间导线绑扎固定。导线在绝缘子上的绑扎方法如图 5-8 所示。

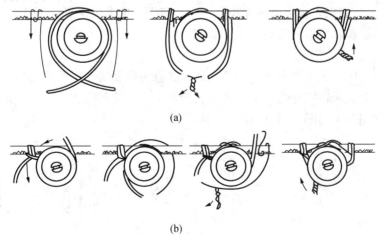

(a)

(b)

图 5-8　鼓形、蝶形绝缘子在直线段导线的绑扎法

(a) 单绑法；(b) 双绑法

导线终端可用回头线绑扎，绑扎线宜用绝缘线。鼓形和蝶形绝缘子在直线段导线一般采用单绑法或双绑法，截面积在 6mm² 及以下的导线可采用单绑法；截面积为 10mm² 以上的导线可采用双绑法。

2. 绝缘子布线的质量检验

（1）在建筑物的侧面或斜面布线时，必须将导线绑扎在绝缘子的上方。

（2）导线在同一平面内如有曲折时，绝缘子必须装在导线曲折角的内侧。

（3）导线在不同的平面上曲折时，在凸角的两面上应装设两个绝缘子。

（4）导线分支时，必须在分支点处设置绝缘子，用以支撑导线，导线互相交叉时，应在距建筑物近的导线上套瓷管保护。

（5）平行的两根导线，应放在两绝缘子的同一侧或在两绝缘子的外侧，不能放在两绝缘子的内侧。

（6）绝缘子沿墙壁垂直排列敷设时，导线弛度不得大于 5mm；沿屋架或水平支架敷设时，导线弛度不得大于 10mm。

五、低压配电线路

1. 低压配电线路

低压配电装置由量电和配电两部分组成。量电装置由进户总熔丝盒、电能表和电流互感器等组成。配电装置由控制开关、过载及短路保护电器等组成，容量较大的还有隔离开关。一般总熔丝盒装在进户管的墙上，电流互感器、电能表、控制开关、短路和过载保护电器均装在同一块配电板上。大容量负荷电源一般采用 380/220V 的三相四线制电源，小容量则采用 220V 电源。

2. 低压配电线路安装要求

常用的总熔丝盒有铁皮式和铸铁式两种，总熔丝盒的作用是当下级电力线路发生故障时，防止故障蔓延到前级配电干线上，造成更大区域的停电，并能加强计划用电管理。

总熔丝盒安装时注意：

1）总熔丝盒应装在进户管的内侧。

2）总熔丝盒必须安装在实心木板上，木板表面及四周边沿必须涂以防火漆。

3）总熔丝盒内熔断器的上接线柱，应分别与进户线的电源相线、中性线连接。

4）总熔丝盒后如果安装多个电能表，则应在每个电度表的前级分别装总熔丝盒。

六、开关、插座和吊扇的安装

1. 开关

开关的作用是接通和断开电路，按其安装方式分为明装式和暗装式两种。明装式开关有扳把开关、拉线开关和转换开关；暗装式开关为扳把式。按其构造分为单联开关、双联开关和三联开关。常用开关如图 5-9 所示。

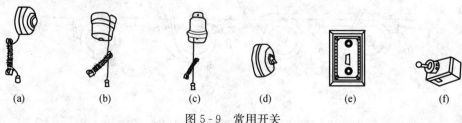

图 5-9　常用开关

(a) 普通拉线开关；(b) 顶装式拉线开关；(c) 防水拉线开关；(d) 平开关；(e) 暗装开关；(f) 台灯开关

（1）开关的安装。

1）单联开关的安装。在墙上准备安装开关的地方装木榫，将一根相线和一根开关线穿过木台两孔，并将木台固定在墙上，同时将两根导线穿过开关两孔眼，接着固定开关并进行接线，装上开关盖子即可。

2）双联开关的安装。双联开关一般用以在两处控制一只灯的线路，其安装基本同单联开关。详见下一节照明线路的介绍。

（2）开关的安装要求。

1）车间内的照明一般由配电箱直接控制，通常选用单极开关，实行逐相控制。当照明由局部控制时，可选用各回路带熔断器或自动开关的配电箱。

2）照明配电箱和照明变压器箱的安装高度，以箱中心距地 1.5m 为宜。

3）扳把开关安装高度一般距地面为 1.2～1.4m；开关方向要一致，一般向上为"合"，向下为"断"。

4）拉绳开关安装高度，一般距地面为 2.5m，且拉绳出口应向下。

5）多尘潮湿场所和户外场所，应采用瓷质防水拉线开关或加装保护箱。

2. 插座

插座的作用是供移动式灯具或其他移动式电器设备接通电路。按其结构可分为单相双眼和单相带地线的三眼插座、三相带地线的插座；按其安装方式可分为明装式和暗装式。

（1）插座的安装。

1）插座的安装高度。根据需要一般场所插座距地面高度可不低于 1m，特殊场所如幼儿园、小学校等距离地面不应低于 1.8m，暗装插座不应低于 0.15m，暗设的插座应有专用盒，落地插座应有保护盖板，注意同一场所安装的插座高度应尽量一致。

2）明设的插座必须固定在绝缘板或干燥木板上安装，不允许用电线吊装。

（2）插座的导线连接。对单相两孔插座，面对插座的右极接相线，左极接工作地线；对单相三孔插座，面对插座的右极接相线，左极接工作地线，正上孔接保护接地线。如图 5-10 所示。

另外，交流、直流电源或不同电压的插座安装在同一场所时，应有明显区别，且其插头与插座均不能互相插入。严禁电源接在插头上使用。

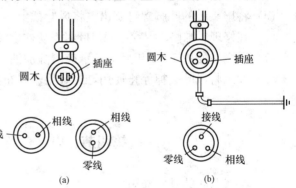

图 5-10　双孔和三孔插座的安装方法
(a) 双孔插座；(b) 三孔插座

3. 吊扇

吊扇由固定吊杆、电机和风叶组成，它的外电路元、器件有接线架、电风扇电容器和调速器等，其外形与接线线路如图 5-11 所示。

安装、维修和使用吊扇应注意的问题。

（1）安装吊扇时，首先要检查各种配件是否齐全，再核对电扇电压和频率是否与所接的电压和频率一致。

（2）电容器倾斜装在吊杆上端上罩内的吊攀中间，防尘罩套上吊杆，扇头引出线穿入吊杆，先拆去扇头轴上的两只制动螺钉，再将吊杆与扇头螺纹拧合，直至吊杆孔与轴上的螺孔对准为止，并且将两只制动螺钉装上旋紧，然后握住吊杆拎起扇头，用手轻轻转动看其是否转动灵活。如图5-12所示。

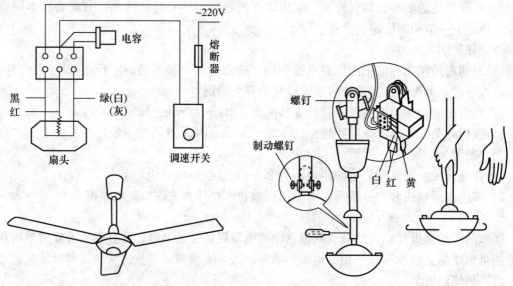

图5-11　吊扇的接线线路与外形图　　　　图5-12　吊扇的安装示意图

（3）固定吊杆的钩子要与房顶固定牢固以保障安全。

（4）按照接线图接线，装电容器、调速器，连接好电源线。

（5）将扇头上的叶脚螺钉旋出，将风叶撬上，风叶的凹面应向下。

（6）在修理、维修、保存吊扇风叶时，切勿碰撞风叶，以免风叶变形，转动时失去平衡。

（7）吊扇在使用1～2年后，轴承应清洗加油。

（8）如果将风叶去掉停止使用，最好用塑料布把吊扇电机罩起来，以免受潮，破坏电机绝缘。

第四节　电气照明线路

一、电气照明的基本知识

1. 照明电源供电方式

照明电源取自三相四线制低压线路上的一根相线和中性线，我国统一规定照明电源的电压的标准为220V，特定场所采用36V及以下的低压安全电压。

2. 照明分类

（1）按照明方式分为以下几种：

1）一般照明。在整个场所或场所的某个部分要求基本均匀的照明。

2）局部照明。只限于工作部位或移动的照明。

3）混合照明。一般照明和局部照明共同组成的照明。

（2）按照明的用途分为以下几种：

1）正常照明。人们日常生活、生产劳动、工作学习、科学研究和实验所需的照明。

2）事故照明。在可能停电造成事故或较大损失的场所设置的事故照明装置，如医院急救室、手术室、矿井、公众密集场所等，在正常照明出现故障时自动接通电源，供继续工作或安全通行的照明。

3）值班照明。在非生产时间内供值班人员使用的照明。

4）警卫照明。在警卫地区周界附近的照明。

5）障碍照明。在高层建筑物上或修理路段上作为障碍标志用的照明。

3. 照明灯具及附件

灯具的作用是固定光源、控制光线；把光源的光能分配到需要的方向，以提高照明度；防止炫光及保护光源不受外力、潮湿及有害气体的影响。灯具的结构应便于制造、安装及维护，外形美观，价格低廉。灯具按其防护形式分为防水防尘灯、安全灯和普通灯等；按其安装方式分为吸顶灯、吊线灯、吊链灯、壁灯等。

灯具的附件包括灯座、灯罩、开关、引线、插座及线盒等。

（1）灯座。灯座按与灯泡的连接方式分为插口式（卡口式）和螺口式（螺旋式）两大类；按安装方式分为悬吊式、平装式、管接式三种；按其外壳材料分为胶木、瓷质及金属三种；其他派生类型有防雨式、安全式、带开关、带插座二分火、三分火等多种。

（2）灯罩。灯罩按其材质可分为玻璃罩、搪瓷薄片罩、铝罩等；按反射、透射击和散射分为直接式、间接式和半间接式等三种。

（3）开关和插座。前面已介绍。

（4）吊线盒。用来悬挂吊灯并起接线盒作用，有塑料和瓷质两种，悬挂重量不超过2.5kg 的灯具。

二、电气照明基本线路

电气照明基本线路一般由电源、导线、开关和负载组成。电源由低压照明配电箱提供，电源常用 Yyn 三相变压器供电，每一根相线和中性线之间都构成一个单相电源，在负载分配时要尽量做到三相负载对称；电源与照明灯之间用导线连接，选择导线时要注意允许的载流量，明敷线路铝导线可取 $4.5A/mm^2$，铜导线可取 $6A/mm^2$，软导线可取 $5A/mm^2$；开关用于控制电流的通断；负载将电能变为光能。

1. 白炽灯照明基本线路

（1）白炽灯照明线路。白炽灯结构简单、使用可靠、便于安装和维修，应用非常广泛。按其开关控制形式分为单联开关控制和双联开关控制。图 5-13 所示为一只单联开关控制一盏灯的原理接线图，这是最常用的一种接线方式。图 5-14 所示为两只双联开关在两个地方控制一盏灯的原理接线图，这种控制方式常用于楼梯电灯，在楼上楼下都可控制；也可用于走廊的电灯，在走廊两头都可控制。

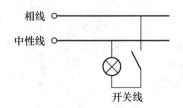

图 5-13 单联开关控制原理图

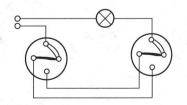

图 5-14 双联开关控制原理图

（2）白炽灯照明线路的安装。白炽灯照明线路的安装分为灯座的安装和开关的安装两部分。

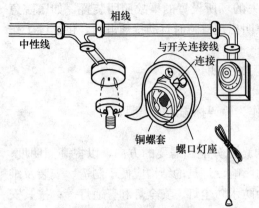

图 5-15 螺口灯座的安装

1）灯座的安装。平灯座上有两个接线柱，一个与电源中性线连接，另一个与来自开关的一根线连接。对插口平灯座，它的两个接线柱可任意连接上述两个线头，而对于螺口平灯座，为了使用安全，必须把电源中性线连接在接通螺纹圈的接线柱上，把来自开关的连接线连接在连通中心簧片的接线柱上，如图 5-15 所示。

吊灯灯座必须用两根绞合的塑料软线或花线作为与挂线盒的连接线，且导线两端均应将绝缘层剥去。挂线盒内接线时，将上端塑料软线串入挂线盒，并在盖孔内打个结，使其能承受吊灯的重力，然后将软线上端两个线头分别穿入挂线盒底座正中凸起部分的两个侧孔里，再分别接到两个接线柱上，罩上挂线盒，接着将下端塑料软线串入吊灯座盖孔内，也打一个结，然后把两个线头接到吊灯座的两个接线柱上，罩上吊灯座盖即可，安装方法如图 5-16 所示。

2）开关的安装。开关的安装分为单联开关的安装和双联开关的安装。单联开关的安装已在上一节中介绍。双联开关的安装方法如图 5-17 所示，注意双联开关中两个连铜片的接头不能接错，否则会发生短路事故，接好线后一定要仔细检查方可通电使用。

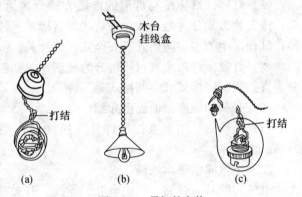

图 5-16 吊灯的安装

（a）拉线盒的安装；（b）装成的吊灯；（c）灯座的安装

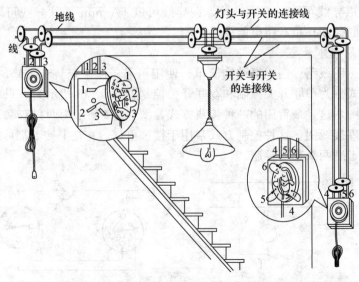

图 5-17 双联开关的安装方法

2. 荧光灯照明线路

荧光灯又称日光灯，其照明线路由电源、灯管、启辉器、镇流器、开关等组成。按不同的照明要求，可组成多种照明电路，常用的有单灯线路和双灯线路，其接线图如图5-18所示。

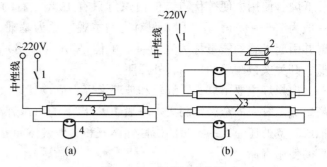

图5-18　荧光灯接线图
(a) 单灯线路；(b) 双灯线路
1—开关；2—镇流器；3—灯管；4—启辉器

荧光灯照明线路的安装方法如图5-19所示，其接线步骤如下：

（1）启辉器座上的两个接线柱分别与两个灯座中的一个接线柱连接。

（2）一个灯座中余下的另一个接线柱与电源的中性线相连接，另一灯座中余下的另一个接线柱与镇流器的一个接头连接。

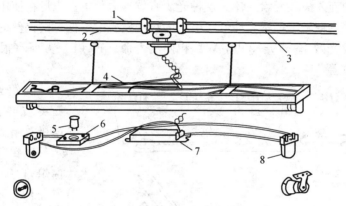

图5-19　荧光灯照明线路的安装方法
1—相线；2—地线；3—灯管与开关的连接线；4—木架；
5—启辉器；6—启辉器座；7—镇流器；8—灯座

（3）镇流器另一个接头与开关的一个接线柱连接，而开关另一个接线柱与电源相线连接。

第五节　电光源的安装与维修

电光源分为热辐射光源（白炽灯、碘钨灯）和气体放电光源（荧光灯、荧光高压汞灯）两大类。

一、热辐射光源

热辐射光源是电流通过灯丝时，将灯丝加热到白炽状态而发光的电源，如白炽灯和碘钨灯。

1. 白炽灯

白炽灯作为第一代电光源问世已有一百多年的历史，虽然气体放电光源发展非常迅速，但白炽灯仍然处于研究开发中且使用最为广泛，这是因为白炽灯具有体积小、结构简单、造价低廉、使用方便等优点。但白炽灯只有 10% 左右的电能转变为可见光，发光效率很低，一般为 7.1～17lm/W［用人眼对光的主观感觉为基准，衡量单位时间内光源向周围空间辐射并引起光感的能量称为光通量，单位是 lm（流明）］，使用寿命较短，用于照明要求较低、开关次数频繁的户内、外照明。

白炽灯主要由灯头、灯丝和玻璃泡等组成，其灯丝对灯的工作性能有重要影响，灯丝由高熔点蒸发率的金属钨制成，一般 40W 以下的白炽灯泡内抽成真空，60W 及以上的灯泡内抽成真空外还充入一定量的惰性气体氩和其他气体如氮气等，用以抑制钨的蒸发，延长白炽灯的使用寿命。

白炽灯有普通的照明白炽灯泡、局部照明灯泡和装饰灯泡，还有许多其他用途的特殊白炽灯泡。

白炽灯在使用时工作温度较高，如 60W 的白炽灯工作时表面温度约为 110℃，使用时应注意环境对灯的要求。

2. 碘钨灯

碘钨灯（又称卤钨灯）光源是在白炽灯的基础上研究出来的一种高效率的热辐射光源，实际上是白炽灯内充入卤族元素气体。这种光源有效地避免了白炽灯在使用过程中，灯丝钨蒸发使灯泡玻璃壳内壁发黑，透光性低所引起的灯泡发光效率低。卤钨丝的结构与白炽灯相比有很大变化，发光效率（10～30lm/W）和使用寿命（1500h）方面有很大的提高，光色也具有很明显的改善。

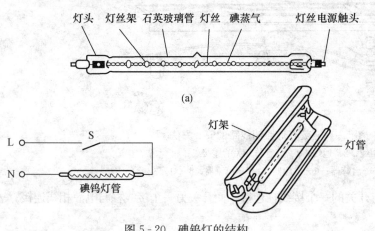

碘钨灯主要由灯丝、石英玻璃管、灯丝支架和电极等组成，如图 5-20 所示。碘钨灯的发光原理与白炽灯一样，由灯丝作为发光体，不同的是灯管内装有碘，在管内温度升高后，碘与灯丝蒸发出来的钨化合成为碘化钨。碘化钨在靠近灯丝的高温处又分解为碘和钨，钨留在灯丝上而碘又回到温度较低

图 5-20 碘钨灯的结构

的位置，依次不断循环，从而提高了发光效率和使用寿命，有效防止灯泡的黑化，使灯丝在整个使用期间保持良好的透明度，减少了光通量的降低。

碘钨灯与一般白炽灯相比，其优点是结构简单、使用可靠、光色好、体积小、效率高、功率集中、便于控制。但寿命较短，适用于照明要求较高、悬挂高度较高的屋内、外照明。

碘钨灯的安装和注意事项如下：

（1）碘钨灯的额定电压必须与电源电压一致，以免烧坏灯管。

（2）碘钨灯发光时，灯管周围温度高达 500～700℃，故应配用成套供应的金属灯架，切不可安装在自制的木制灯架上；且不可在灯管周围放置易燃物品，以免发生火灾。

（3）安装时，必须保持灯管在水平位置，否则会破坏碘钨循环，缩短使用寿命。

（4）安装时，应注意有利于散热和防雨。

（5）灯管电极与灯座的接触良好，不得有松动现象。

（6）碘钨灯的灯丝较脆，应避免剧烈震动或撞击。

（7）对于功率在 1000W 及以上的碘钨灯，不可采用普通电灯开关，应改用瓷底胶盖开关。

二、气体放电光源

依靠灯管内部的气体放电时发出可见光的电光源称为气体放电光源，常用的气体放电光源有荧光灯、钠灯、荧光高压汞灯和金属卤化钨灯等。气体放电光源的主要特点是使用寿命长、发光效率高等。气体放电光源一般应与相应的附件配套才能接入电源使用。

1. 荧光灯

荧光灯同白炽灯一样，也是电源照明的主要电光源。荧光灯是一种热阴极低压汞蒸气放电光源，具有发光效率高（60lm/W）、使用寿命长（3000h）、光线柔和、发光面大、表面温度低和显色特性好等特点。利用若干只荧光灯可制成光带、光梁和发光顶棚大面积发光装置。荧光灯在外形上除直线外，还可制成圆形、U 形和反射形，具有较好的艺术照明效果。通过改变荧光粉，可得到不同颜色的灯管。

荧光灯由于正弦交流电的作用，频闪效应十分明显，开关次数影响荧光灯的使用寿命，所以荧光灯不宜使用在需频繁开、关的地方，在照明设计和选用光源时应予注意。荧光灯使用时电源电压波动不超过±5%，荧光灯及其配件选用时应按额定值配套使用，否则影响灯的正常工作和使用寿命。用于普通照明的荧光灯有日光色、冷白色和暖白色三种。日光色接近自然色，适用于办公室、会议室、教室、图书馆、展览橱窗等场所；冷白色光色柔和，适用于商店、医院、饭店、候车室等场所；暖白色与白炽灯光色相近，红光成分多，适用于住宅、宿舍、宾馆的客房等场所。

安装荧光灯时应注意以下几点：

（1）镇流器必须与电源电压、灯管功率配套，不可混用。

（2）启辉器规格应根据灯管功率大小确定，启辉器应安装在灯架上便于检修的位置。

（3）注意防止因灯脚松动而使灯管跌落，可采用弹簧灯座或将灯管与灯架扎牢。

2. 节能型荧光灯

节能型荧光灯又称紧凑型荧光灯，具有发光效率高、体积小、质量小、便于安装等优点，适用于屋内照明。

节能型荧光灯主要由灯头、电子镇流器和灯管组成，其外形如图 5-21 所示。与普通荧光灯相比，灯管尺寸较小，管内壁的荧光粉发光效率更高，灯管与镇流器制成一体，采用普通白炽灯的灯头，大大方便了使用。

3. 荧光高压汞灯

荧光高压汞灯又称高压水银灯，是一种玻璃壳内壁涂有荧光粉的高压汞蒸气放电灯，具有发光效率高（约

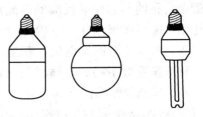

图 5-21 节能型荧光灯外形

为白炽灯的三倍，50lm/W 左右）、使用寿命长（2000h 左右）、耐震耐热性能好、单个光源功率较大和体积小等优点。但启辉时间较长、适应电源电压波动的能力较差，适用于悬挂高度较高的大面积屋内、外照明。荧光高压汞灯按构造和材料不同分为普通型、反射型、自镇

流型和外镇流型几种。

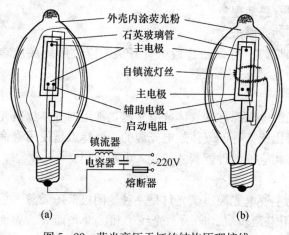

图 5-22　荧光高压汞灯的结构原理接线
(a) 外镇流式高压汞灯；(b) 自镇流式高压汞灯

荧光高压汞灯主要由灯头、放电管和玻璃外壳（灯泡）等组成，如图 5-22 所示。其工作原理为：当电源接通后，电压加在辅助电极（引燃极）和相邻的主电极之间，也加在两个主电极之间。由于辅助电极和相邻的主电极靠近，电压加上后就在这两电极间产生辉光放电，使放电管温度上升，接着在两主电极之间产生弧光放电，随着主电极间的弧光放电，放电管内的汞逐渐汽化，灯管就稳定工作了。主电极之间的放电可产生可见光和紫外线，紫外线激发玻璃外壳内壁的荧光粉，发出近似日光的可见光。由于辅助电极上串联一个大电阻，当主电极间产生弧光放电时，辅助电极和相邻主电极间的电压不足以产生辉光放电，因此辅助电极就停止工作了。

荧光高压汞灯安装和使用时应注意以下几点：

（1）安装荧光高压汞灯时，按图 5-22 所示的接线图接线。

（2）镇流器功率必须与灯泡功率一致，安装在灯具附近（自镇流式除外），人体触及不到的地方，并注意散热和防雨。

（3）电源电压波动不宜过大，若电压过低，灯会熄灭。

4. 高压钠灯

高压钠灯是近十几年发展起来的一种新型气体放电光源，具有发光效率高（80lm/W 左右）、使用寿命长（2000h 左右）、透雾性较强、光色较好的近白色光源。适用于各种广场、港口、码头及体育场馆的照明。

高压钠灯主要由放电管、双金属片继电器和玻璃外壳（灯泡）等组成，如图 5-23 所示。放电管是由和钠不起化学反应的、能耐高温的多晶氧化铝半透明陶瓷制作，管内充有适量的钠、汞和氙等，两端装有钨丝电极。双金属片继电器是由两种膨胀系数不同的金属材料制成的。放电管外是一个玻璃制作的椭圆形外壳（灯泡），泡内抽成真空。灯头与普通白炽灯相同，可以通用。

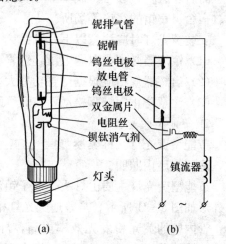

图 5-23　高压钠灯的基本结构及工作原理图
(a) 结构；(b) 工作原理

高压钠灯的工作原理：当合上电源开关后，电路两端加上电源电压，电路中的电流通过镇流器、双金属片和加热线圈，加热线圈因受热而使双金属片（冷态动断触点）断开，在双金属片断开的一瞬间，镇流器产生一个高压脉冲使放电管内产生气体放电，即灯泡点燃，之后，双金属片借助放电管的高温保持常开状态。高压钠灯从点燃到稳定工作约需要 4～

8min，在稳定工作时可发出金白色光。

使用高压钠灯应注意：高压钠灯受电源电压的影响较大，电压升高易引起灯泡自行熄灭；电压降低则灯泡发光的光通量减少，光色变暗。灯的再启动时间较长，一般在 10～20min 以内，故不能用于事故照明或其他需要迅速点燃的场所。高压钠灯不宜用于频繁开、关的地方。灯泡内的各附件也要按规格与灯泡配套使用，否则影响灯的正常工作和使用寿命。

5. 霓虹灯

霓虹灯也是一种气体放电光源，在装有电极的灯管两端加上高电压（4～15kV），即可从电极发射电子，高速运动的电子激发管内的惰性气体或金属蒸气分子，使其电离而产生导电离子，灯管从而导通发光。由于不同元素激发后发光颜色不同，如氖发红光，氩和钠发黄光，氩发青光，可按需求在管内充不同元素（氦、氖、氩、氮、钠、汞、镁等）。若管内充有几种元素，则按元素比例可发出不同的复合色光。

霓虹灯需要专门变压器供给高压电源，故其装置由灯管和变压器两大部分组成。

第六节　实　训　课　题

1. 照明电路明管（PVC）敷设及器件安装

（1）实训器材。PVC 管、管卡、木螺钉、三眼插座、白炽灯、灯座、节能灯、开关、接线盒、分线盒、BV1.5mm²、BV2.5mm² 铜线、电源控制箱一个。

（2）实训任务。根据给定的照明电路图（图 5-24）和平面元件布置图（图 5-25），选用导线、线管及器件，进行安装和接线。

（3）实训要求：

1）合理选用材料。

2）按图纸尺寸布置元器件。

3）穿管接线，工艺符合要求。

4）功能满足图纸设计要求。

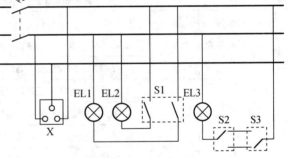

图 5-24　照明电路明管（PVC）敷设及器件安装接线图

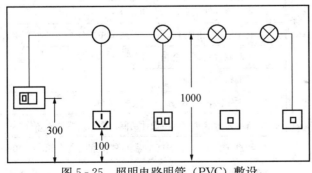

图 5-25　照明电路明管（PVC）敷设及器件安装位置图

（4）考核标准。见表 5-2。

表 5 - 2　　　　　　　　**照明电路明管（PVC）敷设及器件安装评分标准**

姓名		单位		考核时限	70min	实用时间	
考核项目		配分	评分标准			扣分	备注说明
主要项目	操作准备	6	1. 工作服、安全帽、绝缘鞋等不符合要求，每项扣1分				
			2. 工具材料准备不全，过多或不正确，每项扣1分				
	器件安装	32	1. 元器件安装松动，每个扣1分				
			2. 固定元件时，每少一个木螺钉扣1分、少一个管卡扣2分				
			3. 管卡位置尺寸不对（距元件边缘150mm±10mm，距转角处50～100mm），每处扣1分				
			4. 接线盒、分线盒安反，每个扣2分				
			5. 元器件歪斜，每个扣1分				
			6. PVC管未插入接线盒、分线盒的管座内，每处扣1分				
			7. PVC管布置不水平、垂直，每根扣1分				
			8. 每少安装一个元器件，扣3分				
			9. 损坏一个元器件扣4分				
			10. 元器件安装尺寸不对，每个扣2分				
			11. 电路整体布局歪斜，扣5分				
	导线穿管	8	1. 每少穿一根导线扣4分				
			2. 每用错一根导线（截面、颜色）扣2分				
			3. 导线在管内发生相互缠绕，每根管扣2分				
	电路接线	34	1. 导线连接方法不正确，每处扣3分				
			2. 分支线分线地点不对，每根扣2分				
			3. 导线连接松动，每处扣2分				
			4. 导线与元件连接时，线芯过长，每处扣1分				
			5. 灯座、开关、插座上的中性线、相线、接地线位置接错，每错一处扣2分				
			6. 管内有导线接头，每个扣3分				
			7. 有未连接完的导线，每一个线头扣2分				
			8. 羊眼圈过大，每个扣1分				
			9. 反圈每个扣2分				
	通电试验	20	1. 发生短路，扣10分				
			2. 通电后未能实现电路设计功能，每个元器件扣8分				
			3. 经检查处理后，仍未能实现电路功能的，每个元件扣10分				
	作业时限		每超1min扣1分				
考评员				合计			
考评组长				总得分			

2. 室内照明回路塑料槽板敷线及器件安装

（1）实训材料。BV1.5mm²、BV2.5mm² 铜线、塑料槽板、木螺钉、三眼插座、白炽灯、灯座、节能灯、开关、接线盒、分线盒、电源控制箱一个。

（2）实训任务。根据给定的负载（插座负荷为 2kW，两只白炽灯分别为 25W）电路图和安装位置图，选择导线、塑料槽板及器件，并进行安装与配线。

（3）实训要求：

1）选取器材，查验工具，做好操作前的准备工作。

2）按图纸安装器件、确定槽板布置路径。

3）接线正确，操作规范，工艺符合要求。

4）安装完毕后认真检查，经考评员准许后方可通电试验。

5）清理现场，经考评员评分后拆除元件。

（4）电路图及安装位置图如图 5-26、图 5-27 所示。

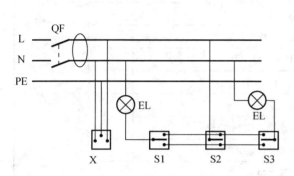

图 5-26　室内照明回路塑料槽板敷线电路图　　　图 5-27　室内照明回路塑料槽板敷线安装位置图

（5）考核标准。见表 5-3。

3. 照明回路的故障分析、诊断和处理

（1）实训材料。电源配电箱、负载配电盘、BV-2.5 导线（四色）、接线盒、绝缘板、绝缘胶布、PVC 管、保险丝、万用表、绝缘电阻表、电工刀、电工钳、剥线钳、螺钉旋具、验电笔。

（2）实训任务：

1）根据送电后盘面所显示的故障现象，分析故障性质、故障点的位置和故障的原因。

2）对故障进行排除。

（3）实训要求：

1）合理选用电工工具、仪表，做好准备工作。

2）只送电一次，观测故障现象。

表 5-3　　　　　　　　　　　室内照明回路塑料槽板敷线评分表

姓名		单位		实训时限	60min	实操时间	
操作时间		时　　分　至　　时　　分					
序号	项目	分值	评 分 细 则			扣分	扣分原因
1	导线槽板器件的选择	6	1. 导线截面选择不正确，扣 3 分				
			2. 槽板器件选择不正确，扣 3 分				

姓名		单位		实训时限	60min	实操时间	
操作时间			时　分　至　时　分				
序号	项目	分值	评 分 细 则			扣分	扣分原因
2	器件安装	30	1. 器件安装位置不正确，每件扣2分				
			2. 器件松动或固定器件缺一颗螺钉，扣1分				
			3. 槽板倾斜超规定，每处扣2分				
			4. 槽板中间固定点间距大于500mm，每处扣1分				
			5. 槽板两端固定点大于100mm，每处扣1分				
			6. 损坏灯具器件，每个扣4分				
			7. 转角对接≠45°，一处扣1分，接缝超过1~3mm，一处扣1~3分				
			8. 槽板入盒不足，每处扣2分				
			9. 盖板扭斜或封盖不严密，每处扣2分				
			10. 配装附件不安装，每处扣2分				
			11. 整体工艺不规范，扣5分				
3	接线质量	30	1. 开关未控制相线，每处扣5分				
			2. 导线未与灯口中心电极连接，每处扣5分				
			3. 接头连接不符合工艺要求，每处扣2分				
			4. 接线处线芯外露过长，每处扣2分				
			5. 三孔插座内接线错误，每根扣2分				
			6. 每漏接一根导线扣5分				
			7. 接头松动，每个扣2分				
			8. 双控开关不能实现功能，扣2分				
			9. 槽板内有导线接头，每个扣2分				
4	通电试验	20	1. 不能满足电路功能，每处扣10分				
			2. 发生短路扣20分				
5	文明生产	5	1. 不按规定施工扣3分				
			2. 浪费材料扣2分				
			3. 发生不安全情况扣5分				
			4. 不按规定着装扣2分				
6	工具使用	4	每种工具使用不规范，扣2分				
7	作业时限	5	每提前1min加0.5分，最多加5分				
考评员				合计			
考评组长				总得分			

3）根据故障现象填写故障处理记录表。

4）操作符合安全规程，不许带电检测。

5）故障组合可自行确定。

6）故障类型宜设为：断线故障、主回路缺相、元件故障、导线和元件接触不良等。

（4）考核标准见表5-4。

表5-4　　　　　　　照明回路的故障分析、诊断和处理评分表

姓名			单位		考核时限		实用时间	
操作时间				时　分　至　时　分				
	项　　目		配分	评　分　细　则			扣分	扣分原因
1	准备工作		7	1. 安全帽、工作服、手套、绝缘鞋，缺一项扣1分				
				2. 验电笔使用前未检验，扣1分				
				3. 万用表挡位选择不合适、未回零检验，使用完未调出电阻挡各扣1分				
				4. 验电笔，改锥，钳子使用不当，每次扣1分				
2	填写记录表	故障现象	5	1. 故障现象没有表述或表述不正确（扣2分/每个故障）				
				2. 故障现象表述不完整（扣1分/每个故障）				
		分析诊断	10	3. 诊断故障每缺一个、错误一个扣2分				
				4. 分析不全面、不完整每个故障扣1分				
		步骤方法	5	5. 采取的步骤方法错误或缺项，每个故障扣2分				
		注意事项	5	6. 安全用具的使用，安全措施、防触电意识等（没有提到或没写清楚）每条扣1分				
3	实际查找及处理	第一次停送电	5	1. 不检查开关位置（扣1分/每处）				
				2. 操作顺序错误每处扣1分				
				3. 未使用验电笔检验，扣1分				
				4. 未挂标示牌，扣1分				
		查找方法	10	5. 无目的查找（扣5分/每处）				
				6. 查找方法针对性不强（扣2分/每处）				
				7. 不能合理利用工具、仪表扣2分				
		故障点处理	10	8. 绝缘未恢复或恢复不好的扣2分				
				9. 接点未接好（扣2分/每处）				
		第二次停送电	5	10. 不检查开关位置（扣1分/每处）				
				11. 操作顺序错误（扣1分/每处）				
				12. 未使用验电笔检验，扣1分				
				13. 未挂标示牌，扣1分				
		查找结果	30	14. 故障点每少查一处、增多一处各扣10分				
				15. 造成短路扣30分				

续表

姓名		单位			考核时限		实用时间	
操作时间			时　分　至　时　分					
项　目		配分	评　分　细　则				扣分	扣分原因
4	安全文明施工	8	1. 出现危及人身安全的操作（扣2分/每次）					
			2. 损坏设备、仪表（扣2分/每件）					
			3. 查找处理完毕，未整理工具清理现场扣1分					
			4. 言语举止不文明扣1分					
5	操作时间 （40min）		故障全部排除后，每提前1min加0.2分，最高不超5分					
配　分		100	总分			总扣分		
考评员			考评组长			时间		年　月　日

第六章

电能计量装置

第一节 电 能 表

电能表是用来测量电能的仪表,是电功率和时间累计起来的仪表,它可测出一段时间内发电量或用电量的多少。电能表的种类较多,按其准确度级分为0.5级、1.0级、2.0级、2.5级、3.0级等。按其结构和工作原理分为电子数字式电能表、磁电式电能表、电动式电能表和感应式电能表,其中测量交流电能的感应式电能表是使用数量最多、应用范围最广的一种。感应式电能表按其相数分为单相和三相两种,并有直接式(直接接入)和间接式两种。

一、电能表发展历程

电能表出现和发展已有100多年的历史了。由于感应式电能表具有结构简单、操作安全、价格低廉、坚固耐用、便于批量生产且使用维修方便等一系列优点,所以发展很快。现代感应式电能表有几十个品种和规格,由于其准确度等级达到0.5~0.2级,且具有相当的功能,因而得到普遍的应用。

随着电子技术、电子元件的发展及电力市场对电能计量、运营管理需求的不断提高,出现了各种用途的机电式电能表,如脉冲电能表、复费率电能表和预付费电能表等。机电式电能表沿用了感应式电能表的测量机构,其数据处理机构则由电子电路和计算机控制系统实现,因而机电式电能表是一种半电子式电能表。现行的机电式脉冲电能表、复费率电能表和预付费电能表等可初步满足我国现行电价制的要求,基本解决自动抄表、收费等问题,但若想进一步提高其计量精度、扩展计量功能,更好地满足发电上网、电网运营管理和供电营销的需求则显得力不从心了。

随着微电子技术的迅猛发展,微机技术的应用得到普及,电能计量专用芯片可实现批量生产。在20世纪70年代瑞士诞生了一种全新的电能表——电子式电能表,它不再使用感应系测量机构,而是由乘法器来完成对电功率的测量。由于它没有传统电能表上的旋转机构,因而又被称为静止式电能表或固态电能表。近年来,各种规格的电子式电能表不断推出,基本满足了我国电力行业有关标准规定的要求。

电子式电能表的核心计量芯片按工作原理可分为两种:一种是采用DSP技术、以数字乘法器为核心的数字式计量芯片,它运用了高精度快速A/D转换器、可编程增益控制等最新技术;另一种是以模拟乘法器为核心的模拟计量芯片。这两种芯片的基本工作原理有根本的不同,在计量精度、线性度、稳定性、抗干扰性、温度漂移和时间漂移等方面,数字式芯片远远优于模拟式芯片。

以数模混合数字信号处理技术为核心的一系列适用于不同场合的常用单相和三相电能计量芯片有:①普通单相电能计量芯片AD7755;②复费率、预付费及集中抄表单相专用芯片AD7756;③防窃电单相专用电能计量专用芯片AD7751;④数字式单相视在电能表计量芯片 CS5460A；⑤普通功能三相电能计量芯片 ADUC812；⑥高精度多功能三相电能计量芯片 AD73360；⑦低成本、多功能三相电能计量芯片 AD7754；⑧数字式三相视在电能表计量芯片 ADE7753 等。

　　总之，电子式电能表以它的精确度高、稳定性好、可高倍过载、功能扩展性好和环境适应性强等优势已被电力企业和用户广泛认可与接受，由电子式电能表取代机械式电能表已是大势所趋。

二、交流感应式电能表的结构和作用

　　感应式电能表由电磁机构、转动元件、制动元件、计数器等组成。如图 6-1（a）所示。

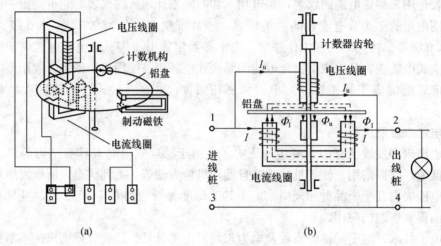

图 6-1　单相感应式电能表

（a）结构图；（b）原理图

　　（1）电磁机构。电磁机构是电能表的核心部分，是电能表的驱动部分，由电压线圈及其铁芯和电流线圈及其铁芯组成。电压线圈与负载并联，电流线圈与负载串联。电磁机构的作用是产生转矩，当把两个固定电磁铁的线圈接到交流电路时，便产生交变磁通，使处于电磁铁空气隙中的可动铝盘产生感应电流（涡流），此电流受磁场的作用而产生转动力矩，驱使铝盘转动。

　　（2）转动元件。转动元件由可动铝盘和转轴组成。转轴固定在铝盘的中心，并采取轴尖轴承支承方式。当转动力矩推动铝盘转动时，通过蜗杆、蜗轮的作用将铝盘的转动传递给计数器计数。

　　（3）制动元件。制动元件是一块可以调整位置的电磁铁，由永久磁铁和可动铝盘组成。电能表若无永久磁铁的制动转矩，当铝盘受到一个转矩时，会产生一个角加速度，铝盘会越转越快。装设制动元件后，可使铝盘的转速与负载功率的大小成正比，从而使电能表能用铝盘转数正确反映负载所耗电能的大小。

　　（4）计数器。计数器由蜗杆、蜗轮、齿轮和字轮组成。当铝盘转动时，通过蜗杆、蜗轮和齿轮的传动作用，同时带动字轮转动，从而实现计算电度表铝盘的转数，达到累计电能的目的。

三、交流感应式电能表的工作原理

　　如图 6-1（b）所示，电能表接入电路后，电压线圈两端加的是线路电压 U，电流线圈

通过负载电流 I，如果负载是感性的，则 I 滞后 U 一个功率因数角 φ 角。负载电流 I 使其铁芯中产生磁通 Φ_1，Φ_1 与 I 成正比且同相位；电压 U 加在电压线圈两端，使电压线圈上流过电流 I_U，I_U 使其铁芯中产生磁通 Φ_U，Φ_U 与 U 成正比且滞后于 $U 90°$（Φ_U 与 I_U 同相位）。在时间上有一个相位差角的交变磁通 Φ_1 与 Φ_U 穿过铝盘，在铝盘内分别感应出滞后于它们的电动势 E_1 和 E_U，E_1 和 E_U 又分别在铝盘上感应出涡流。作用在铝盘上的诸磁通和涡流产生合成转矩 M 使铝盘逆时针转动起来。合成转矩的大小与负载电路的有功功率成正比，即

$$M = C_1 P \text{ 或 } M = C_1 UI\cos\varphi \quad (C_1 \text{ 为常数})$$

当铝盘转动时，便切割制动磁铁（永久磁铁）的磁力线，也在铝盘内产生涡流，涡流与永久磁铁磁场相互作用而产生与作用转矩 M 方向相反的制动转矩 M_Z（也叫作反作用转矩）。M_Z 与转盘的转速 n 成正比，即

$$M_Z = Kn$$

当作用转矩 M 与制动转矩 M_Z 相等时，即 $C_1 P = Kn$，则铝盘以恒定的速度转动，$n = \dfrac{C_1 P}{K}$，说明负载有功功率 P 越大，铝盘转动的越快，成正比的关系。实际中要测的是一段时间内的电能 $W = Pt = K/C_1 nt$，nt 是 t 时间内铝盘的转数。因此通过计数器把铝盘的转数记录下来便可得到负载消耗的电能。

通常把比例常数 C 的倒数 C_0 称为电能表常数，即

$$C_0 = 1/C = N/W(\text{r/kWh})$$

C_0 的物理意义是：电路中每消耗 1kWh（1 度电）的电能，铝盘所转过的圈数。

负载越大，涡流越大，铝盘转动越快，用电能数越多。不用电时，铝盘应不转，如果铝盘还转，说明电能表没校验好。

单相电能表具有一套电磁系统和一个固定在转轴上的铝盘，统称为单元件。如果把三套电磁系统和三个固定在同一轴上的铝盘装在一块表内，则构成三元件感应式电能表，转轴带动记数器所积累的数字便是三相电路中的总电能。

四、电能表的选择

1. 电能表型号的选择

根据测量任务的不同，电能表型号的选择也有所不同。对于单相、三相、有功和无功电能的测量，都应选择与之相适应的电能表。在国产电能表中，型号中的前后字母和数字都表示不同的含义。其中第一个字母 D 代表电能表，第二个字母中的 D 表示单相、S 表示三相、T 表示三相四线、X 表示无功，后面的数字代表产品设计型编号。

2. 额定电流、电压的选择

在电能表的铭牌上，均标有额定电压、标定电流和额定最大电流。其中的标定电流只作计算负载的基数，而在最大电流下，应能长期工作，其误差和温升等均能完全满足规定的要求，并用括号形式将额定最大电流值标在标定电流值的后面。例如 DD28 型电能表，在铭牌中标有 2（4）字样，则该表的标定电流为 2A，额定最大电流为 4A。当后者小于前者的 150% 时，通常只标明前者。因此，对电能表的额定电压、电流进行合理选择的原则是应使电能表的额定电压、额定最大电流等于或大于负载的电压、电流。但电能表不允许安装使用在 10% 额定负载以下的电路中。

五、实用倍率的计算

电能表的示数只有乘上实用倍率后才能得到所测的电能，实用倍率可由下式计算

$$b = \frac{K_{\mathrm{I}} K_{\mathrm{U}} B}{K_{\mathrm{L}} K_{\mathrm{Y}}}$$

式中　K_{I}、K_{U}——与电能表联用的电流、电压互感器的额定变比；

　　　K_{L}、K_{Y}——铭牌上标注的电流、电压互感器变比，未标明时为 1；

　　　　　B——电能表本身的倍率，未标明时为 1。

六、电量的抄读

（1）负载功率正向输送，正转的电能表测得的电量为

$$W = (W_2 - W_1)b$$

式中　W_1——前次抄读数；

　　　W_2——本次抄读数；

　　　b——实用倍率。

若本次抄读数小于前次抄读数，说明正转电能表的计度器各位示值超过 9，若计度器整数位为 m，这时测得的电量为

$$W = [(10^m + W_2) - W_1]b$$

（2）负载功率反向输送使电能表反转，或者负载功率正向输送使有错误接线的电能表反转，当电能表各指示值没有同时经过零值时，本次抄读数必定少于前次抄读数，测得的电量为负值，按上式计算。若各位示值同时经过零值，则本次抄读数可能小于、等于或大于前次抄读数，测得的电量为

$$W = [(W_2 - 10^m) - W_1]b$$

七、电子式电能表

电子式电能表测量的有功电能是有功功率与时间的乘积，与感应式电能表完全一样，不同的是电子式电能表的测量是对被测 U 和 I 先经电压输入电路和电流输入电路转换，然后通过模拟乘法器将输入转换后的 U 和 I 相乘得到所测电量。

单相电能计量是由一个乘法器得到功率乘积模拟量，然后经 U/f 转换成数字量，再通过时间 t 积分而得到的。三相有功电子式电能表是通过两个或三个模拟乘法器分别将每一相的有功功率运算成与这一个单相有功功率成正比的模拟电压信号 E_n，通过模拟加法器将两个电压信号 E_1、E_2 或者三个电压信号 E_1、E_2、E_3 相加获得一个和 E_0，模拟电压信号 E_0 与三相有功功率 P 成正比，模拟量 E_0 通过 U/f 或 I/f 转换成数字脉冲输出，经计数器累计数去驱动数字显示器或步进电机式机械计度器把三相三线电能数值或三相四线电能数值显示出来。

电子式电能表取消了传统电磁感应式电能表的仪表转盘，故称之为静止式电能表。

全电子式电能表是在数字功率表的基础上发展起来的，它采用乘法器实现对电功率的测量，其工作原理如图 6-2 所示。被测的高电压 U、大电流 I 经变换器转换后送至乘法器完

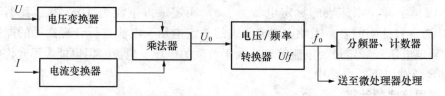

图 6-2　全电子式电能表的工作原理图

成电压和电流瞬时值的相乘，输出一个与一段时间内的平均功率成正比的直流电压 U_0，然后利用 U/f 转换器转换成相应的脉冲频率 f_0，f_0 正比于平均功率，将该频率分频，并通过一段时间内计数器的计数，显示出相应的电能。

八、几种特殊功用的新型电能表和互感器

1. 具有电能计量综合误差自动跟踪补偿功能的多功能电能表

目前，电网中各计量点电量的结算是以计量点在线电能表的读数为依据来进行统计的，而对各计量点电量的追补则是根据对该计量点电能计量装置的综合误差进行考核后最终确定的。以前通常采用人工方法对综合误差进行计算、更正并对计量点的电量进行追补，这样不仅工作繁琐而且得到的计算结果与实际结果并不相符，两者存在着较大的误差。

随着计算机技术的发展及其在仪器仪表中的应用，目前在先进的多功能电能表中增设了对所在电能计量点综合误差自动动态补偿功能，既保证了综合更正的准确性，又避免了复杂的计算。如澳洲 REDPHASE 的多功能电能表 EDM12000-0400 的软件中提供了一个系统更正曲线菜单，可以访问、输入和修改测量系统中外部互感器全部量限的幅值及相位的更正值。在实际运行中，该电能表通过对实时运行负荷的准确测量，可以及时准确地将电能表和互感器在该实际负荷点的误差以及 TV 二次回路压降误差（事先已输给电能表中）在测量过程中自动进行相应地更正。

开发和利用 EDM12000 系列多功能电能表综合误差自动动态补偿功能的实践证明，它可以改变过去对电能计量装置综合误差人工合成计算的繁琐方法和按平均运行负荷计算来更正电量的近似方法，因而大幅度地提高了电量统计、结算的效率和准确可靠性。同时，该功能还可通过人工干预来保证在电能计量装置综合误差的各项或某项误差改变时实时进行跟踪补偿，从而保证了电能计量读数值的准确可靠。

2. 电子式基波电能表

现在，非线性负载电力用户电能表的计量结果是其非线性负载消耗的基波电能与谐波电能的代数和。由于谐波电能是负值，那么计量出的非线性负载消耗的实际电能将小于它从电网中吸取的基波电能，也就是说，非线性负载回馈给电网的谐波电能不仅无用，反而有害。在计量时，从非线性负载在电网中吸取的基波电能中扣除回馈给电网的谐波电能这种计量结果肯定是不合理的。专家们已成功地解决了如何对非线性负载用户合理、准确进行计量的问题。此后，他们对试验用电子式基波电能表的性能加以改进后使其产品化。

3. 电子式坡印廷电能表

电子式坡印廷电能表根据坡印廷矢量原理制成，它由同心母线式传感头及测量电路组成。同心母线式传感头是一种将电流互感器和电压互感器的功能集为一体的装置，此传感头结构简单、易于制作、性能价格比高，特别适合对高电压、低功率因数负载进行电能计量和单相功率、三相功率的测量。同时，它还具有工作频率范围宽（不难达到 10kHz）、电流过载能力强（可达几十倍）、充以压缩空气或 SF_6 气体可用于超高压系统中、精确度为千分位数量级、在低功率因数负载下仍能保持高精度等特点。

4. 电子式多功能视在电能表

根据现场调研和抽测统计结果可知，现在低压非大工业用户和居民用户的售电量占总售电量的比例已从过去的 10% 左右上升到了 30% 以上，其平均功率因数已从过去的 0.8 左右下降到 0.6 左右。通过计算得知，这两类用户因无功负荷引起的有功电量损耗已超过其有功

负荷引起的有功电量损耗。由于国家电价规定这两类用户不执行功率因数调查办法，只按在装变压器容量收取基本电费和电量电费，这样不仅减少了供电企业合理的电费收入，而且还造成配电网线损率居高不下。为了解决这一问题，近年来我国一些厂家先后研制出了电子式单相视在电能表、电子式双费率（黑、白）单相视在电能表和电子式三相最大需用容量视在电能表等。这三种视在电能表分别选用了专用电能计量芯片和 AVR 单片机数据处理芯片，单片机通过由专用电能计量芯片测量出的电压、电流有效值来计算视在功率，然后按电能表脉冲常数输出脉冲来驱动计数器，从而累计和显示出设计规定的电量和容量。

第二节　电能计量装置的接线与安装

电能表作为电能测量的计量电器，是低压配电盘或配电箱的主要组成部分。照明配电箱（盘）中单相电能表用得较多，动力箱（盘）中三相电能表用得较多。电能表接线时要注意电能表的电流线圈必须串联在相线中或接在电流互感器的二次侧；电压线圈必须并联在相电压或线电压上，也可接在电压互感器的二次侧；互感器的二次侧接至电能表的极性也不能接错，否则会造成电能表倒转、不转；电流互感器二次的"S2"或"－"端禁止接地，否则会烧坏电能表；高压电能表中端子连片必须断开、电流互感器二次的"S2"或"－"端必须接地。

一、单相电能表的接线

测量照明等电流不大的单相电路，可采用单相电能表直接接入电路，因为是直接接入，所以与端子 1 相连的连片不可拆下来，否则电能表不转。测量电流较大的电路时，可采用与电流互感器配套的单相电能表，由于连片没有断开，S2 禁止接地，电流互感器 P1、P2、S1、S2 分别为一、二次线圈的首端和尾端，不要接错，以防电能表反转。

单相电能表有四个接线柱，自左向右按 1、2、3、4 编号，1、3 两个接进线，2、4 两个接出线，有跳入式接线方式和顺入式接线方式两种接线方式。

1. 跳入式接线方式

相线与中性线相隔一个接线柱，即 1 接相线进线，3 接中性线进线，2 接相线出线，4 接中性线出线。如图 6-3 所示。

2. 顺入式接线方式

相线与中性线的进线相邻，即 1 接相线进线，2 接中性线进线，3 接相线出线，4 接中性线出线。如图 6-4 所示。

对于单相电能表的接线方法已确定的，在使用说明书中有说明，在接线端盖的背面也有接线图，还可用万用表的电阻挡来判断电能表的接线。单相电能表接线时要满足以下要求：

（1）按负载电流大小，选择好适当截面积的导线，电能表标定电流应等于或略大于负载电流。

（2）相线应接电流线圈首端，中性线应一

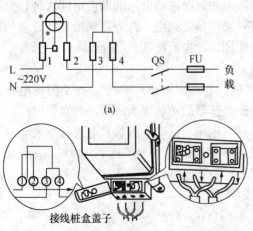

接线桩盒盖子

(b)

图 6-3　单相电度表跳入式接线

（a）接线原理图；（b）实物图

进一出，相线、中性线不得接反，否则会造成漏计电量且不安全。

（3）电能表电压联片（电压小钩）必须连接牢固。

（4）开关、熔断器应接负载侧。

二、单相电能表的安装

按照单相电能表的配线安装图安装、连接线路，如图6-5所示。

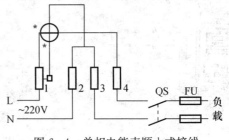

图6-4 单相电能表顺入式接线

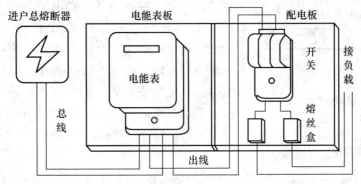

图6-5 单相电能表的配线安装线路图

1. 电能表的表身固定

用三只螺钉以三角分布的方位，将木制表板固定在实验台上或墙壁上，注意螺钉的位置应在能被表身盖没的区域，以形成拆板应先拆表的操作程序。将表身上端的一只螺钉拧入表板，然后挂上电能表，调整电能表的位置，使其侧面和表面分别与墙面和地面垂直，然后将表身下端的螺钉拧上，再稍作调整后完全拧紧。

2. 电能表总线的连接

电能表总线应采用截面积不小于 $1.5mm^2$ 的铜芯硬导线，必须明敷在表的左侧，且线路中不准有接头。进户总熔断器盒的主要作用是电能表后各级保护装置失效时，能切断电流，防止故障扩大，它由熔断器、接线桥和封闭盒组成，接线时，中线接接线桥，相线接熔断器。

3. 电能表出线的连接

电能表的出线敷设在表的右侧，与配电板相连。总配电板由总开关和总熔丝组成，在电路发生故障或维修时切断电源。

三、三相电能表的接线方式

1. 三相电能的测量

（1）用单相电能表测量。在三相负载对称的电路中，可用一只单相电能表测量三相中任意一相的电能，设读数为 W，则三相总电能 $W_总=3W$。

在三相负载不对称的电路中，可用三只单相电能表分别测量每相中的电能 W_1、W_2、W_3，则三相总电能 $W_总=W_1+W_2+W_3$。

（2）用三相电能表测量。在用于动力和照明混合供电的三相四线制系统中常采用三元件的三相四线电能表测量电能；在三相三线制系统中，可用装在一块表内的两元件三相三线电能表测量电能。

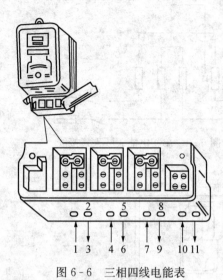

图 6-6 三相四线电能表
接线端子示意图

2. 三相电能表的接线方式

（1）直接接入式接线。三相四线有功电能表有 11 个接线端子，从左至右由 1 到 11 依次编号，如图 6-6 所示。三相四线电能表的直接式接线遵循接线端子 1、4、7 进线，3、6、9 出线的原则。中性线的接法对不同型号的电能表略有不同，一般情况下接一进一出两根中性线；有的只有一个接中性线端子，则只需接一根中性线即可。

三相三线有功电能表有 8 个接线端子，从左至右由 1 到 8 依次编号。三相三线有功电能表的直接式接线遵循接线端子 1、4、6 进线，3、5、8 出线的原则。

（2）间接式接线。直接接入式三相有功电能表所能接入的电流有限，所以实际工种中，80A 及以下一般采取直接接入电能表方式，80A 以上采用经电流互感器接入电能表的方式。图 6-7 是经电流互感器分相接入三相四线表，图 6-8 所示是经电流互感器分相接入三只单相表，计费电能表要用专用接线盒。

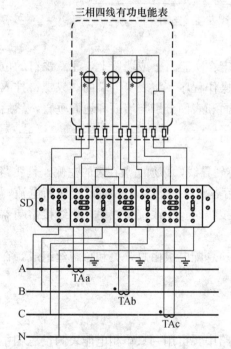

图 6-7 经电流互感器分相接入三相四线表

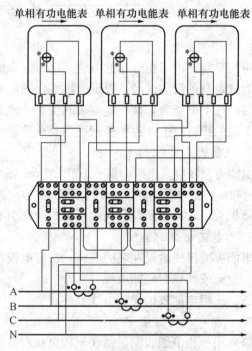

图 6-8 经电流互感器分相接入三只单相电能表

3. 接线要求

（1）选择连接导线：电流回路应采用不小于 $2.5mm^2$ 的绝缘单芯铜导线，电压回路应采用不小于 $1.5mm^2$ 的绝缘铜导线。

（2）电流互感器的一次额定电流应符合负载电流的要求，三只或两只电流互感器的变比应相同；接线时极性不能接反；电流互感器的铁芯、外壳及二次端应接地或接零。

（3）按正相序接线，三相四线电能表中性线必须接入，而且中性线、相线不能接反。

4. 三相有功电能表的安装

三相电能表的安装要求同单相电能表。

四、计量装置安装接线要点

1. 电能表选择原则

（1）为提高低负荷计量的准确性，应选用过载 4 倍及以上的电能表。

（2）经电流互感器接入的电能表，其标定电流宜不超过电流互感器额定二次电流的 30%，其额定最大电流约为电流互感器额定二次电流的 120%。直接接入电能表的标定电流应按正常运行负荷电流的 30% 左右进行选择。

（3）电能表的额定电压应与供电线路电压相符。

2. 互感器的选择原则

（1）互感器实际二次负荷应在 25%～100% 额定二次负荷范围，电流互感器额定二次负荷的功率因数应为 0.8～1.0；电压互感器额定二次功率因数应与实际二次负荷的功率因数接近。

（2）电流互感器额定一次电流的确定，应保证其在正常运行中的实际负荷电流达到额定值的 60% 左右，至少应不小于 30%。

（3）电流互感器的额定电压与被测供电线路额定电压等级相符，电压互感器的一次侧额定电压必须与被测供电线路额定电压相符，二次侧额定电压值必须与电能表额定电压值相对应。

3. 电能表、互感器固定安装

（1）电能表固定安装。

1）电能表距计量柜或箱外壳的距离及电能表与电能表之间的间距均不得小于 10cm。电能表与试验端钮盒之间的垂直距离不应小于 4cm，试验盒与周围壳体结构之间的间距不应小于 4cm，电能表距离载流导线电流达 100A 以上时不应小于 20cm。

2）安装在电能计量柜或箱内的电能表应垂直安装，不得前后左右倾斜，电能计量柜或箱壳体倾斜不得超过 3°，电能计量表倾斜不得超过 1°。

（2）互感器固定安装。

1）电流互感器的安装位置应便于接线、检查及更换，安装固定牢靠，互感器外壳的金属外露部分应良好接地。

2）穿心式电流互感器的一次绕组多于 1 匝时，必须使用绝缘导线绕制，并且必须在互感器铁芯上分布均匀，以免产生附加误差。

3）电流互感器二次侧不允许开路，对双二次电流互感器只用一个二次回路时，另一个次级应可靠短接。

4）低压电流互感器的二次侧可不接地。

5）低压电流互感器极性接线螺钮应拧紧，严防松动。

6）互感器二次回路的连接导线应采用铜质单芯绝缘线。对电流二次回路，连接导线截面积应按电流互感器的额定二次负荷计算确定，至少应不小于 4mm²。对电压二次回路，连接导线截面积应按允许的电压降计算确定，至少不小于 2.5mm²。

4. 电能计量装置的接线方式

（1）接入中性点绝缘系统的电能计量装置，应采用三相三线有功、无功电能表。接入非中性点绝缘系统的电能计量装置，应采用三相四线有功、无功电能表。

（2）接入中性点绝缘系统的三台电压互感器，35kV 及以上的宜采用 Yy 方式接线，35kV 及以下的宜采用 Dd 方式接线。接入非中性点绝缘系统的三台电压互感器，宜采用 Y0y0 方式接线。其一次侧接地方式和系统接地方式相一致。

（3）低压供电，负荷电流为 50A 及以下时，宜采用直接接入式电能表；负荷电流为 80A 以上时，宜采用经电流互感器接入式的接线方式。

（4）对三相三线制接线的电能计量装置，其两台电流互感器二次绕组与电能表之间宜采用四线连接。对三相四线制连接的电能计量装置，其三台电流互感器二次绕组与电能表之间宜采用六线连接。

（5）多路电源供电，一般为多路同时供电和主、备切换供电两种情况，不论哪种情况，大多是在每路电源上各装一套计量装置，其接线同单路电源一样。

5. 二次回路敷设安装

（1）二次回路敷设原则。

1）电能表和互感器二次回路宜采用不同颜色的导线，一般为黄、绿、红、浅蓝代表 U、V、W、N 相序。

2）二次回路布线必须合理、整齐、美观、清楚。在导线与端钮连接处，应字迹清楚，与安装图纸相符的编号牌。

3）二次回路的导线绝缘不得损伤，不得有断头、接头，导线与端钮的连接必须拧紧，接触良好。

4）二次回路的电压单元与电流单元回路应分别进入电能表。

（2）二次回路敷设步骤、方法。

1）检查作二次回路用绝缘导线的材质、颜色、截面积是否符合要求。

2）核对低压电流互感器和电能表安装位置，并认真核对图纸，制定具体实施方案，确定单根二次导线所需长度，并剪断导线，且使导线稍有余度。

3）逐相逐根敷设电流回路二次导线，且做好每根导线标记。

4）逐相逐根敷设电压回路二次导线，且做好每根导线标记。

5）整理、绑扎、固定二次导线，使其整齐、美观、合理、清楚。

6）削剥二次导线线头，削剥长度符合要求；正确连接电流互感器二次桩头和接入电能表，使二次线头不外露，对使用带电压连片的电能表还须用二次导线连接一次线与电流互感器的 S1 桩头。

7）二次导线连接好后，应用万用表或测试灯进行测试，测试每根导线是否通路、接点是否正确。

第三节　电能计量装置的误接线判断及防窃电技术

一、电能计量装置误接线判断的方法和步骤

电能计量装置接线的判断分析，常用方法有力矩法和相量图法两种。

（一）力矩法

1. 基本原理

力矩法是将正确接线的功率表达式和各元件的表达式列出，分解影响快慢的因素，在实际判断中可变动一些因素，并与正确接线相应的情况比较，以判断接线的正误。

为了进一步判断分析和求出更正系数，以便退补电量，常常需要查清实际的接线，列出功率表达式，这样便可求出更正系数 $K=P/P'$（P 为正确接线应计的电量，P' 为错误接线后实际计到的电量），然后，可据此算出退补电量，即

$$\Delta W = W'(K-1)$$

式中　ΔW——应退补电量，正数为应补电量，负数为应退电量；

　　　　W'——错误电量。

2. 检查判断步骤

（1）测试。对被检查判断的电能表，在安装好后要对接线检查一遍，还应通电作一些简单测试，先排除一些影响因素。通常，先测量一下相序，确定电能表电压接入相序（要判断出正相序、逆相序），使接线保持正相序；用相序表的黄、绿、红三个表笔分别接在电能表表尾端的 U1、U2、U3 端子上，判断出是正相序还是逆相序。根据判断出的相序结合上面的 U 相或 V 相，就可以确定电能表表尾端三个电压分别接入到 U、V、W 相的哪一相。然后确定三相四线表 U 相接入端、确定三相三线表 V 相接入端；对三相四线表：测量参考电压 U_U 与表尾端各相电压之间的电压差，若某相电压与参考电压 U_U 之间的电压为 0V，则对应这相就是 U 相；对三相三线表：测量接地线与表尾端各相电压之间的电压差，若某相电压与接地线之间的电压为 0V，则对应的这相就是 V 相。通过测量各相电压或三相线电压，可查出是否有电压互感器的熔断器熔断或其他断电压的情况，同时还可检查三相电压值是否大致平衡，如相差较大，则有可能是互感器极性接反。

（2）力矩法检查。用断开三相两元件电能表中相电压和互换 U、W 相电压方法判断，此法简单易行。断中相电压时应大致走慢一半，而 U、W 相电压对调时应几乎停走。

（3）画出接线相量图。参照正确的相量图，如图 6-9 所示，根据测量到的电压与电流之间的角度，画出相量图。

先根据接线查出每个元件所加的电压和电流，查时要注意电能表和互感器的极性标志。例如，电能表电压线圈有极性标志"·"或"＊"的加电压 U_U，另一端加电压 U_V，则所加电压为 U_{UV}（即 U_U-U_V），反之，则所加电压为 U_{VU}（即 U_V-U_U）或 $-U_{UV}$，电能表电流线圈有"·"或"＊"极性标志的为电流流入端，电流互感器一次 P1 流入，则其同极性标志 S1 便为流出。然后画出每一元件所接电压和电流的相量图，画时可假定功率因数为感性，滞后一 ψ 角。ψ 角不需要有确定值，其不影响结果。

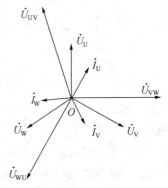

图 6-9　电能表正确的相量图

（4）列出表达式。根据相量图上驱动元件线圈上加的电压、电流及其夹角列出实际电能表的错误功率计算表达式，$P'=P_1+P_2+P_3$，然后进行分析，也可以将特定条件（主要是功率因数角）代入表达式和实际测试结果对照，例如合上空载变压器（使功率因数小于 0.5）试验，再将功率因数小于 0.5 即 ψ 角大于 60° 滞后代入表达式的结果与试验情

况进行比较。

（5）求出更正系数 K

$$K = P/P'$$

（6）根据相量图，画出现场实际电能计量装置联合接线原理图。

（7）更正接线。

（8）计算追补电量

$$\Delta W = W'[K(1-\gamma)-1]$$

式中　W'——电能表在异常接线下的电能；

　　　K——更正系数；

　　　γ——电能表在异常接线下的相对误差。

（二）电能计量错误接线相量图分析法

力矩法检查方便，容易判断接线是否有误，但错在哪里，在复杂情况下可能难以确定，此时可用相量图法来加以判定。

1. 相角表法

将被测电压、电流接入相角表，则能读出两者间的夹角（相角）以及超前、滞后情况，然后画图判断。例如一只三相三线两元件表，第一元件测出电流（以相量 $\dot{I}'_U$ 表示）超前 $\dot{U}_{UV}120°$，第二元件 $\dot{I}'_W$ 超前 $\dot{U}_{WV}10°$，此时相量图如图 6 - 10 所示。

由相量图分析得出：第二元件接线是正确的，$\dot{I}_W$ 的功率因数角为 $20°$；$\dot{I}_U$ 的电流方向接反了，因为 $\dot{I}_U$ 的功率因数角在超前和滞后 $\dot{U}_U0°\sim90°$ 的范围内，如为超前，则与 $\dot{U}_{UV}$ 的夹角最大仅 $60°$，不可能为 $120°$，且 W 相的功率因数是滞后的，两相功率因数不会相差这样大；如 $\dot{I}_U$ 与 $\dot{U}_U$ 的功率因数角滞后，当 ψ_a 角为 $90°$ 时，虽与 $\dot{U}_{UV}$ 夹角也为 $120°$，但测量值超前 $120°$，所以判断 $\dot{I}_U$ 接反了，其功率因数角应为 $120°$；那么是否会是 $\dot{I}_U$ 和 $\dot{I}_W$ 对调了呢？若是，则 $\dot{I}_U$ 变成超前 $\dot{U}_U100°$，这不可能，因为最大只能超前 $90°$，因此，判断是 $\dot{I}_U$ 接反了。

2. 六角图法

方法。先用相序表测出相序，确定为正相序：UVW、VWU 或 WUV，接着用功率表或有功电能表进行测试。秒表法测 U_{UV}、I_U 和 U_{WV}、I_U 及 U_{UV}、I_W 和 U_{WV}、I_W 组合的功率值（也可测量其他组合的功率值），将同一电流在两个电压上测出的功率值，分别在相应两电压相量上截取线段（按同一比例），最后在两个截点处分别作垂线相交，交点与中性点 O 相连，即为电流相量。此时要注意的问题如下：

1）如测出的功率为负值，则应在电压相量延长线上，即为电压的反相量（原电压相量翻转 $180°$）上截取线段。

2）现场常用电能表测定，即用秒表测出同一转数的秒数 t，然后算出功率值，也可用测出时间的倒数，即 $1/t$ 作为功率值，不必算出真正的功率值。

为便于作图和防止差错，此法常印成现成的图表供作图使用，如图 6 - 11 及表 6 - 1 所示。错误接线判断也可用查找仪查找。

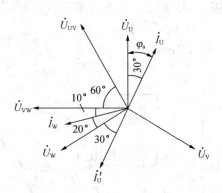

图 6-10　三相三线有功电能表
错误接线判断相量图

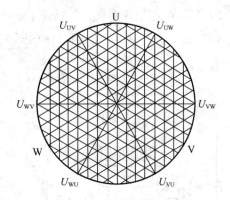

图 6-11　电能表六角图法检查图

表 6-1 　　　　　　　　　　　**电能表六角图法检查表**

电表名	有功		无功		试验测定数据			
厂名				电压	$U_{UV}=$ V	$U_{VW}=$ V		$U_{WU}=$ V
表号				电流	$I_U=$ A	$I_V=$ A		$I_W=$ A
电压（V）					U_{UV}		U_{WV}	
电流（A）					S/r	功率	S/r	功率
常数（A）			I_U					
铭牌倍率			I_W					
底度			I_V					
TA 比		/A	有功			力矩法		
TV 比		/100V	无功			去掉 V 相电压		全电压
计费倍率			相序测定	正反		S/r		S/r
结论	$P=\dfrac{3600\times TV\ 比\times TA\ 比}{C\times(\times\times S/r)}=$ kW $Q=\dfrac{3600\times TV\ 比\times TA\ 比}{C\times(\times\times S/r)}=$ kvar $\tan\varphi=\dfrac{Q}{P}=$ $\varphi=$ 　$\cos\varphi=$					$I_1=\dfrac{P}{\sqrt{3}U_{1N}\cos\varphi}=$ A			
检查日期：　年　月　日				审核人			检查人	

（三）相量分析举例

下面是三相二元件有功电能表电压互换及 Yy 接线的三相互感器或单相互感器组成极性错误的相量分析和电量更正系数的分析。

1. 三相三线有功电能表电压线互换

（1）U 相和 V 相电压对调。接线图、相量图如图 6-12 所示，此时功率表达式为

$$P_1=U_{UV}I_U\cos(150°-\varphi_U)=-UI\cos(30°+\varphi)$$
$$P_2=U_{WU}I_U\cos(30°+\varphi_W)=UI\cos(30°+\varphi)$$
$$P=P_1+P_2=0$$

（2）V、W 相电压对调。接线图、相量图如图 6 - 13 所示，此时功率表达式为

$$P_1 = U_{UW}I_U\cos(30° - \varphi_U) = UI\cos(30° - \varphi)$$

$$P_2 = U_{VW}I_W\cos(150° + \varphi_W) = -UI\cos(30° - \varphi)$$

$$P = P_1 + P_2 = 0$$

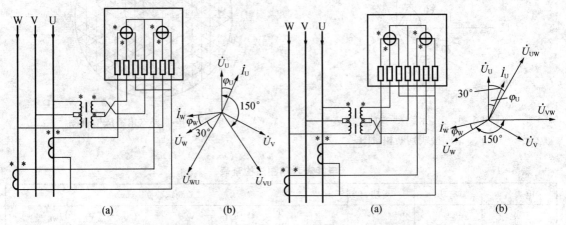

图 6 - 12　U、V 相电压线互换相量图　　　　图 6 - 13　V、W 相电压对调相量图
（a）接线图；（b）相量图　　　　　　　　（a）接线图；（b）相量图

（3）W、U 相电压对调。接线图、相量图如图 6 - 14 所示，此时功率表达式为

$$P_1 = U_{WV}I_U\cos(90° + \varphi_U) = -UI\cos(90° - \varphi)$$

$$P_2 = U_{UV}I_W\cos(90° - \varphi_W) = UI\cos(90° - \varphi)$$

$$P = P_1 + P_2$$

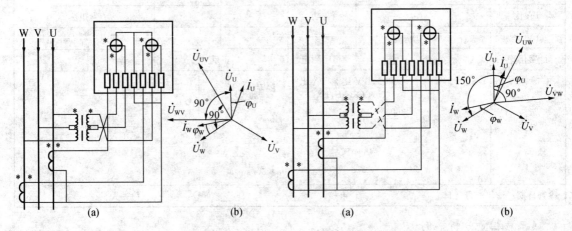

图 6 - 14　W、U 相电压对调错误接线相量图　　图 6 - 15　电能表电压接成 V、W、U 的错误接线相量图
（a）接线图；（b）相量图　　　　　　　　　　（a）接线图；（b）相量图

（4）电能表电压接成 V、W、U。接线图、相量图如图 6 - 15 所示，此时功率表达式为

$$P_1 = U_{VW}I_U\cos(90° - \varphi_U) = UI\cos(90° - \varphi)$$

$$P_2 = U_{UW}I_W\cos(150° - \varphi_W) = -UI\cos(30° + \varphi)$$

$$P = P_1 + P_2 = \sqrt{3}UI\left(-\frac{1}{2}\cos\varphi + \frac{\sqrt{3}}{2}\sin\varphi\right)$$

$$K = \frac{1}{-0.5 + 0.867\tan\varphi} = \frac{2}{\sqrt{3}\tan\varphi - 1}$$

（5）电表电压接成 W、U、V。此时功率表达式为

$$P = \sqrt{3}UI\left(-\frac{1}{2}\cos\varphi - \frac{\sqrt{3}}{2}\sin\varphi\right)$$

$$K = \frac{1}{-0.5 - 0.867\tan\varphi} = -\frac{2}{1 + \sqrt{3}\tan\varphi}$$

2. Yy 接线三相电压互感器或单相电压互感器组成极性接反对计量的影响

（1）U 相极性接反，如图 6-16 所示，此时计量到的功率为

$$P'_1 = U'_{UV}I_U\cos(120° + \varphi_U) = UI\cos(120° + \varphi)/\sqrt{3}$$

$$P'_2 = U_{WV}I_W\cos(30° - \varphi_W) = UI\cos(30° - \varphi)$$

$$P' = P'_1 + P'_2 = UI\cos\varphi/\sqrt{3}$$

$$K = \frac{P}{P'} = \sqrt{3}UI\cos\varphi\Big/\left(\frac{1}{3}UI\cos\varphi\right) = 3$$

（2）W 相接反，如图 6-17 所示，此时计量到的功率为

$$P'_1 = U'_{UV}I_U\cos(30° + \varphi_U) = UI\cos(30° + \varphi)$$

$$P'_2 = U'_{WV}I_W\cos(120° - \varphi_W) = UI\cos(120° - \varphi)/\sqrt{3}$$

$$P' = P'_1 + P'_2 = UI\cos\varphi/\sqrt{3}$$

$$K = \frac{P}{P'} = \sqrt{3}UI\cos\varphi\Big/\left(\frac{1}{3}UI\cos\varphi\right) = 3$$

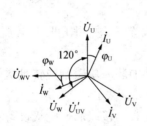
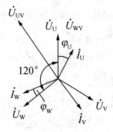

图 6-16　U 相电压　　　图 6-17　W 相电压
极性接反的相量图　　　极性接反的相量图

（3）V 相接反，如图 6-18 所示，此时计量到的功率为

$$P'_1 = U'_{UV}I_U\cos(60° - \varphi_U) = UI\cos(60° - \varphi)/\sqrt{3}$$

$$P'_2 = U'_{WV}I_W\cos(60° + \varphi_W) = UI\cos(60° + \varphi)/\sqrt{3}$$

$$P' = P'_1 + P'_2 = UI\cos\varphi/\sqrt{3}$$

$$K = \frac{P}{P'} = \sqrt{3}UI\cos\varphi\Big/\left(\frac{1}{\sqrt{3}}UI\cos\varphi\right) = 3$$

（4）三相极性都接反，如图 6-19 所示，此时计量到的功率为

$$P'_1 = U'_{UV}I_U\cos(150° - \varphi_U) = UI\cos(150° - \varphi)$$

$$P'_2 = U'_{WV}I_W\cos(150° + \varphi_W) = UI\cos(150° + \varphi)$$

$$P' = P'_1 + P'_2 = -UI(2\cos30°\cos\varphi) = -\sqrt{3}UI\cos\varphi$$

$$K = \frac{P}{P'} = \sqrt{3}UI\cos\varphi/(-\sqrt{3}UI\cos\varphi) = -1$$

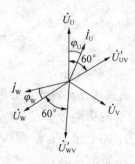

图 6-18　V 相电压
极性接反的相量图

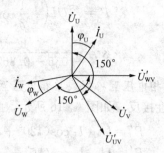

图 6-19　U、V、W 三相
极性都接反的相量图

二、窃电情况

窃电的方法五花八门，防止窃电，首先要了解用户窃电情况，城市窃电一般发生在拆楼房时、使用临时建筑时、个体户用电、分表用电、私营企业；而农村窃电一般发生在趸售用电、边远地区、管理不善的乡村等。窃电的主要目标对象是电能计量装置，分析如下：

（1）直驳窃电。在电能表前的相线直接接相线用电或在电能表进线加接一条导线至用电负荷开关或插座，或者用针刺入相线导体，部分电流不经电能表的电流线圈而窃取部分电能，当其他负荷与这部分负荷同时使用时，不容易发现其窃取电。

（2）短接电能表的电流线圈。在电能表的接线端子把电流线圈短接，使负荷电流分流，电能表会慢转甚至不转，达到少计电量而窃电。

（3）脱开电能表的电压连片。在电能表接线端子上，把电压连片脱开，电压线圈断电，电能表停转，达到少计电量即达到窃电的目的。

（4）在电能表外加装一块磁钢。在电能表外加装一块磁钢使转盘增加阻尼作用，阻止转盘转动，电能表慢转，达到少计电量的目的。

（5）改变电能表的相线和中性线。改变电能表的接线后，电气设备一端接相线另一端接地，使电能表不计量这部分电量达到窃电目的。

（6）私自拆封电能表。对电能表内部的调整装置进行调慢或倒拨电能表记录器，以减少数值达到窃电目的。

（7）带有低压电流互感器的三相四线或三相三线电能表的窃电。将低压电流互感器二次短路、一相或两相短路，三相四线电能表少计 1/3 或 2/3 的电量，达到窃电目的。

（8）带低压电流互感器的电能表更换比原来变比大的电流互感器，保留原来电流互感器的外壳铭牌。如原来为 200/5A 换成 400/5A，电能表记录 1kWh 等于 80kWh，但供电部门按原来 40 倍计算，损失 50％电量，即窃电 50％。

（9）带低压电流互感器的电能表在电流互感器二次侧加入反极性的电流使电能表反转，即用电户用了的电量又被抵消，达到窃电的目的。

（10）低压三相三线有功电能表用于动力用电时容易被窃电，因为三相三线有功电能表第二相没有电流线圈，窃电者接第二相对地用电时，三相三线有功电能表不计量，达到窃电目的。

（11）带低压穿心电流互感器的电能表，在穿心式的电流互感器穿孔穿线加入反向电流使电能表反转，即记录器反转将用电量抵消，达到窃电目的。

（12）当高压电能计量装置电压互感器二次侧装有熔丝时，容易方便用户窃电。因为他们只要除去一相熔丝后电能表就慢转，但有些用户把高压熔断器剪断了一相熔丝，同样能使电能表慢转，达到窃电目的。

（13）高压电能表计量装置电流互感器二次侧被短路，电能表慢转，达到窃电目的。

三、防窃电措施

以上十三种窃电情况证明电能计量装置的设计、安装、维护等，都要采取防止用电户窃电的措施，具体措施如下：

（1）电能计量装置在电能表修试后应加封印，安装后接线盒应加盖封印，表箱也应加封印和加锁。

（2）高压电能计量装置电能表应加封印，接线盒应加封印，专用接线盒应加封印，计量柜应加封印和加锁。

（3）单相电能表接线时必须接第一个接线端子孔。

（4）高压电能表装置的接线必须正确。

（5）对住宅用户采用集中在一层楼装表者，应只出负荷线供给用电户，或集中装在表房内并加锁。

（6）安装防止窃电的电能表，防窃电电能表有单相和三相防窃电的电能表两种。防窃电电能表能在用电户窃电时电能表加倍计量电量来惩罚用户。

（7）电能计量人员加强巡视检查，抄表人员严格抄表核对用电量，检查人员加强检查，及时发现窃电并进行处理。

（8）特别对高压电能计量装置的接线，应加强检查测试，以防止接错线和防窃电接线。

第四节 实 训 课 题

三相四线电能计量装置的安装接线。

1. 实训材料

800mm×1200mm 木板一块、三相四线有功电能表、三相四线无功电能表各一块、联合接线端子盒一个、电流互感器九只（分三种变比）、25mm² 绝缘铜导线、10mm² 绝缘铜导线、6mm² 绝缘铜导线、4mm² 绝缘铜导线、2.5mm² 绝缘铜导线（四色线）、电工工具一套。

2. 实训任务

（1）动力负荷 80kW，根据要求，需安装三相有功、无功电能表联合计量装置。

（2）在 800mm×1200mm 配电盘上安装三相四线有功电能表，三相四线无功电能表、电流互感器和组合接线盒。

（3）完成三相四线计量装置的接线。

（4）操作完毕后整理工具、清理现场。

3. 实训要求

（1）根据提供的负荷，合理选择电能表、互感器和一次导线截面。

（2）元器件安装位置符合规范要求。

（3）正确选用连接导线，接线正确，工艺美观。

（4）工具及测量仪表使用得当，操作步骤正确。

（5）防窃措施齐全、可靠。

（6）浪费材料按规定扣分。

4. 考核标准

表 6-2　　　　　　　　　　　三相四线电能计量装置的安装接线评分表

姓名		单位		考核时限	45min	实用时间	
操作时间		时　分　　　　　至　　　时　分					
项　目		配分	评　分　细　则			扣分	扣分原因
1	元器件选择及安装	25	1. 导线截面积选择错误，每根扣3分				
			2. 元器件安装位置及相对距离不符要求，每处扣2分				
			3. 电能表倾斜超过3°，扣3分				
			4. 电能表、互感器不紧固，扣2分				
			5. TA安装不正确，扣3分				
2	接线正确性	20	1. 错、漏导线，每根扣4分				
			2. 相序错，扣5分				
			3. 导线相色选错，每处扣2分				
			4. 接线错误，扣10分				
			5. TA二次极性反，每处扣5分				
3	布线接线工艺	35	1. 线芯外露，扣1分；压、损坏绝缘，每处扣1分				
			2. 连接松动、接线桩缺垫片，每处扣1分				
			3. 线耳方向不正确、扎带使用不合理，每处扣1分				
			4. 布局不合理、布线不整齐，每处扣1分				
			5. 走线不横平竖直、转弯不是90°，每处扣1分				
			6. 接线盒连接片不正确，致使不能正确计量，每处扣5分				
4	防窃措施	6	1. 接线盒、电能表表尾盖漏封，一处扣2分				
			2. 封印不规范，每处扣2分				
5	安全文明生产	10	1. 操作中存在不安全行为，扣5分；操作完毕后不清理现场、不整理工具，扣4分				
			2. 工具、仪表使用不当，每次扣2分，累计不超过6分				
			3. 造成元件损坏，每次扣5分				
			4. 着装不整齐，每处扣1分				
			5. 操作步骤不合理，每次扣1分				
			6. 浪费材料余线长度超过20cm，每线扣2分				
6	整体布局	4	1. 元件整体布局不协调，扣2分				
			2. 元件整体布局不整齐，扣2分				
配分		100	总分			总扣分	
考评员			考评组长		时间		年　月　日

5. 三相电能计量装置错接线诊断

（1）实训材料。三相电能计量装置（或仿真系统），相位伏安表，相序表，验电笔，电工工具一套。

（2）实训任务：

1）通过直观检查和现场测量（诊断三相电源和负载的对称性），诊断错接线的类型。

2）画出错接线的相量图和接线图，并写出对应错误接线的功率表达式，并计算更正系数和追退电量。

3）根据供电营业规则对用户填写处理单和进行电量电费计算。

（3）实训要求：

1）自选工具和仪器进行测量检查，并记录必要的测量数据。

2）选手在计量装置（仿真系统）盘的正面测量数据。

3）测量检查操作应安全规范。

4）严禁使用带相量图的智能设备。

5）不更正错误接线。

（4）考核标准。

表 6 - 3 　　　　　　　　　三相电能计量装置错接线诊断评分表

姓名		单位		考核时限	30min	实用时间	
操作时间		时　　　分　　　至　　　时　　　分					
项目		配分	评 分 细 则		扣分	扣分原因	
1	工作准备	8	1. 安全帽、工作服、绝缘鞋、验电笔，每缺一项扣2分				
			2. 着装不整齐，扣1分				
			3. 工作前未出示用电检查证，扣3分				
2	测量	22	1. 工具使用不当，扣2分				
			2. 相序表、相位伏安表使用不规范，扣2分				
			3. 带电切换挡位，每次扣5分				
			4. 用错挡位，每次扣5分				
			5. 测量位置不正确，每次扣1分				
			6. 测量方法不正确，扣2分				
3	诊断作图计算	54	1. 误接线诊断错误，扣8分；文字表述不准确，每处扣2分				
			2. 记录字迹不工整，扣2分				
			3. 有功电能表参数、实测数据填写不齐，扣6分				
			4. 误接线相量图绘制错误，扣7分；符号应用和标注不规范，每处扣1分；画图不规范，扣2分				
			5. 误接线接线图绘制错误，扣7分；符号应用和标注不规范，每处扣1分；画图不规范，扣2分				
			6. 误接线功率表达式的推导过程、结果错误，扣7分				
			7. 更正系数计算结果错误，扣7分				
			8. 追退电量计算错误，扣7分				

姓名		单位		考核时限	30min	实用时间	
操作时间			时　分　　　至　　时　分				
项目		配分	评 分 细 则			扣分	扣分原因
4	安全文明	16	1. 操作中存在不安全行为，扣5分				
			2. 操作完毕后不清理现场、不整理工具，扣2分				
			3. 造成设备或仪表损坏，扣5分				
			4. 工序不合理，扣5分				
			5 未填写用电检查处理单，扣5分				
			6. 用电检查处理单填写不规范，扣3分				
5	作业时间		时间一到工作终止，每提前1min加0.5分				
配分		100	总得分		总扣分		
考评员			考评组长		时间		年　月　日

第七章

配电线路施工技术

第一节 配电线路概述

一、配电线路分类

架空电力线路根据输送电能的多少和输送距离的远近，采用不同的电压等级，分为送电线路和配电线路。目前，规定 35～110kV 线路为高压线路，3～10kV 为中压配电线路，380/220V 为低压配电线路。

二、配电线路的组成

（一）杆塔及横担

杆塔是支承导线（包括避雷线）并使它们之间以及与大地之间保持一定距离的构件，是架空电力线路最主要的设备之一。杆塔的材料结构有钢筋混凝土结构、钢结构，通常称钢筋混凝土结构的杆塔为杆，钢结构（包括钢管结构）的称为塔。不带拉线的杆塔称为自立式杆塔，带拉线的称为拉线杆塔。杆塔种类繁多，这里主要介绍 10kV 及以下的配电线路常用杆塔。

1. 杆塔类型

按在线路中的用途和功能，杆塔类型分为直线、耐张、转角、分支和终端五种。

（1）直线杆塔。直线杆塔用来支承导线（包括避雷线）重力及作用于它们上面的风力。导线在直线杆塔处不开断，杆塔中心处在线路呈直线的线段中。直线杆塔的作用仅是悬挂并支承导线（包括避雷线）。

（2）耐张杆塔。耐张杆塔除支承导线和避雷线的重力和风力外，还承受导线、避雷线的张力。当耐张杆塔前后有倒杆断线时应能耐住断线张力而不倒杆塔。

（3）转角杆塔。转角杆塔是用来支承导线（包括避雷线）张力，使线路改变走向形成转角的杆塔。该转角如为耐张型则称为转角耐张杆塔。

（4）分支杆塔。分支杆塔用于高低压配电线路的线路分支处，有耐张分支杆塔，也有直线分支杆塔。

（5）终端杆塔。终端杆塔用于线路起始或终止的地方，一般设在发电厂或变电站的进出线构架前，一侧是线路导线，另一侧与进出线构架相连。

2. 横担

横担是用以安装绝缘子从而支承和悬挂导线的，并使导线间保持一定的距离。要求横担除了满足机械强度的要求外，还要有一定的长度和各种尺寸。制作横担的材料主要有角钢和瓷。钢筋混凝土电杆多用角钢横担，部分高压电线用瓷横担。

（二）基础

基础是将杆塔固定在土壤中的地下装置和杆塔自身埋入土壤中起固定作用的部分。杆塔基础起着支承杆塔全部荷载的作用，并保证杆塔在运行中不发生下沉或在受外力作用时不发生倾倒或变形。杆塔基础有多种，常用的是混凝土基础，一般由底盘、卡盘和拉线盘组成，称为三盘基础。

（三）导线和避雷线

导线用来传输电能，要求导线具有良好的导电性能、抗氧化、抗腐蚀能力，要求有足够的机械强度。

1. 导线的种类

（1）单股导线。一根实心的金属线，一般只有铜线或钢线才做单股导线。

（2）同一种金属的多股绞线。用同一种金属的单线绞合而成的多股绞线，常用的有铝绞线、铜绞线、镀锌钢绞线、铝镁合金绞线等。

（3）复合金属多股绞线。由两种金属的股线绞制而成的多股绞线，如钢芯铝绞线，是在镀锌钢绞线外层再扭绞若干层铝股线，利用铝的导电性能好、机械强度低和钢的导电性能差、机械强度高的特点。由于交流电的集肤效应，电流几乎全部沿铝线截面通过，而钢芯基本不通过电流，仅承担导线的张力。

2. 导线的规格型号

导线型号由汉语拼音字母和数字两部分组成，字母在前，数字在后。

汉语拼音的第一个字母表示导线的材料和结构：L—铝导线、T—铜导线、G—钢导线、LG—钢芯铝导线，后面再加字母时，J—多股绞线，不加字母J表示单股导线。

铝（铜）绞线字母后面的数字表示导线的标称截面积，单位是 mm^2。钢芯铝绞线字母后面有两个数字，斜线上面的数字为铝线部分的标称截面积，斜线下面为钢芯的标称截面。如 LJ-16 表示标称截面积为 $16mm^2$ 的多股铝绞线，LGJ-35/6 表示铝线部分标称截面积为 $35mm^2$，钢芯标称截面积为 $6mm^2$ 的钢芯铝绞线。

3. 导线选择的规定与条件

对于 10kV 主干线或较长的线路首先要考虑电压损失，其次是发热条件。对于低压电网主要考虑发热条件，若线路较长也要考虑电压损失。对于大负荷的各类线路都要考虑发热条件。所有架空导线都必须满足机械强度的要求，我国规定了导线的最小允许截面积，如表 7-1 所示。

表 7-1　　　　　　　　　　导线的最小允许截面积　　　　　　　　单位：mm^2

导线种类	3～10kV 线路		0.4kV 线路	接户线
	居民区	非居民区		
铝绞线及铝合金线	35	25	16	绝缘线
钢芯铝绞线	25	16	16	
铜线	16	16	直径 3.2	绝缘铜线

实际应用时，选用导线截面积还要考虑生产的发展、负荷的增长，适当留有裕度。

（四）绝缘子

绝缘子的作用是使导线和杆塔绝缘，还承受导线及各种附件的机械荷重，要求绝缘子必须有良好的绝缘性能和足够的机械强度。

绝缘子种类很多，主要有针式、蝶式、悬式、瓷横担式、硅橡胶绝缘子等，如图 7-1 所示。

低压绝缘子分针式和蝶式两种，常用于低压线路的直线杆、耐张杆、转角杆、分支杆、终端杆。

高压针式绝缘子有 6、10、15、20、35kV 等额定电压等级，均用在线路的直线杆塔上。

高压蝶式绝缘子可用于耐张、转角、分支和终端杆，多和高压悬式绝缘子配合使用。

瓷拉棒式及瓷横担绝缘子是近年来广泛用在农村 10kV 和 35kV 的导线线号不太大的线路上，前者用在耐张杆上作耐张绝缘子，后者用在直线杆上。

硅橡胶绝缘子是近年来推广使用的新型防污绝缘子，具有体积小、重量轻、抗拉机械强度高、不易破损特点，安装、维护方便，具有良好的防污性能，一般用在 35～220kV 线路上。

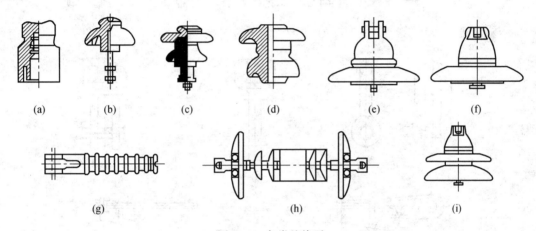

图 7-1　各类绝缘子
(a) 低压针式；(b)、(c) 高压针式；(d) 低压蝴蝶式；(e) 槽型悬式；
(f) 球型悬式；(g) 瓷横担；(h) 硅橡胶绝缘子；(i) 防污型

防污绝缘子是悬式绝缘子的一种，由于构造上增大了瓷质部分尺寸，从而增大了泄漏距离，提高了污闪电压值和防污性能，用在空气污秽严重的地区。

各种绝缘子符号的意义：P—针式、E—蝶式、X—悬式、D—低压。符号后面的数字表示耐压或抗弯抗拉强度，如 P—10 表示针式绝缘子，耐压 10kV；X—3C 表示悬式绝缘子，机电荷载为 3t，槽型连接。

（五）金具

金具是将架空线路绝缘子、导线和避雷线悬挂或拉紧在杆塔上，将导线、避雷线接续起来，以及将拉线固定在杆塔上所用的金属零件。

线路金具按其性能和用途大致可分为悬垂线夹、耐张线夹、连接金具、接续金具、保护金具和拉线金具六大类。

图 7-2 是部分常用金具外形图，图 7-3 是横担固定金具外形图。

（1）悬垂线夹。用于将导线固定在直线杆塔的悬垂绝缘子串上，或将避雷线悬挂在直线杆塔的避雷线支架上。

（2）耐张线夹。螺栓型耐张线夹用于将导线固定在耐张、转角杆塔的绝缘子串上，适用于固定中小截面导线。

用于将避雷线（镀锌钢绞线）固定在耐张、转角杆塔上。

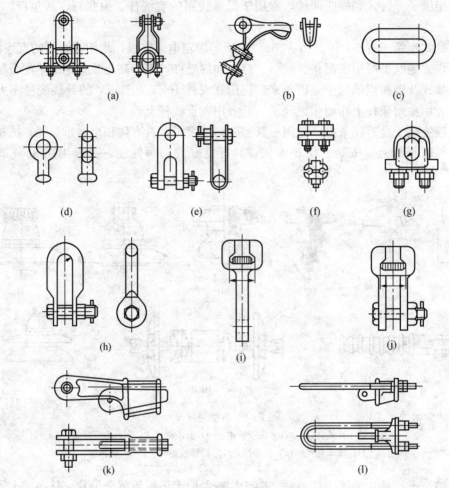

图 7-2　部分常用金具外形图

(a) 悬垂线夹；(b) 耐张线夹；(c) 挂环；(d) 球头挂环；(e) 直角挂板；

(f) 并沟线夹；(g) 钢线卡子；(h) U 形挂环；(i) 单联碗头挂板；

(j) 双碗头挂板；(k) 楔型线夹；(l) UT 型线夹

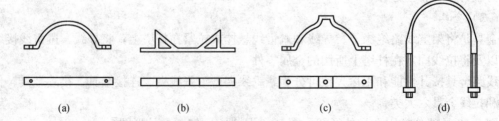

图 7-3　横担固定金具外形图

(a) 圆形抱箍；(b) 横担垫铁；(c) 带凸抱箍；(d) 横担抱箍

（3）连接金具。U 形挂环、二联板、直线挂板、延长环、U 形螺钉等球头挂环、碗头挂板等称为通用金具，用于绝缘子串与杆塔之间、线夹与绝缘子之间及避雷线线夹与杆塔之间的连接，作球窝型绝缘子的专用金具。

（4）接续金具。接续管用于导线或避雷线的接续；补修管用于导线或避雷线的补修；并沟线夹用于导线或避雷线作为跳线时的接续。

（5）保护金具。防振锤用于抑制导线、避雷线的振动，起保护作用。预绞丝护线条用于保护导线。预绞丝补修条用于导线损伤时补修导线。重锤用来抑制悬垂绝缘子串及跳线绝缘子串摇摆角过大及直线杆塔上导线、避雷线上拔。

（6）拉线金具。可调试的 UT 型线夹用于固定和调整杆塔拉线下端；不可调试的 UT 型线夹用于固定杆塔拉线上端。楔形线夹用于固定杆塔拉线上端。拉线二联板用于连接两根组合拉线。

（六）接地装置

接地装置是接地体和接地线的总称。接地体指埋入地中直接与大地接触的金属导体（也称接地极），接地体分人工接地体和自然接地体两种，人工接地体由各种钢材制作敷设在杆塔基础周围地下专为泄导雷电流用的。自然接地体是利用杆塔基础或拉线基础中的金属构件兼作接地体用。接地线是指将杆塔与接地体连接用的金属导体（也称接地引下线），一般用镀锌钢绞线做成。接地体的敷设方法一般分为水平敷设和垂直敷设及复合敷设三种。

（七）拉线

拉线是架空线的重要组成部分，其作用是平衡导线、避雷线水平方向的作用力，承受风力和断线张力，从而稳定杆塔。架空线路中，凡承受固定不平衡荷载比较显著的电杆，如终端杆、转角杆、分支杆等，均应装设拉线，以达到平衡的目的。同时，为了避免线中在大风荷载下被破坏，或在土质松软地区为增加电杆的稳定性，在直线杆上每隔一定距离（一般每隔 5～10 根电杆）应装设防风拉线或装设增强线路稳定性的拉线（十字拉线）。

拉线由拉线金具及拉线本身组成，拉线使用镀锌钢绞线，拉线根据其用途分为以下几种：

（1）普通拉线。普通拉线应用在终端杆、转角杆、分支杆和耐张杆上，用来平衡固定不平衡荷载，如图 7-4（a）所示。

（2）人字拉线。人字拉线由两根普通拉线组成，装在线路垂直方向电杆的两侧，多用于中间直线杆，其作用是加强电杆防风倾倒的能力，如图 7-4（b）所示。

（3）十字拉线。在顺线路方向和横线路方向各安装一组人字拉线，总称为十字拉线。十字拉线一般在耐张杆处装设，目的是加强耐张杆的稳定性。

（4）水平拉线。水平拉线主要是为了不妨碍交通，在拉线需横跨道路时装设的，作法是在道路的另一侧，线路延长线上不妨碍人行的道旁立一根拉线杆，在杆上作一条拉线埋入地下，水平拉线则固定在拉线杆拉线的下方 10cm 处，如图 7-4（c）所示。

（5）共用拉线。直线杆沿线路方向常常出现不平衡张力，如直线杆一侧导线粗，一侧导线细，装设普通拉线又没有条件，只可在两杆间设共用拉线，如图 7-4（d）所示。

（6）V 形拉线。V 形拉线主要用在电杆较高，横担较多、较大的情况下，为使此种电杆受力均匀，可在张力合成点上下两处安装 V 形拉线，如图 7-4（e）所示。

（7）弓形拉线。弓形拉线用于受地形和周围环境的限制不能安装普通拉线的地方，如图 7-4（f）所示。

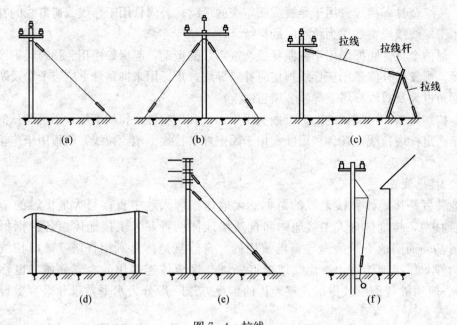

图 7-4　拉线

（a）普通拉线；（b）人字拉线；（c）水平拉线；（d）共用拉线；
（e）V 形拉线；（f）弓形拉线

第二节　登杆操作技术

一、登杆工具

登杆工具分为脚扣和脚踏板两种，脚扣又分为用于登水泥杆带防滑胶套不可调铁脚扣及带胶皮的可调式铁脚扣。

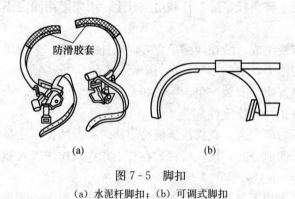

图 7-5　脚扣
（a）水泥杆脚扣；（b）可调式脚扣

1. 脚扣

常用可调式铁脚扣，主要用来攀登拔梢水泥杆，也可用于攀登等径杆，其外形如图 7-5 所示。

2. 脚踏板

脚踏板是用质地坚韧的木材如水曲柳、柞木等，制成 30～50mm 厚的长方体踏板，再用白棕绳将绳的两端系结在踏板两头的扎结槽内，在绳的中间穿上一个铁制挂钩而成。绳长应保持操作者一人加手长，踏板和白棕绳应能承受 300kg 质量，脚踏板的尺寸及使用方法如图 7-6 所示。

二、登杆方法

1. 脚扣登杆

登杆前应对脚扣进行冲击试验，试验时先登一步电杆，然后使整个人体重力以冲击的速度加在一只脚扣上，若无问题再试另一只脚扣，证明两只脚扣都完好时方可进行登杆。

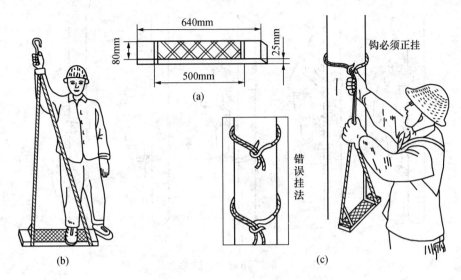

图 7-6 脚踏板

(a) 踏板尺寸；(b) 踏板绳长度；(c) 挂钩方法

　　根据杆根的直径，调整好合适的脚扣节距，使脚扣能牢靠地扣住电杆，以防止下滑或脱落到杆下。登杆时，两手扶杆，用一只脚稳稳地扣住电杆，另一只脚准备提升，若左脚向上跨时，则左手应同时向上扶住电杆，接着右脚向上跨扣、踩稳，右手应同时向上扶住电杆，这时再提起左脚向上攀登。两只脚应交替上升，步子不宜过大，身体上身前倾，臀部后坐，双手切忌按抱电杆。快到杆顶时，要防止横担碰头，待双手快到杆顶时要选择好合适的工作位置，系好安全带。

　　下杆方法基本是上杆动作的重复，只是方向相反。如果水泥杆是拔梢杆，在开始上杆时选择好的脚扣节距在登到一定高度以后，可适当收缩，使其适合变细的杆径，这样才能使脚扣扣牢电杆；在下杆时应逐渐伸展脚扣的节距以适应逐渐增大的杆径。具体调节方法为：若调节左脚脚扣时，右脚踩稳，左脚脚扣从杆上拿出并抬起，左手扶住电杆，右手绕过电杆抓住左脚脚扣上半部拉出或推进到合适的位置，来达到调节的目的，若调节右脚脚扣则相反。脚扣登杆方法如图 7-7 所示。

　　2. 脚踏板登杆

　　上杆前，先检查脚踏板各部分有无缺陷，经试验无问题后再进行登杆。上杆时，先把一只踏板钩挂在电杆上，高度以操作者能跨上为准，另一只踏板反挂在肩上；用右手握住挂钩端双根棕绳，并用大拇指顶住挂钩，左手握住左边贴近木板的单根棕绳，把右脚跨上踏板，然后右手、右脚同时用力使人体上升，待重心转到右脚，左手即向上扶住电杆，如图 7-8 (a) 和 (b) 所示。当人体上升到一定高度时，松开右手并向上扶住电杆使人体立直，将左脚绕过左边单根棕绳踏入木板内，如图 7-8 (c) 所示。待人体站稳后，在电杆上方挂上另一只踏板，然后右手紧握上一只踏板的双根棕绳，并用大拇指顶住挂钩，左手握住左边贴近木板的单根棕绳，把左脚从下踏板左边的单根棕绳内绕出，改成站在下踏板正面，接着将右脚跨上上踏板，手脚同时用力，使人体上升，如图 7-8 (d) 所示。当人体左脚离开下面踏板后，需要将下面的踏板解下，此时左脚必须抵在下踏板挂钩的下面，然后用左手将踏板挂

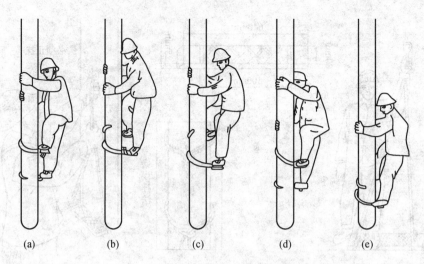

图 7 - 7　用脚扣登杆方法

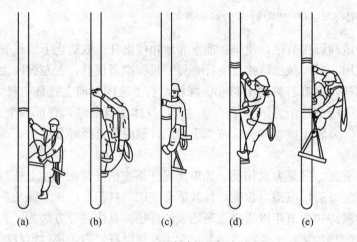

图 7 - 8　用脚踏板登杆方法

钩摘下，向上站起，如图 7 - 8
（e）所示。重复上述各步骤进
行攀登，直到所需高度。

　　下杆与登杆程序相反。首
先，人体站稳在现用的一只踏
板上（左脚绕过左边棕绳踏在
木板上），把另一只踏板钩挂
在下方电杆上；然后，右手紧
握踏板挂钩处两根棕绳，并用
大拇指抵住挂钩，左脚抵住电
杆向下伸，随即用左手握住下
踏板的挂钩处，人体也随左脚
的下落而下降，同时把下踏板

降到适当位置，将左脚插入下踏板两根棕绳间并抵住电杆，如图 7 - 9（a）所示。接着，将
左手握住上踏板靠近木板左端的棕绳，同时左脚用力抵住电杆，以防止踏板滑下和人体摇
晃，如图 7 - 9（b）所示。同时右手下移至上踏板下侧靠近木板右端棕绳，双手紧握上踏板
的两根棕绳，左脚抵住电杆不动，人体逐渐下降，双臂也随人体下降而慢慢伸直，此时人体
向后仰开，同时右脚从踏板中退下，使人体不断下降，直到右脚踏到下踏板，如图 7 - 9（c）
和（d）所示。把左脚从下踏板两根棕绳内抽出，人体贴近电杆站稳，左脚下移并绕过左边
棕绳踏到下踏板上，如图 7 - 9（e）所示。重复上述各步骤进行，直到人体双脚着地。

三、登杆操作注意事项

　　登杆操作练习必须有专人监督、保护。

　　1. 使用脚扣登杆时应注意

　　（1）在登杆前应对脚扣进行人体荷载冲击试验，检查脚扣是否牢固可靠。穿脚扣时，脚
扣带的松紧要适当，防止脚扣在脚上转动或脱落。

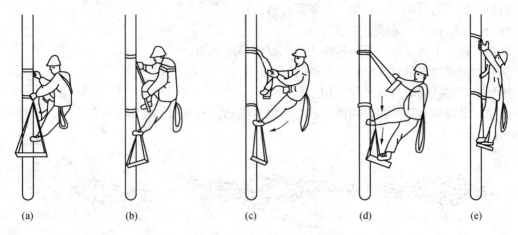

(a)　　　　　(b)　　　　　(c)　　　　　(d)　　　　　(e)

图 7-9 用脚踏板下杆方法

（2）上杆时，一定按电杆的规格，调节好脚扣的大小，使之牢靠地扣住电杆，上、下杆的每一步都必须使脚扣与电杆之间完全扣牢，否则容易出现下滑及其他事故。

（3）雨天或冰雪天登杆容易出现滑落伤人事故，故不宜登杆。

2. 使用脚踏板登杆时应注意

（1）脚踏板使用前，一定要检查踏板有无开裂或腐朽，绳索有无腐蚀或断股现象，若发现应及时更换处理。否则容易出现滑落伤人事故。

（2）在登杆前应对脚踏板进行人体荷载冲击试验，检查脚踏板各部位是否牢固可靠。

四、登杆作业安全用具的使用

1. 安全带的使用方法

安全带是安装、检修架空线路高空作业必不可少的工具，主要是防止工作人员发生高空摔跌。登杆前，将安全带系在腰部以下臀部以上的位置，松紧自如、适当。在杆上作业前，一定要将安全带系在杆塔的牢固部位上，将腰带挂钩上保险环打开，与安全带另一头的挂环扣好，把保险环放在防止挂钩脱钩的位置，如图 7-10 所示。安全带系带的长短，视工作的方式而调整。每次解、挂安全带时，必须检查安全带环扣是否扣牢，工作位置转移时，不得失去安全带的保护。

2. 安全帽

安全帽是用来防高空落物，减轻对头部冲击伤害的一种防护用具，因此它必须具有良好的冲击吸收性能、耐穿透性能、耐低温性能、电绝缘性能和侧向刚性。

3. 传递绳

《安全操作规程》规定高空作业时，上、下传递工具、材料必须使用传递绳，严禁抛扔。常用传递绳是用柔性绳索如麻绳、棕绳、锦纶绳等。工程中常用绳结的打法及用途如图 7-10 所示。

直扣：临时将麻绳的两端结在一起，能自紧，容易解开。

活扣：用途和直扣相同，用于需要迅速解开的情况下。

紧线扣：紧线时用来绑结导线，也可用于拴腰系扣。

猪蹄扣：在传递物件和抱杆顶部等处绑绳时用。

抬扣：抬重物时用此扣，调整和解开比较方便。

倒扣：临时拉线往地锚上固定时用。

背扣：在杆上作业时，上下传递工具、材料等用此扣。

倒背扣：垂直起吊轻而细长的物件时用此扣。

拴马扣：绑扎临时拉绳时用此扣。

瓶扣：吊物体时用此扣，物体吊起时可以不摆动，而且扣结较结实可靠。吊瓷套管等物体多用此扣。

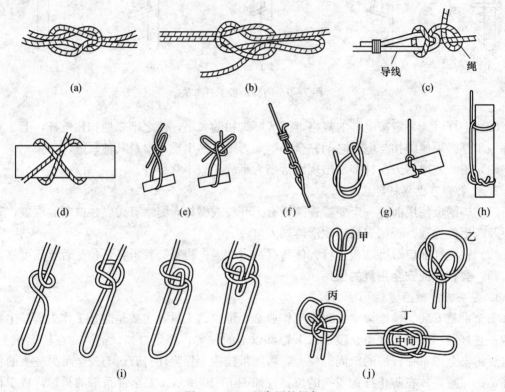

图 7-10　工程常用的绳扣

(a) 直扣；(b) 活扣；(c) 紧线扣；(d) 猪蹄扣；(e) 抬扣；
(f) 倒扣；(g) 背扣；(h) 倒背扣；(i) 拴马扣；(j) 瓶扣

第三节　配电线路安装工艺

一、电杆的装配与组位

（一）电杆装配

架空配电线路的电杆，普遍采用钢筋混凝土杆，按作用可分为直线杆塔、耐张杆、转角杆、分支杆等。

1. 电杆的装配方法

钢筋混凝土电杆使用角铁横担时一般都用抱箍固定，如图 7-11 所示。横担安装后就可安装绝缘子。

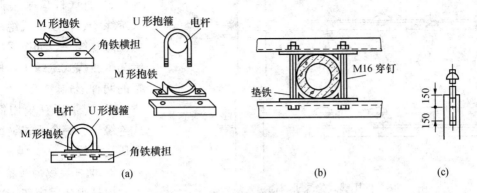

图 7 - 11 钢筋混凝土电杆横担安装

(a) 单横担安装；(b) 双横担安装；(c) 头铁安装

（1）横担的安装要求。

1）单横担在电杆上的安装位置一般在线路受电侧；承力杆单横担装在张力的反侧；直线杆、终端杆横担与线路方向垂直，30°及以下转角杆横担应与角平分线方向一致。

2）横担安装应平直，上下歪斜或左右（前后）扭斜的最大偏差应不大于横担长度的 1%。

3）上层横担准线与一水泥杆顶部的距离为 100～200mm。

4）水平排列，同杆架设的双回路或多回路，横担间的垂直距离不应小于表 7 - 2 所列距离。

表 7 - 2   同杆架设线路横担之间的最小垂直距离   m

导线排列方式	直线杆	分支或转角杆	导线排列方式	直线杆	分支或转角杆
高压线与高压线	0.8	0.45（距上横担）	高压线与低压线	1.20	1.00
		0.60（距下横担）	低压线与低压线	0.60	0.300

5）15°以下的转角杆，一般采用单横担，15°～45°的转角杆，一般采用双横担，45°以上的转角杆，一般采用十字横担。

（2）10kV 架空配电线路绝缘子与横担的连接。

1）直线杆宜采用针式绝缘子或瓷横担。

2）耐张杆宜采用一个悬式绝缘子和一个蝶式绝缘子或两个悬式绝缘子串及耐张线夹，如图 7 - 12 所示。

（3）低压架空绝缘线路绝缘子与横担的连接。

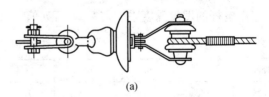

(a)

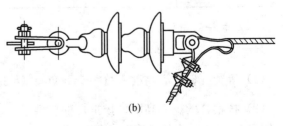

(b)

图 7 - 12 耐张绝缘子与横担连接

（a）蝶式绝缘子的安装；（b）耐张线夹的安装

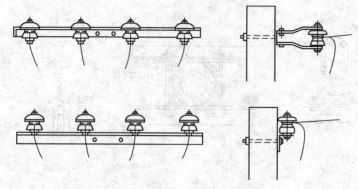

1）直线杆应采用低压针式绝缘子、低压蝶式绝缘子或低压悬挂线夹，如图 7 - 13 所示为低压蝶式绝缘子与横担连接的两种形式。

2）耐张杆宜采用低压蝶式绝缘子、一个悬式绝缘子或低压耐张线夹。

2. 电杆装配的质量要求

电杆组装后应作一次全面

图 7 - 13　低压蝶式绝缘子与横担安装

的检查，所用材料和构件规范是否符合规定，安装工艺是否符合质量要求，主要检查以下项目。

（1）电杆各螺钉部件必须均经过热镀锌处理，丝口无滑丝、断丝现象。螺栓穿入方向为：顺线路者，由送电侧（或按统一方向）穿入；横线路者，两侧由内向外，中间由左向右（指面向受电侧）或按统一方向；垂直地面者，一律由下向上穿。采用螺栓连接构件时，螺栓应与构件面垂直，螺栓头平面与构件间不应有间隙，螺母拧紧后，螺杆露出螺母的长度，单螺母不应小于 2 个螺距，双螺母可于螺母相平。

（2）横担应牢固地安装在电杆上，并与电杆保持垂直，且平正，上下歪斜或左右（前后）扭斜的最大偏差应不大于横担长度的 1‰，如果是 2 层以上横担，各横担间应保持平行。

（3）瓷横担绝缘子安装时，当直立安装时顶端顺线路歪斜不应大于 10mm；水平安装时，顶端宜向上翘起 5°～15°；顶端顺线路歪斜不应大于 20mm；当安装于转角杆时，顶端竖直安装的瓷横担支架应安装在转角的内角侧。

（4）针式绝缘子安装在横担上应垂直牢固，无松动现象，在铁横担上安装针式绝缘子时，应有弹簧垫圈或用双螺帽紧固以防松脱。

3. 电杆的埋设深度

一般电杆的埋设深度采用表 7 - 3 所列值。

表 7 - 3　　　　　　　　　　　　　　电 杆 的 埋 设 深 度　　　　　　　　　　　　　　　　　m

杆高	8.0	9.0	10.0	11.0	12.0	13.0	15.0	18.0
埋深	1.5	1.6	1.7	1.8	1.9	2.0	2.3	2.7

（二）电杆的组位

1. 电杆的重心计算

（1）等径杆、重心高度：$H = \frac{1}{2}h$（m）（h 指杆长）。

（2）拔梢杆的重心高度，拔梢杆的拔梢率（锥度）λ 等于杆的根径 D 减梢径 d，再除以杆的长度 h，按规定拔梢率为 1/75，即

$$\lambda = \frac{D - d}{h} = \frac{1}{75}$$

拔梢杆的重心 H（对杆根的距离）为 $H \approx 0.44h$（m）。

2. 吊点的确定

（1）对于一般等径杆，单吊点 C 点 $L_C \approx 1.44L$。其中 L 指从杆根支点到吊点的距离，L_C 指重心到杆根支点的距离。

（2）对于锥形杆，锥度 $1/75$。单吊点 C 的理想位置 $L_C = 0.8L$，其中的 L_C 指吊点到杆根支点的距离，L 指杆梢到杆根支点的距离。

3. 电杆的起立方法

混凝土杆的起立视杆的规格（即杆高、直径、重量）和现场起立条件来确定。15m 及以下的电杆起立方法一般采用固定式人字抱杆起吊方法和汽车起重机立杆法。

（1）固定式人字抱杆起吊。

1）固定式人字抱杆起吊布置。固定式人字抱杆就是用两根等长的具有规定截面积和长度的木杆或钢抱杆，顶端用棕绳或铁帽子连在一起，铁帽子的中间焊上一吊环，用来挂滑轮，起吊电杆用，下脚可以岔开一定距离（一般为抱杆高度的 1/3 左右），使顶端连在一起的抱杆有一定的角度，从而构成人字抱杆。

在人字抱杆帽上与人字抱杆面相垂直的前后两面各引临时拉线一根，用来稳固人字抱杆，也可以以调整抱杆面对地的夹角。

在人字抱杆帽上挂上需要的滑轮组，滑轮组一端的钢绳经抱杆中一个杆脚的单片滑轮，然后到绞磨上，按要求缠绕；另一钢绳上的钩子钩牢电杆身上一定位置（吊点）的千斤钢绳，这样就具备了起吊电杆的基本条件。固定式人字抱杆起吊场地布置如图 7-14 所示。

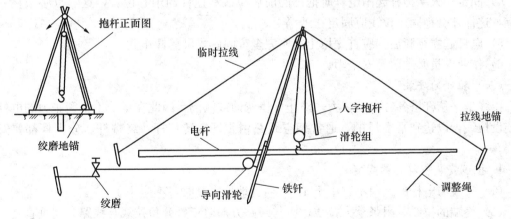

图 7-14　固定式人字抱杆起吊电杆布置示意图

2）电杆起吊。电杆起立过程中，除指挥人及指定人员外，其他人员必须远离杆下 1.2 倍杆高的距离以外，当电杆起吊离开地面约 $0.5 \sim 1$m 时应停止起吊，对电杆进行一次冲击试验；随后再对各受力点作一次全面检查：如各绑扎点绳扣是否牢固，各锚桩是否松动，主杆有无弯曲裂纹，抱杆两侧受力是否均匀，抱杆脚有无滑动及下沉等，经检查确无问题后再继续起吊。电杆立好后，应立即进行调整找正，及时夯实回填土。在电杆四周夯实回填土时，应每回填 300mm 夯实一次，最后还应有高出地面 300mm 的防沉土。

（2）汽车起重机立杆。

汽车起重机立杆是城市主干道中理想的立杆方法，既安全，效率又高，突出优点是机械化程度高，减轻了笨重的体力劳动，不但减少了施工人员，而且提高了施工进度，应尽量采用。

立杆时先将汽车起重机开到距坑口适当位置，放下吊车液压腿，撑起起重机，然后将吊钩吊在杆身重心偏上处。当杆梢吊离地面 0.5～1m 时，停止起吊，检查各部受力和安全情况，确认无问题后再继续起吊，起吊时由一人指挥，将电杆缓缓吊起，当根部吊离地面后，由两人将杆根拉至坑口上，指挥吊车缓缓下落，直至放到坑底。然后回填土进行埋杆，并将电杆调正。

（3）立杆的质量要求。

1）电杆根部中心与线路中心线的横向位移：直线杆不得大于 50mm；转角杆应向内角预偏 100mm。

2）导线紧好后，直线杆顶端在各方向的最大偏移不得超过杆长的 1/200，转角杆应向外角中心线方向倾斜 100～200mm，终端杆不应向导线侧倾斜，应向拉线侧倾斜 100～200mm，分支杆应向拉线侧倾斜 100mm。

（4）立杆的安全注意事项。

1）立杆要专人统一指挥，开工前，讲明施工方法及信号，工作人员要明确分工，密切配合，服从指挥，在居民区和交通道路上立杆时，应设专人看守。

2）立杆要使用合格的起重设备，严禁过载使用。

3）立杆过程中，杆坑内严禁有人工作，除指挥人及指定人员外，其他人员必须在远离杆下 1.2 倍杆高的距离以外。

4）固定式人字抱杆起吊电杆时抱杆的前后拉线和抱杆的中心位置，这三点必须在一直线上，这样才会稳固，拉线应固定在地锚上。

5）电杆起立登膛后，应首先填土夯实完全牢固后才可登杆作业。

6）作业人员必须戴好安全帽。

（三）拉线的安装

拉线是平衡杆塔各方向的拉力，防止杆塔弯曲或倾倒，因此在承受不平衡张力的电杆均应装设拉线，以达到平衡目的，通常架空线路耐张杆、转角杆、终端杆、分支杆都要安装拉线。

1. 拉线安装应符合的规定

（1）拉线与电杆的夹角不宜小于 45°，当受地形限制时，不应小于 30°。

（2）终端的拉线及耐张承力拉线，应与线路方向对正，分角拉线与线路方向垂直。

（3）拉线穿过公路时，对路面中心的距离不应小于 6m，且对路面的最小距离不应小于 4.5m。

2. 拉线的结构

UT 型线夹及楔形线夹固定的拉线包括以下几个部分：主干拉线抱箍、二眼铁板、楔形线夹、钢线卡子（马鞍线夹）、UT 型线夹、拉杆等，如图 7 - 15 所示。

3. 拉线的制作

（1）镀锌钢绞线上把的制作。

1）根据拉线的长度，在需要切断钢绞线的切断处缠绕细铁线，以防散股。

2）把钢绞线切断后，距钢绞线的一个端头量出约 1m 的距离，在此处将钢绞线弯曲成形如楔形线夹的舌头。

3）把钢绞线短头从楔形线夹的小口穿入，楔形线夹主体穿过弯曲部位后，将钢绞线短头从楔形线夹另一侧穿入，从小口穿出。

4）在钢绞线弯曲部装夹舌头，然后将钢绞线弯曲部朝下，楔形线夹主体往下滑落，此时钢绞线及舌头均穿入楔形线夹的主体夹库中。受力拉线靠紧线夹直面，副线靠近线夹斜面。

5）用小锤将楔形线夹主体向下击打，击打部位垫以木块，使钢绞线、舌头和楔形线夹夹紧并成为一个整体。

6）把钢绞线短头留 0.4m 左右，多余的切掉，操作人员把钢绞线短头与较长的另一端

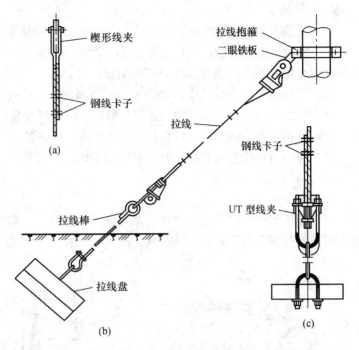

图 7-15　普通接线安装

(a) 拉线上部正面；(b) 拉线；(c) 拉线下部正面

并紧在一起，用钢线卡子（马鞍线夹）夹紧。拉线上把制作完毕。

（2）镀锌钢绞线拉线下把的制作。

当拉线盘、拉线棒埋设合格后，进行拉线下把的制作，制作方法如下：

1）在拉线棒上系好紧线器的钢丝绳钩，将紧线器与钢丝绳套连接，用紧线器将挂在电杆上的拉线收紧到适当程度。

2）将 UT 型线夹卸开，U 形螺钉穿入拉线棒上端的拉环中，把挂好的钢绞线拉线拉直与 U 形螺栓丝扣部 2/3 处比齐，在拉线上划印。

3）操作人员在划印处弯曲拉线，弯成与 UT 型线夹舌头的形状基本相同，拉线穿入 UT 型线夹本体的方法与穿楔形线夹相同，受力拉线靠紧平直部，副线靠紧斜面部分。

4）将 UT 型线夹的舌头放入钢绞线弯曲部分，将 UT 型线夹本体向钢绞线弯曲部分位置移动，使钢绞线和舌头插入 UT 型线夹本体，并在上面垫木板用手锤击打，使钢绞线和舌头与 UT 型线夹本体紧密结合，呈现为一个整体。

5）把已做好的 UT 型线夹本体与 U 形螺栓连接，即将 U 形螺钉的丝扣部分穿入 UT 型线夹本体的两个孔中，安装平垫、防盗帽，并拧紧螺栓。

6）将 UT 型线夹的 U 形螺钉上的螺母旋紧，两侧紧平衡，使 UT 型线夹本体与 U 形螺钉之间有一定调节裕度。U 形螺钉的丝扣应露出全长的 1/3 左右。

7）拆除紧线器及钢丝绳钩。

8）把钢绞线短头留 0.4m 切除余下部分，操作人员把钢绞线短头与较长的另一端并紧在一起，用钢线卡子（马鞍线卡）夹紧。

4. 拉线的安装要求

（1）安装时不应损伤线股，线夹舌板与拉线接触应紧密，受力后无滑动一现象。

（2）钢绞线穿入方向，制作完毕的 UT 型线夹主钢绞线与 UT 型线夹本体平面结合，线夹凸肚应在尾线侧，拉线弯曲部分不应明显松脱。

（3）拉线断头处与拉线应用钢线卡子可靠固定，拉线处露出的尾线长不宜超过 0.4m。

（4）安装前丝口上应涂润滑剂，UT 型线夹的螺杆应露出丝扣，并应有不小于 1/3 螺杆丝扣长度可供调整，调整后，UT 型线夹的双螺母应并紧。

（5）同一组拉线使用双线夹时，其尾线端的方向应统一。

（四）放线、紧线操作

1. 放线

（1）低压架空线的放线通常在一个耐张段内进行，一般常用拖放法。放线时将导线轴安放在线路上如图 7-16 所示，用汽车、拖拉机、畜力或人力等作为牵引动力进行牵引放线。

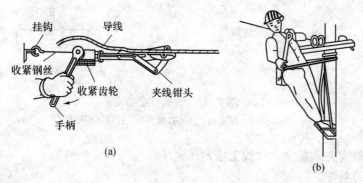

当导线截面较小而耐张段不大时，可采用人力牵引，牵引时应均速前进，同时注意联络信号，有不正常现象及牵引吃劲时，应停止牵引，以免损伤导线。当导线放到下一基电杆下时，由登杆人员将导线挂入装在横担上的滑轮槽内，所采用的滑轮均应用铝质或塑料合成材料制成，其滑轮直径应大于导线

图 7-16　紧线方法
(a) 紧线器使用方法；(b) 杆上紧线站立姿势

直径的 10 倍以上。

当导线截面较小，且耐张段不大时，可将导线直接放在横担上而不挂滑轮，导线截面积在 50mm² 以上且耐张段档距在五档以上时，应用滑轮。

（2）相序排列面向电源从左至右为 UNVW，也有排列为 UVNW，低压架空线路一般不标色标。

（3）导线在一个耐张段内需要连接时，不准在档距中间弧垂最大的地方进行，必须在离电杆较近的地方进行连接，而且在一个档距内不准有两个以上接头。

（4）裸铝导线接头处理：对于线路中间的连接，裸铝线一般采用接续管压接。

放线过程中，要注意保护导线不受损伤，随时观察导线展放情况及防止导线因挂住而产生磨伤、断股等损伤。信号监视人员应站在高处对前后旗语信号能全面看清或用对讲机进行前后联络，发生异常情况时要立即发出信号停止放线，进行处理。对信号的传递要及时、准确。

2. 紧线

（1）紧线方法。配电线路的紧线一般采用单线紧线、两线紧线和三线紧线。

紧线前先要做好耐张杆、转角杆和终端杆的拉线，然后分段紧线。紧线时根据导线截面的大小和耐张段的长短，选用人力紧线、紧线器紧线、绞磨紧线或汽车紧线等。一般线截面不大，且耐张距离也不太长时，仅采用在电杆横担上悬挂的紧线器紧线。一般先紧外侧两根，后紧内侧两根或中间一根，力求紧线时横担两侧受力均匀，否则横担将歪斜。

（2）紧线步骤。紧线时，首先将导线的一端与耐张杆上的蝶式绝缘子或耐张线夹固定好，然后在另一端耐张杆横担两端挂两个紧线器，地面人员将两侧导线在地面用力收紧，杆上人员向外探身用紧线夹头夹住导线（一般铝线应在夹口处缠绕一层铝包带），如图 7-16 所示，同时收紧两侧导线，紧到一定程度，杆上人员进行弧垂观测。架空配电线路一般高差不大，所以常用等长法（平等四边形法）进行观测。弧垂观测好后，将导线与蝶式绝缘子或耐张线夹固定好，最后松开紧线器。

二、导线的绑扎固定

架空配电线路的导线在针式及蝶式绝缘子上的固定，普遍采用绑扎缠绕法。

绑扎所用的绑线材料应与导线材料相同，铝绑线的直径应在 2.6～3mm 范围内，铜绑线的直径应在 2.0～2.6mm 范围内，铝导线在绑扎之前应在与绝缘子或金具的接触部分缠绕铝包带，缠绕长度应超出绑扎部分 20～30mm。

1. 导线在直线杆绑扎法

导线直线杆绑扎法是将导线固定在绝缘子顶部槽内，所以又称顶扎法。绑扎步骤如图 7-17 所示。

（1）导线在直线杆针式绝缘子上的绑扎法（顶扎法），绑扎步骤如下：

1）在绑扎处的导线上缠绕铝包带（若是铜导线则不缠铝包带）。把绑线盘成一个圆盘，留出一个短头，其长度为 250mm 左右，用短头在绝缘子侧的导线上绕三圈，其方向是从导线外侧、经导线上方绕向导线内侧，如图 7-17（a）所示。

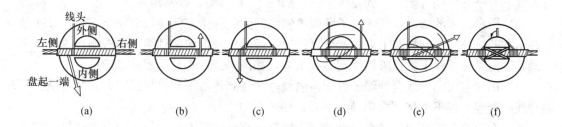

图 7-17　针式绝缘子直线杆顶槽绑扎法

2）用盘起来的绑线在绝缘子颈内侧绕到绝缘子右侧的导线上绑三圈，其方向是从导线下方、经外侧绕向上方，如图 7-17（b）所示。

3）然后用盘起来的绑线在绝缘子脖颈外侧绕到绝缘子左侧导线上，并再绑三圈，其方向是由导线下方、经内侧绕到导线上方，如图 7-17（c）所示。

4）再把盘起来的绑线自绝缘子脖颈内侧绕到绝缘子右侧导线上，并再绑三圈，其方向是由导线下方、经外侧绕到导线上方，如图 7-17（d）所示。

5）把盘起来的绑线自绝缘子外侧绕到绝缘子左侧导线下面，如图 7-17（d）中弧线箭头所示，并自导线内侧上来，经过绝缘子顶部交叉在导线上，然后从绝缘子右侧导线外侧绕到绝缘子脖颈内侧，并从绝缘子左侧的导线下侧经过导线外侧上来，经绝缘子顶部第二次交叉压在导线上，如图 7-17（e）所示。

6）把盘起来的绑线从绝缘子右侧的导线内侧，经下方绕到绝缘子脖颈外侧与绑线短头并在绝缘子外侧中间拧 2～3 个绞合，成一小辫，将多余绑线剪断，并将小辫压平，如图 7-17（f）所示。

（2）导线在直线杆蝶式绝缘子的绑扎法，同下述的导线在转角杆上的绑扎法。

2. 导线在转角杆绑扎法

导线在转角杆针式或蝶式绝缘子上的绑扎法（颈扎法）绑扎步骤如图 7-18 所示，若是铝绞线，绑扎处应包缠铝带。当针式绝缘子无顶槽或顶槽太浅时，在直线杆针式绝缘子上，也可用这种绑扎方法。

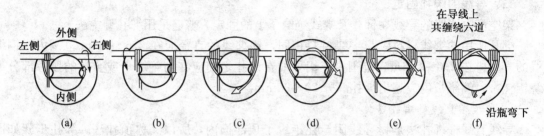

图 7-18　针式绝缘子、瓷横担脖颈绑扎或低压蝶式绝缘子绑扎法

（1）在绑扎处的导线上缠绕铝包带，铜绞线则不包缠铝包带。把绑线盘成一个圆盘，在绑线的一端留出一个短头，其长度为 250mm 左右，用绑扎的短头在绝缘子左侧的导线上绑三圈，方向是自导线外侧经导线上方绕向导线内侧，如图 7-18（a）所示。

（2）用盘起来的绑线自绝缘子脖颈内侧绕过，绕到绝缘子右侧导线上并绑三圈，方向是自导线下方绕到导线外侧，再到导线上方，如图 7-18（a）、（b）所示。

（3）用盘起来的绑线，从绝缘子脖颈内侧绕回到绝缘子左侧导线上并绑三圈，方向是自导线下方经过外侧绕到导线上方，然后再经过绝缘子脖颈内侧回到绝缘子右侧导线上，再绑三圈，方向是从导线下方经外侧绕到导线上方，如图 7-18（c）所示。

（4）用盘起来的绑线自绝缘子脖颈内侧绕过，绕到绝缘子左侧导线下方，并自绝缘子左侧导线外侧经导线下方绕右侧导线上方，如图 7-18（d）所示。

（5）在绝缘子右侧上方的绑线经脖颈内侧绕回到绝缘子左侧经导线上方由外侧绕到绝缘子右侧导线下方回到导线内侧，这时绑线已在绝缘子外侧导线上压了一个"×"字，如图 7-18（e）所示。

（6）将压完"×"字的绑线端头绕到绝缘子脖颈内侧中间，与绑线短头并拧 2～3 个绞合，成一小辫，剪去多余绑线，并将小辫沿瓶弯下压平，如图 7-18（f）所示。

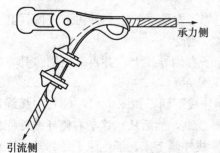

图 7-19　导线在耐张线夹上的固定

3. 导线在终端杆上的绑扎法

（1）导线在耐张线夹上的固定方法如图 7-19 所示。

1）用紧线器收紧导线，使驰度比所要求的驰度稍小一些。

2）为了保护导线不被线夹磨伤，将导线与耐张线夹接触部分，应用铝带（或铝绞线）或同规格的线股包缠上。包缠时应从一端开始绕向另一端，其方向须露出线夹两端各 10～20mm，最后将铝带或线股端头压在线夹内，以免松脱。

3）卸下耐张线夹的全部 U 形螺栓，将导线放入线夹的线槽内，应使导线包缠部分紧贴线槽。然后装上全部压板及 U 形螺栓，并先稍拧紧各螺母，再遂个拧紧螺母。在拧紧过程中应先拧承力侧后拧引流侧，同时应注意线夹的压板不得偏歪和卡涩，并使其受力均衡。

4）所有螺栓紧固一次后，应进行全面检查，是否符合要求，并再拧紧一次螺栓，使之特别紧固，以免导线受张力后松脱。

（2）导线在蝶式绝缘子上的绑扎。铝绞线在蝶式绝缘子上的绑扎法也适用于铜绞线，但铜绞线不包缠铝带。

绑扎步骤：如图 7-20 所示。

1）导线与绝缘子接触部分，用宽 10mm、厚 1mm 软铝带包缠上（铜绞线不缠铝带）。

2）所用绑线直径和绑扎长度见表 7-4 所示。

3）把绑线盘成圆盘，在绑线一端留出一个短头，长度比绑扎长度多 50mm。

4）把绑线短头夹在导线与折回导线中间凹进去的地方，然后用绑线在导线上绑扎。

5）绑扎到规定长度后，与短头拧 2～3 个绞合，成一小辫并压平在导线上。

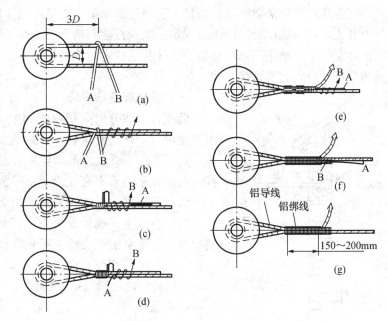

图 7-20　导线在终端杆蝶式绝缘子上的绑扎方法

6）把导线端部折回，压在绑线上。

表 7-4　　　　　　　　　　　　　　绑线直径和绑扎长度

导线种类	导线规范	绑线直径	绑扎长度	导线种类	导线规范	绑线直径	绑扎长度
单股线直径（mm）	φ3.2 以下	2.0	40	多股线截面积（mm²）	5.0	2.0～2.3	100
	φ3.2～3.53	2.0～2.3	60		16～25	2.0～2.3	100
	φ4.0	2.0～2.3	80		35～50	2.5～3.0	120
					70	2.5～3.0	150

4. 注意事项

（1）导线在绝缘子上的绑扎应绑得很紧，使导线不得滑动。但不应使导线过分弯曲，否则不但损伤导线，还可因导线张力破坏绑线。

（2）导线为绝缘导线时，应使用带包皮的绑线；裸导线时，可用与导线材料相同的裸绑线。但铝合金线应使用铝线，铝镁合金线不能做绑线使用。

（3）绑扎时，应注意防止碰伤导线和绑线。绑扎铝线时，只许用钳子尖夹住绑线，不得用钳口夹绑线。

（4）绑线在绝缘子颈槽内应顺序排列，不得互相压在一起。

（5）铝带应包缠紧密无空隙，但不应相互重叠，铝带在导线弯曲的外侧允许有些空隙。铝带包缠方向与外层线股绕向一致。

第四节　接户线安装工艺

架空接户线是从架空线路电杆上引到建筑物第一支持点的一段架空导线。接户线应在电杆上及建筑物的进口处以绝缘子固定，装设在建筑物上的绝缘子弯脚或绝缘子支架，应固定在墙的主材上。禁止固定在建筑物的抹灰层或木房屋的壁面上。按架空接户线的电压等级可分为低压接户线和高压接户线。

一、低压架空接户线

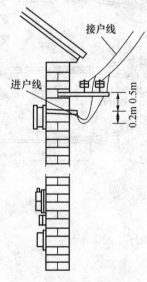

图 7 - 21　低压接户线
第一支持点的安装

低压接户线分架空接户线和电缆接户线。低压架空接户线引入室内时，导线应从装设在建筑物墙壁中的瓷管或塑料管穿入，如图 7 - 21 所示。低压电缆接户线，从户外配电箱经电缆沟（或穿入塑料管中直埋地下）引至室内电源开关上。

低压架空接户线的安装要求如下：

（1）低压接户线装设时不应跨越铁路、公路，城市主要街道以及高压架空配电线路，不允许从高压引下线间穿过。

（2）自电杆引下的接户线，低压接户线的档距不应大于25m，超过规定应增设接户杆。

（3）低压进户线引入室内时，导线应从装设在建筑物墙壁中的瓷管或塑料管穿入（如用金属管应可靠接地），不允许直接引入，以防导线绝缘破损发生漏电或造成触电事故。

（4）绝缘接户线导线的截面积：铜芯不应小于 $10mm^2$，铝芯不应小于 $16mm^2$。

（5）分相架设的低压绝缘接户线的线间最小距离见表 7 - 5 所示。

表 7 - 5　　　　　　　　低压绝缘接户线的线间最小距离　　　　　　　　单位：m

架设方式		档距	线间距离
自杆上引下		25 及以下	0.157
沿墙敷设	水平排列	4 及以下	0.10
	垂直排列	6 及以下	0.15

（6）不同金属、不同规格的低压架空接户线不应在档距内连接，跨越通车道的接户线不应有接头，铜铝连接必须采取过渡措施。

（7）低压架空接户线沿墙敷设时，支架应牢固地装设在墙上，支架间距不大于3m，各用户进户线前，第一支持点与进户点之间距离大于1m时应另加一组支持点。

（8）接户线在用户侧的进户点对地不应小于2.5m。

（9）低压架空接户线在最大弧垂时的对地距离（距路面中心的垂直距离）不应小于下列规定：

1）车辆通行的街道：6m。

2）通行困难的街道、人行道：3.5m。

3）胡同（里、弄、巷）：3m。

（10）分相架设低压接户线与建筑物有关部分的距离，不应小于下列数值。

1）与接户线下方穿户的垂直距离：0.3m。

2）与接户线上方阳台或穿户的垂直距离：0.8m。

3）与阳台或穿户的水平距离：0.75m。

4）与墙壁、构架的距离：0.05m。

（11）接户线与永久建筑物（电杆、拉线）之间距离不应小于0.2m。

（12）接户线中性线在接户处应能重复接地，接地可靠，接地电阻符合要求。

二、高压接户线

高压接户线分高压架空接户线和高压电缆接户线。高压架空接户线引入室内时，必须采用穿墙套管而不能直接引入，如图7-22所示，以防导线与建筑物接触漏电伤人及接地故障；高压电缆接户线从户外架空线路电杆上引下，经电缆沟（或穿管直埋地下）引至室内高压设备上。

高压架空接户线应符合下列要求：

（1）高压接户线的档距不宜大于30m。

（2）高压接户线的导线截面积不应小于：铜芯线25mm²，铝及铝合金35mm²。

（3）高压接户线采用绝缘线时，线间距离不应小于0.45mm。

（4）接户线受电端（引入口处）的对地距离不应小于4.0m。

（5）接户线至地面或建筑物的垂直距离不应

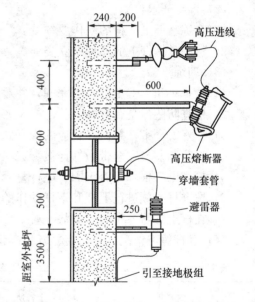

图7-22 高压接户线第一支持点的安装

小于下列规定：城市道路7m、一般城市5.5m、繁华城市6.5m、至河流最高水位6.0m、人行过街桥4.0m、需跨越建筑物时与建筑物的垂直距离在最大计算弧垂情况下为2.5m、与永久建筑物之间的距离在最大风偏的情况下为0.75m。

（6）不同金属、不同规格的接户线，不应在档距内连接，跨越通车街道的接户线，不应有接头，接户线与导线如为铜铝连接，应有可靠的过渡措施。

（7）10kV及以下的由两个不同电源引入的接户线不应同杆架设。

三、接户线固定的要求

（1）在杆上应固定在绝缘子或线夹上，固定时接户线不允许本身缠绕，应用单股塑料铜线绑扎。

（2）在用户墙上使用挂钩、悬挂线夹、耐张线夹和绝缘子固定。

（3）挂线应固定牢固，可以采用穿透墙的螺栓固定，内墙应有铁垫；混凝土结构的墙壁可使用膨胀螺栓，禁止用塞固定。

（4）高压电力电缆进户时应在下列地点装设一定机械强度的保护管或加装保护罩。

1）电缆进入建筑物、隧道穿过楼板及墙壁处。

2）电缆从地下或电缆沟引出地面时，或从电杆上引入地下时，地面上 2m 的一段应用金属管或保护罩加以保护，其根部应伸入地面下 0.1m。

3）其他可能受到机械操作损伤的地方。

第五节　实　训　课　题

一、登杆练习、绝缘子邦扎

1. 登杆练习

（1）训练器材。电线杆、脚扣、安全带、防坠器、防护垫、线手套等。

（2）训练要求：

1）熟练掌握上下杆的动作要领。

2）熟练掌握杆上的几种站立姿势。

（3）训练步骤。

1）检查脚扣、安全带是否完好，并对脚扣做人体载荷冲击试验。

2）检查防坠器是否完好。

3）系好安全带，并做好相应的检查。

4）将防坠器与安全带做好连接。

5）检查电杆根部是否牢固、电杆是否有严重隐患。

6）按登杆要领进行上杆和下杆动作的反复练习，直到熟练掌握为止。

7）在杆上练习各种站立姿势。

（4）登杆练习情况记录。将登杆情况记录于表 7-6 中。

表 7-6　　　　　　　　　　　　　登杆练习情况记录表

记录内容 练习次数	上杆动作 规范性	上杆所 需时间	下杆动作 规范性	下杆所 需时间	杆上站 立姿势
第一次					
第二次					
第三次					
第四次					
第五次					
训练所用时间		参加训练者		年　　月　　日	

2. 导线在绝缘子上的绑扎

（1）训练器材。横担支架、绝缘子、绑线、铝包带、铝绞线、电工工具一套、脚扣、安全带、防坠器、防护垫、线手套、低压线路一段。

（2）训练要求：

1）熟练掌握导线在绝缘子顶部、颈部和终端绝缘子上的绑扎方法。

2）做好杆上作业时的安全措施。

（3）训练步骤。

1）先在地面支起的横担上安装蝶形绝缘子和针式绝缘子，练习顶部、颈部和终端的绑扎方法。

2）然后在杆上练习蝶形绝缘子和针式绝缘子顶部、颈部和终端的绑扎，掌握其方法。

（4）绑扎练习情况记录。将绑扎情况记录在表 7 - 7。

表 7 - 7　　　　　　　　　　　绑扎练习情况记录表

记录内容 练习次数	杆下绑扎 规范性	杆下绑扎所 需时间	杆上绑扎 规范性	杆上所 需时间
第一次				
第二次				
第三次				
第四次				
第五次				
训练所用时间	参加训练者		年　月　日	

二、杆上作业

1. 直线杆三角铁单横担安装

（1）实训材料。50mm×50mm×1500mm 三角铁横担一根、M 形垫铁和 U 形抱箍各一块、ED-1 型蝶形绝缘子四只、M16 螺栓六根。

（2）实习步骤：

1）先在地面上将四只蝶形绝缘子安装到横担上。

2）登杆。

3）用吊物绳提升横担。

4）在电杆上安装横担。

（3）实训要求：

1）做好安全措施。

2）提升横担时，不得与杆发生磕碰。

3）横担应安装在受电侧，横担上沿距离杆顶 100～200mm，倾斜度不大于 1%，并与线路垂直。

4）用螺母紧固绝缘子时，螺母两侧均需套垫圈。

（4）考核标准。见表 7 - 8。

表 7 - 8　　　　　　　　　　　直线杆三角铁单横担安装评分表

姓名		单位		考核时限	40min	实操时间	
考核项目		配分	评分标准			扣分	备注说明
主要项目	绝缘子安装	15	1. 绝缘子安装不牢固，每个扣 3 分				
			2. 绝缘子损坏，扣 10 分				
	登杆	25	1. 登杆前未对脚扣进行全面的检查，扣 3 分				
			2. 对脚扣未进行人体载荷冲击试验，扣 3 分				
			3. 对安全带未进行仔细的检查，扣 3 分				
			4. 未对杆根和电杆的质量进行检查，扣 3 分				
			5. 上下杆动作不熟练，脚扣与电杆发生磕碰，每次扣 2 分				
			6. 从电杆上每滑落一次扣 10 分				
	安装横担	55	1. 安装时，工作站立位置不适当，扣 3 分				
			2. 吊装横担时，横担与电杆发生磕碰，每次扣 2 分				
			3. 横担安装上下位置不正确，超差±20mm 以上，扣 3 分				
			4. 横担安装方向不在负荷侧，扣 10 分				
			5. 横担安装与线路不垂直，超差 10°以上，扣 10 分				
			6. 横担安装倾斜度大于 1∶100，扣 10 分				
			7. 横担安装松动，扣 10 分				
			8. 横担上下面安装反，扣 10 分				
			9. 螺栓穿入方向不对，每只扣 3 分				
			10. 螺母两侧未套垫圈，扣 2 分				
			11. 抛掷工器件、高空坠落物件，每次（件）扣 5 分				
	文明作业	5	作业完毕未清理作业现场，扣 5 分				
	作业时限		时限一到，停止作业				
考评员				合计			
考评组长				总得分			

2. 杆上更换绝缘子

（1）实训材料。ED-1 型蝶形绝缘子 3 只、PD1 型针式绝缘子 3 只（选其中的一种）、（宽 10mm、厚 1mm）铝带 1 卷、$\phi 2.6 \sim \phi 3$mm 铜芯绑扎线 2m、工具包和吊物绳、常用电工工具一套。

（2）实训步骤：

1）备好材料，检查工具和安全用具。

2）将电杆上原来的绑线松开、拆掉旧绝缘子，换上新的绝缘子。

3）将新更换的绝缘子固定好，把导线与绝缘子绑扎好。

4）检查绝缘子是否固定牢固，绑扎工艺是否符合要求。

（3）实训要求：

1）做好安全措施。

2）吊装绝缘子时，不得与电杆发生磕碰。

3）高空作业时不许抛掷工器件，不许从高空坠落物件。

4）铝绞线上要包绕铝包带后进行绑扎，工艺要符合要求。

（4）考核标准。见表7-9。

表 7-9　　　　　　　　　　　　更换绝缘子评分表

姓名			单位		考核时限	40min	实操时间	
考核项目		配分	评分标准				扣分	备注说明
主要项目	工器具的准备	6	每遗漏一件工器件扣2分					
	登杆	24	1. 登杆前未对脚扣进行全面的检查，扣3分					
			2. 对脚扣未进行人体载荷冲击试验，扣3分					
			3. 对安全带未进行仔细的检查，扣3分					
			4. 对杆根和电杆的质量未进行检查，扣3分					
			5. 上下杆动作不熟练，脚扣发生磕碰，每次扣2分					
			6. 脚扣滑落一次扣10分					
	更换绝缘子	25	1. 更换的绝缘子安装不牢固，每个扣4分					
			2. 螺母两侧未套垫圈，扣2分					
			3. 绝缘子损坏，扣10分					
	瓷瓶绑扎	40	1. 杆上作业时，站立位置不适当，扣3分					
			2. 吊装绝缘子时，与电杆发生磕碰，每次扣3分					
			3. 铝包带在铝绞线上的包绕方向不对，扣5分					
			4. 铝包带缠绕长度过长或过短（露10～30mm），每处扣3分					
			5. 终端绑扎时，绑扎线松散、不紧密，扣5分					
			6. 终端绑扎时，绑扎尺寸（100～120mm）、工艺不符合要求，每处扣5分					
			7. 顶部、颈部绑扎时，绑扎工艺不符合要求，每处扣5分					
			8. 顶部、颈部绑扎时，铝绞线有严重的弯曲、或松动现象，扣5分					
			9. 高空坠落物件、抛掷工器件，每次（件）扣5分					
	文明作业	5	作业完毕未清理作业现场，扣5分					
	作业时限		时限一到，停止作业					
考评员				合计				
考评组长				总得分				

三、拉线制作与安装

1. 工具及材料

电工钳、钢丝断线钳、12号铅丝、25mm钢绞线、铁手锤、木垫块、UT型线夹和楔形线夹、二合一拉线抱箍、二眼铁板、钢绞线卡子、拉杠、拉线绝缘子。

2. 拉线制作步骤

（1）根据计算（或估算）长度，截取拉线的上半部分和下半部分钢绞线。

（2）用钢绞线卡子制作拉线的隔离绝缘子中把。

（3）用绑扎法制作拉线的楔形线夹上把。

（4）将拉线上把与杆端连接。

（5）用紧线器收紧拉线，确定拉线的总长度。

（6）用 UT 型线夹制作拉线的下把。

（7）将拉线下把与拉线棒连接，将钢绞线尾端用绑扎法绑紧，调整 U 形螺栓两侧的螺母，使拉线弛度适当。

3. 拉线制作要求

（1）拉线绝缘子要保证在拉线断裂后距地面的垂直高度不低于 2.5m。

（2）拉线安装好后，U 形螺栓的丝扣应露出全长的 1/3 左右。

（3）拉线的弛度适当。

（4）拉线各部分尺寸均符合工艺要求。

4. 考核标准

表 7 - 10　　　　　　　　　　　　拉线制作与安装评分标准

姓名			单位		考核时限	40min	实操时间	
考核项目		配分	评分标准				扣分	备注说明
主要项目	工具、材料的准备	4	每遗漏一件工器件，扣 2 分					
	登杆作业	20	1. 登杆前未对脚扣进行全面的检查，扣 2 分					
			2. 对脚扣未进行人体载荷冲击试验，扣 2 分					
			3. 对安全带未进行仔细的检查，扣 10 分					
			4. 对杆根和电杆的质量未进行检查，扣 10 分					
			5. 上下杆动作不熟练，脚扣发生磕碰，每次扣 2 分					
			6. 脚扣每滑落一次扣 8 分					
			7. 杆上作业时，站立位置不适当，扣 2 分					
			8. 吊装拉线时，与电杆发生磕碰，每次扣 2 分					
			9. 拉线抱箍的螺栓穿入方向不对，每颗扣 4 分					
	拉线制作	30	1. 拉线上、中、下把的钢绞线尾端尺寸不对（300～500mm），每处扣 3 分					
			2. 钢绞线端头未绑扎紧、散花，每处扣 1 分					
			3. 钢绞线尾端与主拉线绑扎时发生扭曲、弓起、松散现象，每处扣 5 分					
			4. UT 型线夹和楔形线夹的凸肚方向不同，扣 5 分					
			5. 钢绞线尾端不在凸肚侧，每处扣 5 分					
			6. 钢绞线与舌板接触不紧密（≥2mm），每处扣 2 分					
			7. 钢绞线卡间的尺寸、方向不符合工艺要求，每个扣 3 分					
			8. 用手锤直击线夹时，每次扣 5 分					
			9. 损伤导线的镀锌层，每处扣 2 分					

姓名		单位		考核时限	40min	实操时间	
考核项目		配分	评分标准			扣分	备注说明
主要项目	拉线安装	40	1.U形螺栓两侧的螺母松紧度不平衡,扣2分				
			2.UT型线夹本体与U形螺钉之间的调节裕度不符合要求,扣5分				
			3.拉线制作过短,不能与拉线棒连接,扣2分				
			4.拉线制作过长,拉线无法拉紧,扣20分				
	文明作业	6	作业完毕未清理作业现场,扣6分				
	作业时限		超过时限停止作业				
考评员				合计			
考评组长				总得分			

四、低压架空接户线安装

1. 实训材料

并沟线夹、铝包带、绑扎线、低压横担、接户横担、蝶式绝缘子、U形抱箍、针式绝缘子、曲拉板、电工用梯、脚扣、吊绳、工具袋、安全带、电工工具一套等。

2. 实训任务

完成接户线的安装接线,如图7-23所示。

3. 实训步骤

(1)将接户线与进户墙横担上的绝缘子固定。

(2)在接户杆上安装接户横担、金具及绝缘子。

(3)将接户线与接户杆上的绝缘子固定。

(4)将接户线与供电线路相接。

(5)检查安装接线工艺是否符合要求。

(6)操作完毕汇报。

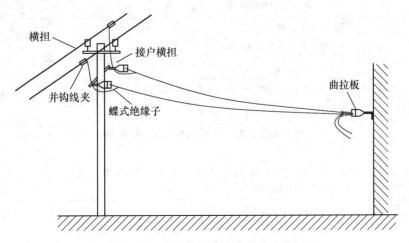

图7-23 低压架空接户线安装示意图

4. 实训工艺要求

（1）能正确选用工具和材料。

（2）做好相应的安全检查和安全技术措施。

（3）器件的提升、导线的绑扎、接户线的驰度、上杆的动作、杆上的工作站位都在考核之内。

（4）假设施工前停电手续已经办好。

5. 考核标准

表 7 - 11　　　　　　　　　　　　接户线安装评分标准

姓名		单位		考核时限	40min	实操时间	
考核项目		配分	评分细则			扣分	备注
1	准备工作	16	1. 工作服、安全帽、绝缘鞋、手套不符合要求，每项扣1分				
			2. 安全带、脚扣或踩板、电杆未进行检查，每项扣2分				
			3. 对梯子的质量未进行检查，扣1分				
			4. 工具袋、传递绳、横担及相关材料准备不全或不正确，每项扣1分				
2	接户线横担安装	32	1. 用扳手、钳子代替手锤使用，每项扣2分				
			2. 上杆动作不熟练，如脚扣踏空、碰滑、卡异物、锁扣不紧，每项扣2分				
			3. 传递物件不正确，扣2分				
			4. 接户横担距线路横担安装位置（300±10mm），不符合要求扣4分				
			5. U形抱箍及绝缘子螺栓未按规定使用垫圈，每处扣2分				
			6. 螺栓穿入方向不正确，每条扣3分				
			7. 横担安装不牢固，扣6分				
			8. 横担安装方向不正确，扣6分				
			9. 单螺母拧紧后外露少于2扣，每条扣1分				
3	引流线安装	24	1. 针式绝缘子中心至并沟线夹中心距离（250mm＋20mm）不符合要求，扣4分				
			2. 铝包带缠绕方向不正确，扣4分				
			3. 铝包带露出并沟线夹外的长度不符合规定，每处扣2分				
			4. 并沟线夹连接松动，每个扣4分				
			5. 引流导线没有滴水弯、不自然弯曲、垂直、平滑，每项扣1分				
4	接户线安装及绝缘子绑扎	16	1. 梯子放置角度及使用不当，（梯子与地面角度60°左右、有人扶梯）扣4分				
			2. 绝缘子安装不符合要求，每个扣3分				
			3. 绝缘子绑扎时，缠绕尺寸、缠绕不紧密、小辫没拧紧、压平，每项扣1分				

姓名		单位			考核时限	40min	实操时间		
考核项目		配分	评分细则					扣分	备注
5	安全文明施工	8	1. 杆上工器具或元器件掉落，每次扣3分						
			2. 将横担和相关材料拆下后，没有送回原处整理归类，每项扣1分						
6	作业时间	4	每提前1min得0.5分。超时停止作业，只得相应项目分						
扣分说明		扣分以扣完项目总分为止，不得负分				合计			
考评员			考评组长			总分			

第八章

常用低压电器及控制线路安装

第一节 常用低压电器概述

低压电器是用于交流 1000V 或直流 1200V 及以下的电路中，起到通断、控制、保护、调节或转换作用的电器设备。

一、熔断器

熔断器是最简单的保护电器，它串联在电路中，作为电路和设备的过负荷保护和短路保护。熔断器是根据电流热效应的原理制作的，当通过熔断器的电流超过规定值时，经过一定时间，电流产生的热量使熔体熔化而自动断开电路。

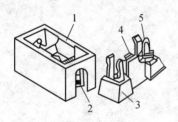

图 8-1 RC1A 插入式熔断器

1—瓷底座；2—静触点；3—瓷插件；
4—熔体；5—动触点

1. 熔断器的结构

熔断器由熔体（有片状和丝状两种）、熔管和夹座三部分组成。熔体由铅、铅锡合金、锌、铜或银等金属材料制成。熔管是装熔体的外壳，由陶瓷、绝缘耐温纸、胶木或玻璃纤维等绝缘材料制成，在熔体熔断时兼有灭弧作用。熔管可制成开启式、无填料封闭式和有填料封闭式等数种。

2. 常用的低压熔断器的种类

低压熔断器的种类较多，常见的如下：

（1）RC 型—常用的为 RC1A 型，如图 8-1 所示，是插入式熔断器。熔管为瓷质，插座与熔管合为一体，结构简单，拆装方便，规格有 10～200A 多个等级。主要用于不振动的场所，如低压分支电路的短路保护。

（2）RL 型—常用的有 RL1、RL2、RLS2 型，如图 8-2 所示，是螺旋管式熔断器。熔管为瓷质，内填石英砂，并有熔断信号装置，便于检查。规格有 15～200A 多个等级。主要用于有振动的场所，如在机床配线中作短路保护。

（3）RT 型—常用的为 RT0 型，是有填料封闭管式熔断器。熔管为绝缘瓷质制成，内填石英砂，以加速灭弧；熔体采用紫铜片，冲压成网状多根并联形式，上面熔有锡桥，即具有快速分断能力，又有增加时限的功能，并有熔断信号装置，便于检查。规格有 100～1000A 多个等级。

（4）RS 型—常用的有 RS0、RS3 型，是快速熔断器。结构与 RT0 型相似，规格有 10～

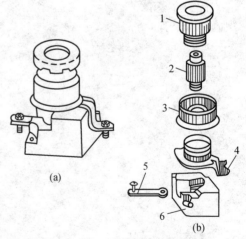

（a）

（b）

图 8-2 RL1 系列螺旋管式熔断器

（a）外形图；（b）结构图

1—瓷帽；2—熔断管；3—瓷套；4—上接线板；
5—下接线板；6—底座

350A 多个等级。主要用于半导体整流元件或半导体整流装置的短路保护。

（5）RM 型—常用的有 RM1、RM3 型，是无填料封闭管式熔断器。熔管为绝缘耐温纸等材料压制而成，熔体多采用铅、铅锡、锌、铝等金属材料，规格有 16～600A 多个等级。

（6）R1 型—封闭管式熔断器，熔管用胶木或塑料制成，是一种专为二次线系统保护用的熔断器。

3. 低压熔断器的主要技术参数

熔断器的主要技术参数有额定电压、额定电流、极限分断电流和保护特性等。

额定电压是指熔断器能长期正常工作的电压，我国生产的低压熔断器额定电压有 220、250、380、500、750、1000、1140V 等。

额定电流包括两个方面：一个是熔管的额定电流；另一个是熔体的额定电流。同一熔管内可以装入不同额定电流的熔体，熔管内可装入的最大熔体的额定电流就是熔断器的额定电流。

极限分断电流是指熔断器能可靠断开的最大电流值。

保护特性是熔断器熔体熔断所需要的时间与通入电流值的大小的关系，也叫安秒特性；具有反时限特点，即通过的电流越大，熔断所需的时间越短；是选用熔体的依据。

4. 低压熔断器的选用

（1）根据被保护设备的正常负荷和启动电流大小来选择，考虑恰当的倍数。一般熔体额定电流应为被保护设备额定电流的 1.5～2.5 倍。

（2）根据设备启动时重载还是轻载来选择（轻载选小倍数，重载选大倍数）。

（3）根据电路中，上下级之间保护定值的配合要求来选择，保证动作的选择性，避免发生越级熔断。

（4）根据被保护设备的重要性和保护动作的迅速性来选择（如重要设备可选择快速型熔断器，以提高保护性能；一般设备可选 RM 型）。

（5）根据被保护设备的性质、数量以及启动特点来选择。作为电力线路保护时，熔体的选择一般应满足：

1）过负荷保护：$I_{NF} \leqslant 0.8I$

2）短路保护：$I_{NF} \leqslant 2.5I$（穿管绝缘导线或电缆）

$$I_{NF} \leqslant 1.5I（明敷绝缘导线）$$

式中　I_{NF}——熔体的额定电流；

　　　I——导线或电缆的长期允许负荷电流。

单台电机熔体的选择一般应满足：

1）$I_{NF} \geqslant I_{NM}$

2）$I_{NF} \geqslant I_{ST}/2.5$

式中　I_{NF}——熔体的额定电流；

　　　I_{NM}——电机的额定电流；

　　　I_{ST}——电机的启动电流。

多台电机在同一配电线上的总熔体的选择一般应满足：

1）$I_{NF} \geqslant I_{ST, max}$

2）$I_{NF} \geqslant \dfrac{I_{ST, max} + \sum I_{NM}}{2.5}$

式中　$I_{ST,max}$——最大一台电机的启动电流；

　　　$\sum I_{NM}$——其他各台电机的额定电流总和。

　　频繁启动的电机，熔体可按电机额定电流的 $2.5\sim3.0$ 倍选择，轻载启动的电机，熔体可按电机额定电流的 $1.5\sim2.0$ 倍选择，重载启动的电机，熔体可按电机额定电流的 $2.0\sim2.5$ 倍选择。

　　5. 低压熔断器的使用和维护注意事项

　　（1）单相线路的中性线上应装熔断器；在线路分支处应装熔断器，在二相三线或三相四线回路的中性线上，不允许装熔断器；采用接零保护的中性线上严禁装熔断器。

　　（2）正确选择熔体。熔断器熔体的额定电流只能小于或等于熔断器的额定电流，绝不能大于熔断器的额定电流。

　　（3）熔断器应垂直安装，保证插刀和刀座紧密接触，以免增大接触电阻，造成温度升高而发生误动作。

　　（4）螺旋式熔断器的下接线板的接线端应装在上方与电源相连，连接金属螺纹壳体的接线端应装于下方，并与负载相连。

　　（5）更换熔体时必须断开电源，并用与原来同样规格及材料的熔体，以保证安全和动作可靠。

　　（6）运行中应经常检查熔断器，及时发现缺相故障，查找原因，更换熔体。

二、刀开关

　　刀开关又称刀闸或闸刀开关，是一种结构最简单、应用最广泛的手控电器，主要用于低压电路中不频繁地手动接通和切断电路或用于成套配电设备中隔离电源。

　　1. 刀开关的结构

　　刀开关由操作手柄、动触点、静触点、进出线端子、胶盖、绝缘底板、坚固螺钉组成。图 8-3 所示是常用的 HK 系列开启式刀开关的结构、符号图。

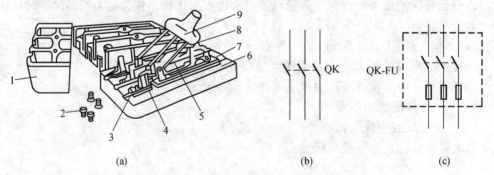

图 8-3　HK 系列开启式刀开关的结构、符号图

1—胶盖；2—胶盖紧固螺钉；3—进线座；4—静触点；5—熔丝；

6—瓷底；7—出线座；8—动触点；9—瓷柄

　　2. 刀开关的类型

　　刀开关按刀的极数分为单极、双极和三极三种类型。

　　3. 刀开关的主要技术参数

　　额定电压：交流 500V 以下、直流 440V 以下。

　　额定电流：一般为 10、15、20、30A 等。

通断能力：在规定条件下，能接通和断开的电流值。

机械寿命：刀开关是不频繁操作的电器，其寿命一般在 5000～10000 次。

刀开关的选用：刀开关的额定电压≥电路的额定电压

刀开关的额定电流≥电路的工作电流

4. 刀开关的使用和维护注意事项

（1）安装时，应垂直安装，手柄向上为合闸位置，不得倒装或平装。

（2）接线时，电源线接在上端，负载线接在下端。

（3）使用时，必须盖上胶盖再操作。

（4）操作时，合闸和分闸都要迅速，以利于迅速灭弧，减少刀片的灼伤。

三、交流接触器

接触器是一种用来频繁地接通和断开大电流电路的自动切换控制电器，可以用按钮开关操作，作远距离分、合电动机、电热设备、电容器组等的控制电器，还可作电动机的正、反转控制。由于它有灭弧罩，故可带负荷分、合电路，动作快速，安全可靠。本身不能起保护作用，但可配以热元件或熔断器而构成控制和保护两部分的组合装置，如磁力启动器。

（一）接触器的结构

图 8-4 所示为 CJ10-20 型交流接触器，主要由电磁系统（动、静铁芯和线圈）、触头系统（三对常开主触点、两对动合辅助触点、两对动断辅助触点）和灭弧装置组成。电磁系统的吸合磁铁带动触点工作，达到分、合电路的目的。它的工作电压有一定范围，当电源工作电压在额定值的 85％～105％时，能保证可靠吸合；当电源电压在额定值的 40％～85％时，能可靠释放；当电源电压低于额定值的 40％时，动作不作保证。

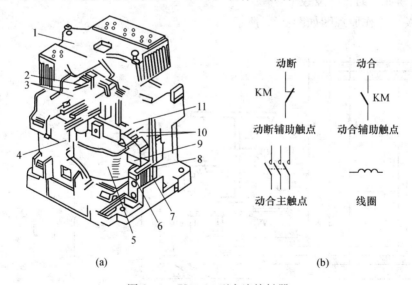

（a）   （b）

图 8-4 CJ10-20 型交流接触器

（a）结构示意图；（b）图形和文字符号

1—灭弧罩；2—触头压力弹簧片；3—主触点；4—反作用弹簧；5—线圈；6—短路环；

7—静铁芯；8—弹簧；9—动铁芯；10—辅助动合触点；11—辅助动断触点

（二）交流接触器的选用

选择接触器时，主要是它的额定电压、额定电流和电磁线圈额定电压的选择，一般情况下，接触器的额定电压和额定电流应大于或等于负载回路的额定电压和额定电流，电磁线圈的额定电压应与所接控制电路的电压相一致。

交流接触器的负荷能力与它的工作方式密切相关并不完全等于其额定值，这是与其他电器的不同之处。它的工作方式分为长期工作制、间断工作制、反复工作制三种情况。并不是在任何情况下都能按它的额定值通过负载电流的，这一点在选用时应特别注意。

交流接触器的负荷能力还与它的安装方式有关，即分为开启式和柜式两种，这是考虑通风因素和散热条件对它的影响。

接触器的负荷能力还与它所控制的负荷性质有关，即与负荷功率因数有较大关系，功率因数越低，则灭弧困难，影响通断能力越显著。故对功率因数低的负荷或控制电容器的接触器，通过的最大负荷不宜超过额定值的 80%，以利分闸。

四、自动开关

自动开关又称自动空气断路器或自动空气开关，广泛用作线路或单台用电设备的控制和过载、短路及失压保护之用。它具有灭弧装置，可安全地带负荷分、合电路，但由于它的操作传动机构比较复杂，因此不易频繁的操作。

（一）自动开关的构造

自动开关主要由触点系统、灭弧系统、各种脱扣器、操作机构和自由脱扣机构组成。

触点和灭弧系统用于接通和断开电路；各种脱扣器用于感受电路中出现故障时各物理量的变化并将这种变化转换为推动脱扣机构动作而切断电路；操作机构和自由脱扣机构用于电路的接通和与脱扣器配合切断故障电路。

（二）自动开关的工作原理

自动开关的工作原理图如图 8-5 所示。

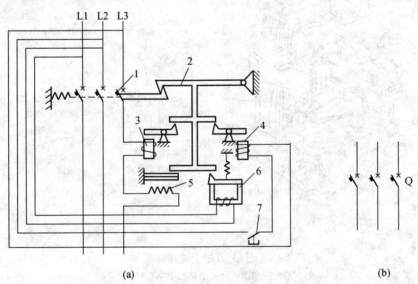

图 8-5　自动开关

（a）工作原理图；（b）图形和文字符号

1—主触点；2—自由脱扣机构；3—过电流脱扣器；4—分励脱扣器；

5—热脱扣器；6—失电压脱扣器；7—按钮

主触点是靠操作机构手动或电动合闸的。过电流脱扣器的线圈和热脱扣器的热元件与主电路串联，失电压脱扣器的线圈与主电路并联。

合闸后，电路正常情况下，主触点闭合，锁钩锁住主触点，380V 线电压将欠电压脱扣器吸合，相电流产生的吸力不能吸动过电流脱扣器。

当电路短路时，过电流脱扣器电磁铁吸合，将锁钩撞开，在弹簧拉力作用下主触点断开。当电路过载时，热脱扣器的热元件产生的热量增加，双金属片受热向下弯曲带动杠杆机构使自由脱扣器动作，断开主触点。当电压降低时，欠电压脱扣器吸力无法保持吸合状态，将锁钩撞开切断电路。

（三）自动开关的优点

自动开关结构紧凑、安装方便、操作安全；除开关作用外还可作短路、过载和欠电压保护；三极同时动作，可避免两相或单相运行。

（四）自动开关的选用

选择自动开关时要求其额定电压不小于线路或设备的额定电压；额定电流不小于负载的长期持续工作电流。

选择自动开关时还要根据用途和保护要求选择：保护配电线路用、保护电动机用、保护照明线路用和漏电保护用的自动开关。

五、漏电保护开关

漏电保护开关又称漏电电流保护器或漏电断路器，用在低压配电线路中特别是中性点不接地的低压系统中作为接地故障保护。当电器或配电线路的绝缘损坏而发生漏电时，可防止人身触电事故或电气火灾事故。

漏电保护开关按工作原理有电流动作型和电压动作型两类，最常用的是电流动作型，能在规定条件下，当漏电电流达到或超过给定值时，立即动作切断电源，其动作原理如图 8-6 所示。

电流动作型漏电保护开关由零序电流互感器 TAN、放大器 A 和断路器（含脱扣器）QF 等组成。在设备正常运行时，线路中的电流相量和为零，零序电流互感器铁芯中没有磁通，其二次侧没有输出电流。当设备发生单相接地故障或有人触及带电设备时，主电路中的电流相量和不为零，

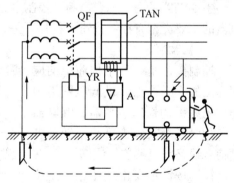

图 8-6　电流动作型漏电断路器的
工作原理示意图

在互感器铁芯中形成零序磁通，其二次侧输出电流，经电子放大器放大后，通入脱扣器，当漏电流达到动作值时，断路器跳闸切断电路，从而起到保护作用。

漏电保护开关有单极二线式（220V 电路用）、二极式（220V 电路用）、三极式、四极式（380V 电路用）等种类，额定漏电电流一般均在 30mA。

漏电保护开关广泛使用于与人们活动关系密切的场所，对生命安全和设备安全关系重大，对可靠性要求很高，是一种规定必须使用的控制设备，使用中还应注意：①使用漏电开关后，仍要进行可靠的保护接地；②新装漏电开关，必须经过漏电保护动作试验；③对投入运行的漏电开关必须每月进行一次漏电保护动作试验，不能产生正确保护动作的，应及时

检修。

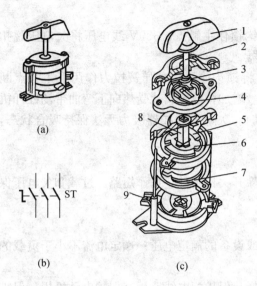

图 8-7　HZ10-10/3 型转换开关

(a) 外形；(b) 符号；(c) 结构

1—手柄；2—转轴；3—弹簧；4—凸轮；
5—绝缘垫板；6—动触片；7—静触片；
8—绝缘杆；9—接线柱

六、组合开关

组合开关又称转换开关，是手动控制电器，属于刀开关类型，其结构如图 8-7 所示。组合开关由数层动、静触片，方形转轴，手柄，凸轮等组成。数层动、静触片分别叠装于胶木绝缘壳内，当转动手柄时，每层的动触片随方形转轴一起转动，并使静触片插入相应的动触片中，使电路接通或断开。

组合开关的特点是用动触片代替闸刀，以左右旋转代替刀开关的上下平面操作。组合开关也有单极、双极、多极之分。主要用于电源的引入、多路控制电路的切换及 5kW 以下的小容量电动机的启动、停止、正反转和调速控制等。控制电动机时，组合开关的额定电流为电动机额定电流的 1.5 倍。

常用产品有 HZ10 系列，额定电压为 380V，额定电流有 6、10、25、100A 等，极数有 1～4 极几种。

七、主令电器

主令电器是用于闭合、断开控制电路的电器设备，用以发布命令或用作程序控制。主令电器的主要类型有控制按钮、行程开关、主令控制器等。

（一）控制按钮

控制按钮是一种结构简单的应用广泛的主令电器，供低压网络中作远距离手动控制接触器、继电器等各种电磁开关，也可用来转换各种信号线路与电器连锁线路。

控制按钮主要由按钮帽、复位弹簧、桥式触点和外壳等组成，通常做成复合式，即具有动断触点和动合触点，如图 8-8 所示。当按下按钮帽时，桥式动触点向下移动，使动断触点先行断开，动合触头随后闭合；松开按钮，桥式触点在复位弹簧作用下，各触点恢复原始状态。

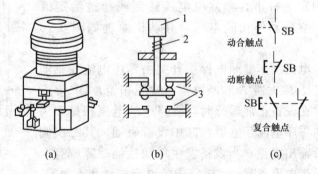

图 8-8　按钮开关

(a) 外形；(b) 原理图；(c) 图形和文字符号

1—按钮帽；2—复位弹簧；3—常用触点

为了标明各个按钮的作用，避免误操作，通常将按钮做成不同的颜色，以示区别，其中有红、绿、黑、蓝、白等，一般以红色表示停止按钮，绿色表示启动按钮。常用产品有 LA 系列。

（二）行程开关

行程开关又称限位开关或位置开关，是一种利用生产机械的某些运动部件来碰撞行程开关的操作机构而发出控制信号的低压电器。主要用于将机械位移变为电信号，以实现对机械运动的电气控制，广泛使用在各类机床、起重机械等设备上，作为电路自动切换、限位保护、行程控制等。

行程开关主要由操作机构、触点系统和外壳组成，如图 8-9 所示。当运动机械的撞铁压到行程开关的操作机构（直动杠杆或滚轮）时，触点系统动作，其原理与按钮开关相似，当触点动作时，动断触点断开，动合触点闭合，直动式和单轮旋转式可在撞铁移开后自动复位，而双轮旋转式却不能自复位，只有在运动机械返回时，撞角碰到另一滚轮时才能复位。

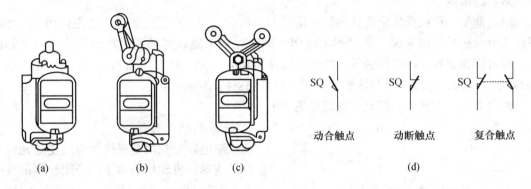

图 8-9 行程开关
（a）直动式；（b）单轮旋转式；（c）双轮旋转式；（d）图形和文字符号

行程开关分为快速动作、不快速动作和微动三种。不快速动作的行程开关的缺点是：触点的通断速度与机械运动部件推动推杆的速度有关，当运动部件移动速度较慢时，触点打开与闭合的速度缓慢，触点断开时产生的电弧存在时间长，容易损坏触点。当运动部件移动速度小于 0.4m/min 时应使用快速动作的行程开关。微动行程开关（即微动开关）外形很小，推杆行程很短、触点能够快速接通与断开。

（三）主令控制器

主令控制器又称主令开关，是一种多挡转换开关，具有多组触点，采用凸轮传动原理。当转轴上装置的凸轮形状不同时在转轴传动时可使触点依照不同的规律接通或断开，达到发布命令或与其他控制线路一起实现控制线路连锁、转换等目的。例如在机床上，控制冲头的动作可以选用手动按钮操作，也可用脚踏开关操作，但不可手、脚同时控制，这时可用主令控制器来选择所需的控制方法。

主令控制器有多组触点，手柄有多个位置，它控制触点通断的情况用接线图表示。如图 8-10（a）所示的主令控制器的手柄有三个位置：中间位置（标志 0）、顺时针方向 45°（标志 II）和逆时针方向 45°（标志 I）；它有三对触点，手柄在不同位置触点的通断如图 8-10（b）所示（"×"表示触点接通、"—"表示断开）。在控制电路中，每对触点的通断与主令控制器手柄位置的关系用图 8-10（c）所示方法表示。控制器有三对触点，画出三对触点符号；手柄有三个位置，画出三条竖虚线（称为位置线），哪对触点在哪个位置上闭合，就在该触点下相应位置线上标出黑点"·"。

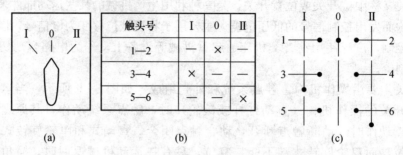

触头号	I	0	II
1—2	—	×	—
3—4	×	—	—
5—6	—	—	×

(a)　　　　　　　　(b)　　　　　　　　(c)

图 8 - 10　主令控制器及其触点通断表

八、继电器

继电器是一种根据特定形式的输入信号而动作的电器，广泛用于生产过程自动化的控制系统及电动机的保护系统。继电器主要用于通断控制电路，其触点通断的电流比接触器的小，没有灭弧装置。继电器的输入信号可以是电信号（如电压、电流），也可以是非电信号（如温度、压力）但输出量与接触量相同，都是触点的动作。

继电器的种类很多，按动作原理分类如下：

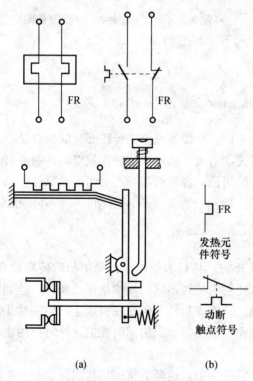

FR

发热元件符号

动断触点符号

图 8 - 11　热继电器结构示意图

（一）热继电器

热继电器是利用电流热效应使受热元件产生机械变形，推动机构动作来开闭触点的保护电器。电动机在实际运行中，常因负载过大、操作频繁或断相运行等使电动机的电流超过额定电流，引起过热导致绝缘损坏，使电动机使用寿命缩短甚至烧坏，而熔断器通过这种过载电流一般不会立即熔断甚至不熔断，所以采用热继电器对长期运行的电动机进行过载保护。

热继电器主要由发热元件、双金属片和触点三部分组成，其结构示意图如图 8 - 11 所示。发热元件与保护的电动机定子绕组串接，触点接在控制电路中。当电动机正常运行时，发热元件产生的热量不足以使触点动作；当电动机过载时，发热元件产生的热量使双金属片弯曲程度增大，推动导板带动机械装置，使继电器触点分断，切断控制电路中接触器线圈中的电流，释放接触器主触点从而断开电动机电源，达到过载保护的目的。热继电器的动作具有热惯性，即电动机过载后并不立即动作，而是过一段时间才动作，这一特性是符合需要的。因为电动机启动时启动电流很大但时间很短，这对电机本身并无妨碍，不要求停机，热继电器在这种情况下不动作正好符合要求。

热继电器的选择主要根据电动机的额定电流来确定其型号及发热元件的额定电流。热继电器的额定电流通常与电动机的额定电流相等；对星形连接的电动机可选两元件或三元件结构式，对三角形连接的电动机应选带断相保护的热继电器。

（二）电磁式电流继电器、电压继电器及中间继电器

电磁式继电器的工作原理与交流接触器相同，主要由线圈、铁芯和触点组成。

过电流继电器或过电压继电器在额定参数下工作时，其衔铁处于释放位置；当电路中出现过电流或过电压时，衔铁被吸合而动作；当电路中电流或电压降低到继电器复归值时，衔铁返回释放状态。

欠电流继电器或欠电压继电器在额定参数下工作时，其衔铁处于吸合状态；当电路中出现欠电流或欠电压时，衔铁动作释放；当电路中电流或电压上升至复归值时，衔铁返回吸合状态。

电流继电器的线圈与负载串联，匝数少、导线粗；而电压继电器的线圈与负载并联，匝数多、导线细。

中间继电器结构上同电压继电器，但它的触点对数多，主要用途是在控制回路中当其他继电器的触点对数或触点容量不够时，可借助中间继电器来扩大触点数量或触点容量，起到中间转换作用，有时也用中间继电器直接控制小容量电动机的启动和停止。

（三）时间继电器

时间继电器是一种利用电磁原理或机械动作原理实现触点延时接通或断开的自动控制电器，其特点是自吸引线圈得到信号起至触点动作中间有一段延时，一般用于以时间为函数的电动机启动过程控制。时间继电器的种类很多，有电磁式、空气阻尼式、电动式和电子式等。

时间继电器使用时比较困难的是图形符号的识读，特别是延时触点。图 8-12 所示是时间继电器的图形和文字符号，图中每对延时触点都有两种符号表示，可以认为每对延时触点延时后的动触点的动作方向是以弧线的向心方向。选用时间继电器时，延时方式、延时触点、线圈电压等方面应满足电路要求。

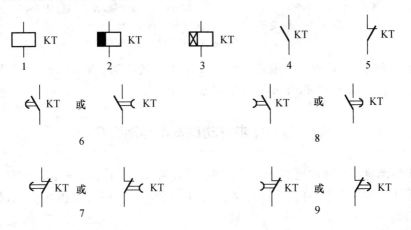

图 8-12 时间继电器符号

1—线圈一般符号；2—断电延时线圈；3—通电延时线圈；4—瞬时动作动合触点；

5—瞬时动作动断触点；6—延时闭合动合触点；7—延时断开动断触点；

8—延时断开动合触点；9—延时闭合动断触点

（四）速度继电器

速度继电器是当转速达到规定值时动作的继电器，主要用作笼形电动机的反接制动控制，也称反接制动继电器，由转子、定子和触点组成，转子是一个圆柱形永久磁铁，定子是一个笼形空心圆环，由硅钢片叠成，并装有笼形绕组。

图 8-13 所示是速度继电器的结构示意图。转子的轴与被控电动机的轴相连，定子空套在转子上。当电动机转动时，速度继电器的转子随之转动，定子内的短路导体便切割磁场而感应电势并产生电流，进而产生转矩，定子便开始转动，当转到一定角度时，带动杠杆推动触点动作，使动断触点先断开，动合触点随之闭合。当电动机转速低于某一值时定子产生的转矩减小，触点在簧片作用下复位。

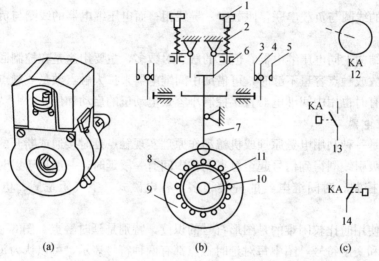

图 8-13　速度继电器的外形结构及符号

（a）外形；（b）工作原理图；（c）图形和文字符号

1—螺钉；2—反力弹簧；3—动断触点；4—动触点；5—动合触点；6—返回杠杆；

7—杠杆；8—定子导体；9—定子；10—转轴；11—转子；

12—转子符号；13—动合触点符号；14—动断触点符号

常用有 JY1 和 JFZ0 系列，一般速度继电器的动作转速为 120r/min，触头复位转速在 100r/min，转速在 3000～3600r/min 以下能可靠工作。

第二节　异步电动机基本控制线路

三相异步电动机具有结构简单、维修方便、工作可靠、价格低廉等优点，目前绝大多数生产机械均采用三相异步电动机来拖动。在一般工矿企业中三相笼型电动机的数量占电力拖动设备总台数的 85% 左右。

三相异步电动机的控制电路大都由继电器、接触器、按钮等低压电器组成，可以完成电动机启动、调速、制动等工作过程，并按照设计拖动生产机械的运行，以完成各种生产任务。应用这些低压电器组成的自动控制系统称为电器控制系统（也称继电器—接触器控制电路）。

电动机接通电源后由静止状态逐渐加速至稳定运行状态的过程称为电动机的启动。若将满足电动机额定电压的电源直接加在电动机定子绕组上，使电动机启动称为全电压启动或直接启动。这种启动方法简单、可靠、经济，但启动电流可达电动机额定电流的 4～7 倍，过大的启动电流会造成电网电压下降，影响其他电动机和电气设备的正常工作，故直接启动方法对电动机容量有所限制，一般容量小于 10kW 的电动机才用直接启动。

一、三相异步电动机的单向旋转控制电路

1. 开关控制电动机的单向旋转控制电路

图 8-14 所示是刀开关控制电路和自动开关控制电路图，仅适用于不频繁启动的小容量电动机，不能实现自动控制及远距离控制，也不能实现失电压、欠电压和过载保护。

2. 接触器控制电动机的具有自锁功能的单向旋转控制电路

图 8-15 是接触器控制电动机的单向旋转控制电路图。接触器 KM 的动合触点并联在启动按钮 SB2 的两端，使电动机在松开启动按钮 SB2 后仍能继续运转，在控制电路中串联一个停止按钮控制电动机停转。

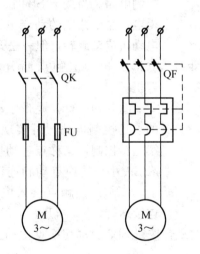

图 8-14　刀开关启动控制电路

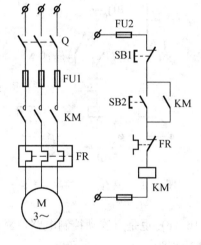

图 8-15　接触器控制单向旋转电路

控制原理：先合上电源刀开关 QK。

启动：　　按下 SB2→KM 线圈得电

└→KM 主触点闭合 → 电动机 M 启动

└→KM 动合辅助触点闭合（短接 SB2 进行自锁）

松开 SB2 后，由于 KM 动合辅助触点已闭合自锁，控制电路仍保持接通，电动机 M 连续运转。

停止：

按下 SB1→KM 线圈失电

└→KM 主触点断开 → 电动机 M 停转

└→KM 动合辅助触点复位为下次启动作准备

这种当启动按钮 SB2 松开后，控制电路仍能保持接通的电路称为具有自锁（或自保持）功能的控制电路。与启动按钮 SB2 并联的 KM 的动合辅助触点称为自锁触点。

由于采用了熔断器、热继电器和接触器，所以电路具有以下保护功能：

（1）短路保护。由熔断器 FU1 和 FU2 分别实现主电路和控制电路的短路保护，熔断器通常安装在靠近电源端的电源开关的下方。

（2）过载保护。由热继电器 FR 实现电动机长期过载保护，热继电器的动断辅助触点串联在接触器线圈回路中，当电动机长期过载而使 KR 动作时，就会切断 KM 线圈回路，使电动机停转。

（3）欠电压和失电压保护。依靠接触器本身的电磁机构实现，当电源电压欠电压或失电压时，接触器电磁吸力急剧下降或消失，衔铁自动释放，断开主触点和自锁触点，电动机停转。当电源电压恢复正常时不会自行启动运转，避免发生事故。

3. 点动控制电动机的控制电路

生产机械中有时需要点动控制电动机做调整运动，图 8 - 16 所示为具有点动控制功能的几种典型控制电路。

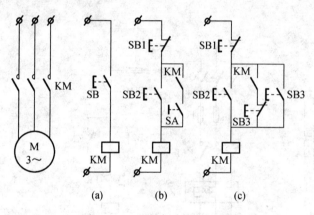

图 8 - 16　具有点动控制的电路

图 8 - 16（a）为最基本的点动控制电路。当按下 SB 时，KM 线圈得电，主电路中的动合主触点闭合，电动机启动旋转，但一松开 SB 线圈立即失电，主触点断开，电动机停机。

图 8 - 16（b）是带手动开关 SA 的点动控制电路，可实现点动和连续运转控制，又称点连动控制电路，靠 SA 手动切换点动和连动，SA 合上，KM 自锁触点接入电路，实现连续运转，SA 断开，实现点动。

图 8 - 16（c）也是点连动控制电路，靠增加的复合按钮 SB3 自动切换点动和连动控制。其点动工作原理为：

$$按下\ SB3\begin{cases}\longrightarrow SB3\ 动断触点先断开 \longrightarrow 切断\ KM\ 自锁支路 \longrightarrow KM\ 线圈失电 \longrightarrow 电机\ M\ 停机（实现点动）\\ \longrightarrow SB3\ 动合触点后闭合 \longrightarrow KM\ 线圈得电 \longrightarrow KM\ 主触点闭合 \longrightarrow 电动机旋转\end{cases}$$

松开 SB3 → SB3 动合触点先行复位

——→KM 线圈失电→电动机 M 停机（实现点动）

由于点动控制电路中，电动机运行时间较短，可以不设过载保护，但仍要设短路和欠电压、失电压保护。

二、电动机正反转控制电路

在生产中往往需要部件做正、反两个方向的运动，如机床工作台的前进与后退，主轴的正转和反转等，一般都由拖动这些部件的电动机实现正、反转来实现。三相异步电动机的转动方向是由旋转磁场的转动方向决定，而旋转磁场的转向取决于定子绕组通入的三相电流的相序，因此改变电动机的转向，只要将通入电动机的三根电源线任意对调两根即可。

图 8 - 17 所示是常用的两种控制电动机正、反转的控制电路。

电路中，采用两个接触器 KM1（正转接触器）KM2（反转接触器）来切换电动机的正反转，KM1 和 KM2 的主触点在主电路中，用来改变三相电源的相序，从而改变电动机转向。当接触器 KM1 的三对主触点接通时，三相电源的相序按 L1－L2－L3 接入电动机，而当 KM2 的三对主触点接通时，三相电源的相序按 L3－L2－L1 接入电动机。对于同一台电动机及其控制电路，同一时间只能允许实现电动机一个方向的旋转，若电路中 KM1 和 KM2 同时通电，主触点同时闭合，会造成 L1、L3 两相电源短路，因此在电动机控制回路中增加了"互锁"功能，即在允许电动机正转（或反转）的同时禁止电动机反转（或正转）。

图 8-17（a）是"正转←→停止←→反转"控制电路，工作原理为合上电源开关 Q，

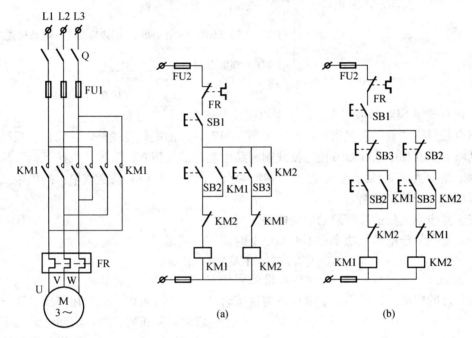

图 8-17　三相异步电动机正、反转控制电路

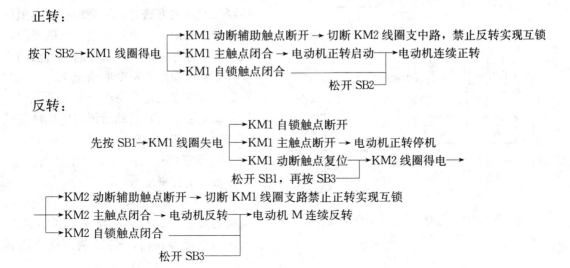

该电路的特点是：要改变电动机转向，必须经过停止这一过程。实现互锁功能是将两接触器的动断辅助触点互相串联在对方的线圈回路中，故又称"电气互锁控制电路"或"接触器互锁控制电路"。

图 8-17 (b) 是"正转↔反转"控制电路，可直接由正转变为反转，或由反转变为正转，适用于要求频繁实现正反转的电动机。其工作原理为合上电源开关 Q，

正转：

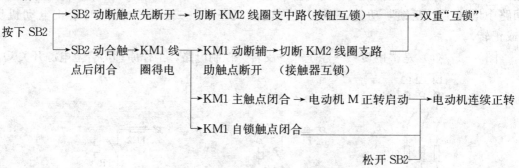

反转时按下 SB3 即可实现，其工作原理按上述方法可以分析。

该电路具有"双重"互锁功能，除了图 8-17 (a) 的电气互锁外，还将正、反转启动按钮的动断触点互相串联在对方接触器线圈回路中实现"按钮互锁"或"机械互锁"功能。若在控制电路中去掉 KM1、KM2 的动断辅助触点，图 8-17 (b) 就变成单一的机械互锁控制电路或按钮互锁控制电路。

三、异步电动机的降压启动控制电路

三相笼型异步电动机功率在 10kW 以上时或不能满足式

$$\frac{3}{4} + \frac{电源（变压器）容量（KVA）}{4 \times 电动机容量（kW）} \geqslant \frac{电动机直接启动电流}{电动机额定电流}$$

即电源允许的启动电流应不小于电动机的直接启动电流的条件时，应采用降压启动方法进行启动。降压启动时，启动电流减小了，但启动转矩也减小了，故降压启动只适用于空载或轻载下的启动。三相笼型异步电动机降压启动的方法有定子绕组串接电阻或电抗器、星形—三角形连接、自耦变压器及延边三角形启动等。这些启动方法的实质都是在电源电压不变的情况下，启动时降低加在电动机定子绕组上的电压，以限制启动电流，而在启动后再将电压恢复至额定值进行正常运行。

1. 定子绕组电路串接电阻（电抗器）降压启动的控制电路

图 8-18 所示为电动机定子绕组串接电阻的降压启动控制电路图。图中 KM1 为接通电源接触器，KM2 为短接电阻接

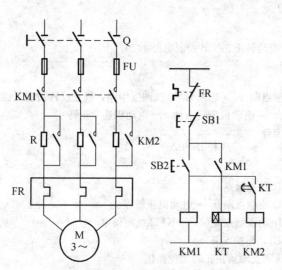

图 8-18 电动机定子绕组串接电阻的
降压启动控制电路图

触器，KT 为启动时间继电器，R 为电阻。

工作原理为合上电源开关 Q，按下启动按钮 SB2，KM1 通电并自锁，同时 KT 通电，电动机定子绕组电路串接电阻 R 进行降压启动，经时间继电器 KT 延时，其动合延时闭合触点闭合，KM2 通电，将电阻 R 短接，电动机进入全电压运行。KT 的延时长短根据电动机启动过程时间长短来整定。

串接电阻时，电阻功率大，能通过较大电流，但能量损耗大，为节省能量，可采用电抗器代替电阻，但价格较高，不太实用。

2. 自耦变压器降压启动的控制电路

图 8-19 所示是自耦变压器降压启动的控制电路，电动机启动电流的限制依靠自耦变压器的降压作用来实现。电动机启动时，定子绕组得到的电压是自耦变压器的二次电压，启动完毕时，自耦变压器被短接，自耦变压器的一次电压直接加于定子绕组，电机进入全电压正常运行。

工作原理是合上电源开关 Q，按下启动按钮 SB2，KM1 通电并自锁，将自耦变压器接入，电动机定子绕组经自耦变压器接至电源开始降压启动。同时，KT 通电，经一定延时后其动合触点闭合，KA 通

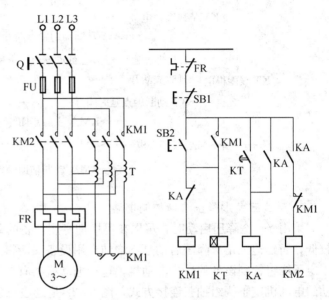

图 8-19　自耦变压器降压启动的控制线路

电使 KM1 断电，KM2 通电，自耦变压器 T 被切除，电机进行全电压正常运行。

自耦变压器降压启动的方法适用于不频繁启动、容量较大的电动机，启动转矩可以通过改变抽头的连接位置得到改变，但自耦变压器价格较贵。

3. 星形—三角形降压启动控制电路

星形（Y）—三角形（△）降压启动只适用于正常工作时定子绕组作三角形连接的电动机，由于该方法简单经济，故使用普遍，功率在 4kW 以上的三相笼型异步电动机均为△接法，都可以采用 Y—△降压启动方法。

Y—△降压启动是指启动时将定子绕组接为 Y 形，待转速增加到额定转速时，将定子绕组的接线切换成△。

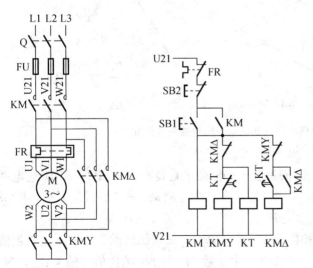

图 8-20　Y—△降压启动控制电路

在启动时，定子绕组电压降为电源电压的 $1/\sqrt{3}$ ，电流为直接启动时的 $1/3$，相应的启动转矩也是直接启动（△接时）的 $1/3$，故仅适用于空载或轻载下启动。

图 8-20 为时间继电器切换的 Y—△ 降压启动控制电路，其工作原理为合上电源开关 Q，

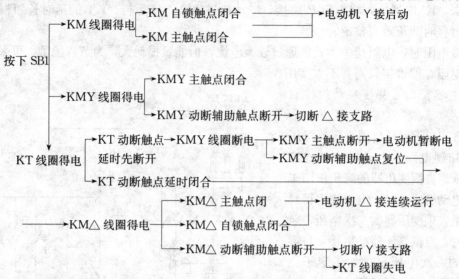

4. 延边三角形降压启动控制电路

采用 Y—△ 降压启动时，可以在不增加专用设备的条件下实现降压启动，但其启动转矩较低，而延边三角形降压启动是不增加专用设备又能得到较高启动转矩的启动方法。它适用于定子绕组特别设计的异步电动机，这种电动机共有九个出线端，图 8-21 是延边三角形启动的电动机定子绕组抽头连接方式，图 8-22 是延边三角形降压启动控制电路。

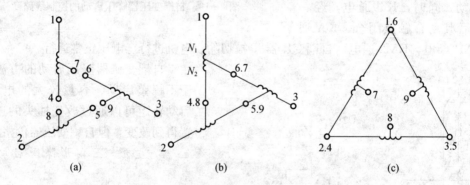

图 8-21　延边三角形启动的电动机定子绕组抽头连接方式
(a) 原始状态；(b) 起始状态；(c) 运行状态

延边三角形降压启动控制电路的工作原理是合上电源开关 Q，按下 SB2，KM1 通电并自锁，KM3、KT 同时通电，此时电动机接成延边三角形降压启动，KT 经过延时后，KM3 断电，KM2 通电，电动机接成三角形正常运转。

延边三角形降压启动的优点是在三相接入 380V 电源时，每相绕组承受的电压比△接法的相电压要低，而这时相电压大小取决于每相绕组中匝数 N_1 与 N_2 的比值（抽头比），N_1 所占的比例越大，相电压就越低。如 $N_1:N_2=1:2$ 时，则相电压为 290V，$N_1:N_2=1:1$ 时，相电压为 264V。采用延边三角形降压启动时，其相电压高于 Y—△ 降压启动时的相电

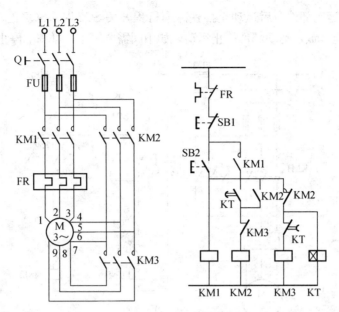

图 8-22　延边三角形降压控制线路

压，因此启动转矩也大于 Y—△降压启动时的转矩。

由于延边三角形降压启动的电动机制造工艺复杂，故这种方法目前尚未得到广泛应用。

四、电动机间歇运行控制电路

在某些工作场合，电动机需要间歇运行，即运行一段时间后，自动停止，然后再自动启动运行，这样反复运行。图 8-23 所示就是一种电动机间歇运行控制电路，其工作原理是合上电源开关 Q，交流接触器 KM 和时间继电器 KT1 线圈得电吸合，电动机启动运行；运行一段时间后，KT1 延时闭合的动合触点闭合，接通中间继电器 KA 和时间继电器 KT2 电路，KA 动断触点断开，电动机停止运行；经过一段时间后 KT2 延时断开的动断触点断开，使 KA 线圈断电释放，KA 的动断触点闭合，再次接通 KM 线圈电路，电动机重新启动运行，重复上述过程，实现电动机的间歇运行。

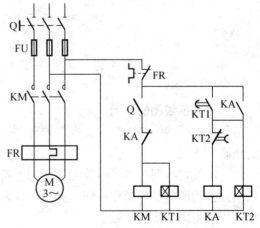

图 8-23　电动机间歇启动控制电路

五、电动机限位运行控制电路

图 8-24 是电动机限位控制线路，图中 SQ1 和 SQ2 为限位开关（行程开关），装在预定的位置上。其工作原理如下。

合上电源开关，按下 SB2，接触器 KM1 线圈得电吸合，电动机正转启动，运动部件向前运行，当运行到终端位置时，装在运动物体上的挡铁碰撞行程开关 SQ1，使 SQ1 的动断触点断开，接触器 KM1 线圈断电释放，电动机断电，运动部件停止运动，此时即使按下 SB2，接触器 KM1 的线圈也无电，保证了运动部件不会超过 SQ1 所在位置。当按下 SB3 时，KM2 得电，电动机反转，运动部件向后运动至挡铁碰撞行程开关 SQ2 时，SQ2 的动断触点断开，接触器 KM2 线圈断电释放，运动部件停止运动，如中间需要停止，可按下停止按钮 SB1。

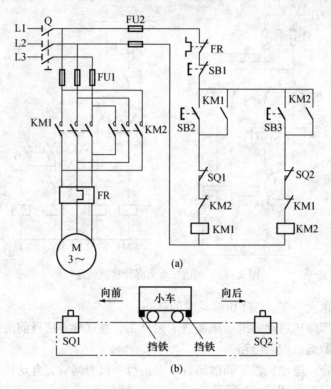

图 8 - 24　电动机限位控制线路

第三节　三相异步电动机控制线路的安装

一、电气接线图的绘制

电气接线图的绘制应当根据电气原理图、装配图及接线的技术要求进行，绘制电气接线图的规则如下。

（1）电气接线图中各个电器元件的图形符号及文字符号必须与电气原理图完全一致，每个电器元件的所有部件画在一起，并用虚线框起来。各电机、电器上的接线端子号和接线端的相对位置也应与实物一致。

（2）在电气接线图中，各电器的相对位置应与实际安装的相对位置一致。

（3）导线编号：首先在电气原理图上根据等电位原则编写线号，然后再编写电气接线图线号。电气接线图中的线号和实际安装的线号应与电气原理图端子号写出的线号一致。线号的编写方法如下。

1）主回路三相电源依次编写为 L1、L2、L3，经电源开关后出线依次编写为 U1、V1、W1，每经过一个电器元件的接线桩编号要递增，如 U1、V1、W1 递增后为 U2、V2、W2、…，没有经过接线桩的编号不变。如果是多台电动机的编号，为了不引起混淆，可在字母前加数字区分，如 1U1、1V1、1W1，2U1、2V1、2W1。

2）控制回路从左至右（或从上至下）只以数字编号，每经过一个电器元件的接线桩，编号要依次递增，编号的起始数字，除控制回路必须从"1"开始外，其他辅助回路依次递增为 101、201、…做起始数字。

3）各电器元件中凡是需要接线的部件及接线桩都应绘出，且一定要标注端子线号。

4）安装板内、外的电器元件之间的连线，应通过端子板进行连接。

5）接线图中的导线可用连续线、中断线来表示，也可用束线表示。

如图 8-25 所示为具有电气和机械互锁的正、反转线路的电气接线图。

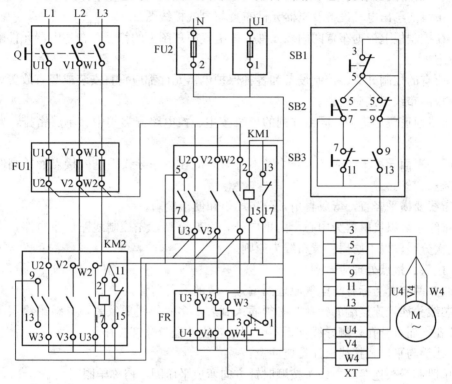

图 8-25 具有电气和机械互锁的正、反转线路的电气接线图

二、三相异步电动机控制电路安装步骤和要求

（一）安装步骤

（1）根据电气原理图绘制电气接线图。

（2）按电气原理图及负载功率大小配齐电器元件，检查电器元件完好并符合要求。

（3）固定电器元件。

（4）按图接线。按电气接线图顺序接线。

（二）安装要求

（1）电气元件固定应牢固、排列整齐、防止电器元件外壳压裂损坏。

（2）按电气接线图确定的走线方向布线，可先布主回路线，也可先布控制回路线。对于明敷导线，应尽量避免交叉，做到横平竖直，敷设时不得损伤导线绝缘和线芯；从一个接线桩到另一个接线桩的导线必须是连续的，中间不能有接头；接线时，接线桩垫片为圆环形时，导线的导体按顺时针方向打圈压在垫片下，若为"瓦片式"垫片时，连接导线只需去掉绝缘层，将导体部分插入垫片紧固即可。

（3）主回路和控制回路的线路套管必须齐全，每一根导线的两端都必须套上编码管。在遇到 6 和 9 这类倒顺都能读数的号码时必须做记号区别。

（4）电动机及按钮的金属外壳必须可靠接地。

（5）所有电器上的空余螺钉一律拧紧。

三、电动机控制电路布线安装工艺

（一）板前布线安装工艺规定

（1）布线前绘出电气设备及电器元件布置与电气接线图。

（2）在控制板上依据布置图固装元件并按电气原理图上的符号，在各电器元件醒目处贴上符号标志。

（3）所有的控制开关、控制设备和各种保护电器元件都应垂直安装或竖直放置。

（4）板前布线工艺应注意。

1）布线通道应尽量少，同路并列的导线按主、控电路分类集中、单层密排，紧贴安装而布线。

2）同一平面导线不能交叉，非交叉不可时只能在另一导线因进入接点而抬高时，从其下空隙穿越。

3）布线要横平竖直，弯成直角，分布均匀和便于检修。

4）布线一般以接触器为中心，由里向外，由低至高，先控制线路后主电路，主、控回路上下层次分明，以不妨碍后续布线为原则。

（5）接头、接点处理应做到：

1）线头两端套上标有与电气原理图编号一致的号码套管。

2）芯线头插入连接端的针孔时必须插入到底，多股导线要绞紧，导线绝缘层不得插入接线板针孔，而且针孔外侧导线裸露不能超过芯线外径。螺钉要拧紧。

（6）线头与平压式接线桩连接应注意：

1）单股芯线头连接时，线头按顺时针方向弯成平压圈（俗称羊眼圈）。

2）软线头绞紧后以顺时针方向，围绕螺钉一周后，回绕一圈，端头压入螺钉。

3）每个电器元件上的每个接点不能超过两个线头。

（7）控制板与外部连接应注意：

1）控制板与外部按钮、行程开关、电源负载的连接应穿护套线管，且连接多用软铜线。电源负载也可用橡胶电缆连接。

2）控制板或配电箱内的电器元件布局要合理，既便于接线和检修，又安全和规整好看。

（二）板后网式布线安装工艺规定

（1）布线工艺上，复杂的电气控制板（箱）可采用板后布线方式，一般是用专用的绝缘穿线板，由板后穿到板前，接到电气控制设施备、电器元件的接线柱上。

（2）板后布线采用网式布线，根据两个接线柱的位置决定自由方式走线，只要求导线拉直即可。

（3）从板后穿到板前部分的导线，要求线路走径横平竖直，弯成直角。导线设计要求软线或单股硬线均可。

（4）接头、接点工艺处理按板前布线安装的要求进行。

（三）塑料槽板布线工艺规定

（1）较复杂的电气控制设备还可采用塑料槽板布线，槽板应安装在控制板上，与电气控制设备、电器元件位置横平竖直。

（2）槽板拐弯的接合处成直角，并结合严密。

（3）将主、控回路导线自由布放到槽内，将导线端的线头从槽板侧孔穿出至电气控制设备、电器元件的线桩，布线完毕后将槽盖板扣上，槽板外的引线要力求完美、整齐。

（4）导线采用单股芯线或多股软线均可。

（5）接头、接点工艺处理按板前布线安装的要求进行。

（四）线束布线规定

（1）较复杂的电力拖动设备，按主、控回线路走径分别排成线束（俗称打把子线）。

（2）线束中每根导线两端分别套上同一线路编号。

（3）从线束中行至各接线桩，均应横平竖直，弯成直角，接头、接点工艺处理按板前布线安装的要求进行。

四、通电前的检查

安装完毕的控制线路板，必须经过认真检查后，才能通电测试，以防错接、漏接造成不能控制或短路事故，检查内容有以下几点：

（1）按电气原理图或电气接线图从电源端开始，逐段核对接线及接线端子线号，重点检查主回路有无漏接、错接及控制回路中容易接错之处，检查导线压接是否牢固、接触良好。

（2）用万用表检查电路的通断情况。可先断开控制回路，用欧姆挡检查主回路有无短路，然后断开主回路检查控制回路有无开路或短路，自锁、连锁装置的动作及可靠性。

（3）用 500V 绝缘电阻表检查线路的绝缘电阻，不应小于 1MΩ。

五、控制电路通电测试

为保证人身安全，通电前认真执行安全操作规程的规定，一人监护，一人操作。

（1）经上述检查无误后，检查三相电源有电。

（2）空载试运转。插上熔断器，合上电源开关，用试电笔检查熔断器出线端，确信电源接通。按下启动按钮，观察接触器动作是否正常、是否符合功能要求；观察电器元件有无卡阻及噪声过大现象、有无异味；检查负载接线端子三相电源是否正常。经检查均正常后方可带负载试运转。

（3）带负载试运转。断开电源开关，接上检查完好的电动机，检查接线无误后合上电源开关，按一下启动按钮，电动机应运转，按一下反转按钮，电动机应能反方向运转；当电动机平稳运行时，可用钳形电流表测量三相电流是否平衡。按一下停止按钮，电动机应停止运转。通电试运行完毕，停转、断开电源，拆除三相电源，最后拆除电动机接线。

第四节　异步电动机控制电路的故障检测及分析处理

三相异步电动机控制电路在运行中可能发生的故障有两大类：一类是电动机本身故障，包括机械方面的故障（如轴承磨损、动静摩擦等）和电磁方面的故障（如绕组短路、断路等）；另一类是控制回路故障（如控制失灵、控制元件损坏等）。有的故障明显并容易发现，如电机过热、冒烟、产生火花或焦臭味，这类故障除了更换损坏设备和线路外还要分析和排除故障；还有的故障没有外表特征，如电机控制回路中元件调整不当、动作失灵或导线接触不良、断裂等，就需要仔细查找，一般需借助各类测量仪表和工具才能找出故障点。在进行控制回路故障排查时，常用以下的检测方法。

一、调查研究法

主要通过"问、看、听、摸"了解故障前后的详细情况，掌握第一手资料，对部分故障可迅速判断故障部位，准确排除故障。

问：向操作者了解故障发生前后情况，询问故障是否经常发生还是偶尔发生；有哪些现象；故障发生前有无频繁启动、停止或过载等；是否进行过维护、检测或改动线路等。

看：看熔丝是否熔断；接线是否松动、脱落、断线；开关的触点是否接触良好；有无熔焊现象。

听：用耳朵倾听电动机、变压器和电器元件的声音是否正常。

摸：用手感检查电动机、变压器、继电器线圈的温升；当限位开关没有动作时，也可用手代替撞块去撞一下限位开关，如果动作和复位时有"嘀嘀"声，一般情况下开关是好的，调整撞块位置就能排除故障。

为确保人身和设备安全，在听电气设备运行声音是否正常而需要通电时，应以不损坏设备和扩大故障范围为前提；在摸靠近传动装置的电器元件和容易发生触电事故的故障部位前，必须切断电源后进行。

二、逻辑分析法

逻辑分析法主要在对整个电路工作原理相当熟悉的基础上，从故障现象出发，按电路工作原理逐级分析，划出故障可疑范围，再配合其他方法找出故障发生的准确位置。

三、电阻测量法

利用万用表的电阻挡检测元件是否有短路或断路现象的方法必须在断电情况下进行才比较安全。如图 8-26 所示的在异步电动机控制电路中，若按下启动按钮 SB2，接触器 KM1不吸合，电动机无法启动，说明线路有故障，运用电阻法测量时，先断开电源，再将控制电路从主电路上断开，测量出接触器线圈的阻值并记录下来。

1. 分阶测量法

按下 SB2 不放松，测出 1—7 点电阻，正常应为接触器线圈电阻，若为零，说明接触器线圈短路；若为无穷大，说明电路断路，需逐级分阶测量 1—2、1—3、1—4、1—5、1—6各电器触头两点间的电阻值，如图 8-27 所示，正常应为零，若某两点间电阻值突然增大，说明表笔刚跨过的触头或连接导线接触不良或断路。这种测量方法像台阶一样，所以称为分阶测量法。也可分阶测量 6—7、5—7、4—7、3—7、2—7、1—7 各点间的电阻值进行故障分析。

2. 分段测量法

如图 8-27 所示，按下 SB2 不放松，分段测量各对电器触头间的电阻值，即测量 1—2、2—3、3—4、4—5、5—6 各点间的电阻值，正常应为零，若为无穷大，则说明该两点间的触头接触不良或导线断线。再测 6—7 点间电阻值，正常应为接触器线圈电阻值，若为零，则接触器线圈短路，若为无穷大，则接触器线圈断路或接线端接触不良。

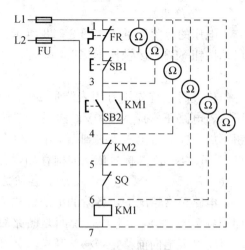 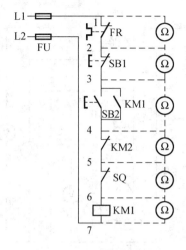

　　图 8 - 26　电阻分阶测量法　　　　　　　　图 8 - 27　电阻分段测量法

四、电笔检测法

对于简单的电气控制电路，可以在带电状态下用电笔判断电源好坏，如用电笔碰触主电路组合开关及三个熔断器输出端，若氖管发光均较亮或电笔显示正常电压值，则电源是好的；若其中一相亮度不够或电笔显示电压不正常，则说明电源缺相。对于图 8 - 27 所示电路，当按下 SB2 不放松时，可用电笔分别在 1、2、3、4、5、6、7 点处接触电路带电部分，若氖管发光较亮或电笔显示电压正常，则说明电路完好，若氖管亮度不够或电笔显示电压不正常，则说明该点与前点间的电器触头或线路接触不良或断路。

需注意的是该控制电路两端所接是相线，额定电压为 380V，如果电笔在分别碰触 6、7点，氖管均较亮或电笔显示电压正常而接触器仍不动作，此时就要借助万用表进行测量，若接触器线圈两端电压为额定值，则说明线圈有断裂故障；若接触器两端电压为零，说明线圈两接线端子或两端连接线有接触不良或断路故障。

五、导线短接法

导线短接法比较适合于在电路带电状态下判断电器触头的接触不良和导线的断路故障。如图 8 - 27 所示，当按下 SB2 时，接触器不动作，说明电路有故障，此时可用一段导线以逐段短接法来缩小故障范围。用导线依次短接 1—2、2—3、3—4、4—5、5—6 各点，绝对不允许短接 6—7 点，否则引起电源短路。若短接某两点后接触器能动作，说明这两点间的电气触头或导线存在接触不良或断路故障；若短接后仍不动作，就要借助万用表检测接触器线圈及其接线端判断有无故障。在操作时，也可短接 1—2、1—3、1—4、1—5、1—6 各点进行判定。

应用导线短接法时，必须注意人身安全及设备的安全，遵守安全操作规程，不得随意触动带电部分，尽可能切断主电路，只在控制电路带电情况下进行检查，同时一定不要短接接触器线圈、继电器线圈等控制电路的负载，以免引起电源短路，并要充分估计到局部电路动作后可能发生的不良后果。

六、电压测量法

检测时将万用表拨到交流 500V 挡。

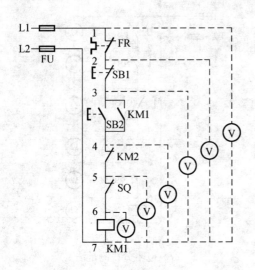

图 8 - 28　电压分阶测量法

1. 分阶测量法

电压的分阶测量法如图 8 - 28 所示，若按下启动按钮 SB2，接触器 KM1 不吸合，说明电路有故障。

检查时，首先用万用表测量 1—7 两点间电压，若电路正常应为 380V。然后，按住启动按钮不放，同时将黑表笔接到点 7 上，红色表笔按点 6、5、4、3、2 标号依次向前移动，分别测量 7—6、7—5、7—4、7—3、7—2 各阶之间的电压，电路正常情况下，各阶的电压值均为 380V。如测到 7—6 之间无电压，说明是断路故障，此时可将红表笔向前移，当移至某点（如 2 点）时电压正常，说明点 2 以前的触头或线路完好，而点 2 以后的触头或接线有断路，一般是该点后第一个触头（即刚跨过的停止按钮的触头）或连接线路断路。根据各阶电压值检查故障的方法如表 8 - 1 所示，分阶测量法可向上测量（即由点 7 向点 1 测量），也可向下测量，即依次测量 1—2、1—3、1—4、1—5、1—6 各阶之间的电压。特别注意向下测量时，若各阶电压等于电源电压，说明测过的触头或连接导线有断路故障。

表 8 - 1　　　　　　　　　　电压分阶测量法确定电路故障原因

故障现象	测试状态	1—2	2—3	3—4	4—5	5—6	故障原因
按下 SB2 时，KM1 不吸合	按下 SB2 不放松	380V	0	0	0	0	FR 动断触点接触不良，未导通
		0	380V	0	0	0	SB1 触点接触不良，未导通
		0	0	380V	0	0	SB2 触点接触不良，未导通
		0	0	0	380V	0	KM2 触点接触不良，未导通
		0	0	0	0	380V	SQ 触点接触不良，未导通

2. 分段测量法

电压的分段测量法如图 8 - 29 所示，先用万用表测试 1—7 两点，若电压为 380V，说明电源电压正常。

电压的分段测量法是将红、黑两根表笔逐段测量相邻两标号点 1—2、2—3、3—4、4—5、5—6、6—7 间的电压。若电路正常，除 6—7 两点间电压等于 380V 之外，其他任何相邻两点间的电压值均为零。如按下启动按钮 SB2，接触器 KM1 不吸合，说明电路断路，用万用表逐段测试各相邻两点间的电压。如测量到某相邻两点间的电压为 380V 时，说明这两点间所包含的触点、连接导线接触不良或断路。例如标号 4—5 两点间电压为 380V，说明接触器 KM2 的动断触点接

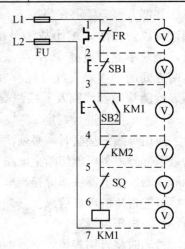

图 8 - 29　电压分段测量法

触不良，未导通。根据各段电压值来检查故障的方法可见表 8-2 所示。

表 8-2　　　　　　　　　　　　　电压分段测量法确定电路故障原因

故障现象	测试状态	7-6	7-5	7-3	7-2	7-1	故障原因
按下 SB2 时，KM1 不吸合	按下 SB2 不放松	0	380V	380V	380V	380V	SQ 触点接触不良，未导通
		0	0	380V	380V	380V	KM2 触点接触不良，未导通
		0	0	380V	380V	380V	SB2 触点接触不良，未导通
		0	0	0	380V	380V	SB1 触点接触不良，未导通
		0	0	0	0	380V	FR 动断触点接触不良，未导通

七、校验灯检测法

校验灯检测方法与电压测量相似。电气控制电路的故障原因和故障现象各不相同，在检修时要理论联系实际，灵活运用上述方法，及时总结经验和作好检修记录，提高故障排查能力。

第五节　实　训　课　题

一、电动机接触器连锁正反转控制盘的制作

1. 安装工具及材料

电工钳、剥线钳、电工刀、一字螺钉旋具、十字螺钉旋具。

2. 电器元件

自制控制板一块（650mm×500mm×25mm），其他元件明细如表 8-3 所示。

表 8-3　　　　　　　　　　　　　　　元　件　明　细　表

代号	名称	型号	规格	数量
M	三相异步电动机	Y—112M—4	4kW、380V、△接法、8.8A、1440r/min	1
QS	组合开关	HZ10—25/3	三极、25A	1
FU1	螺旋式熔断器	RL1—60/25	500V、60A、配熔体额定电流 25A	3
FU2	螺旋式熔断器	RL1—15/2	500V、15A、配熔体额定电流 2A	2
KM	交流接触器	CJIO—20	20A、线圈电 380V	2
FR	热继电器	JR16—20/3	三极、20A、热元件、整定电流 8.8A	1
SB1、SB2、SB3	按钮	LA4—3H	保护式、按钮数 3，500V，5A	1
XT	端子板	JX2—1015	500V、10A、15 节	1

3. 控制盘元器件布置要求

（1）较重的设备居下，经常操作的开关设备居中，仪表和信号灯等布置在上方。

（2）各种电器元件彼此之间的距离应能保证单独拆装，而不影响其他电器与线束的固定。

（3）控制开关、控制设备和各种保护电器元件，都应垂直安装或竖直放置。

（4）控制盘内的电器元件布局应合理，便于接线和维修，保证安全和规整好看。

（5）控制盘上电器元件间的允许距离如表 8-4 所示。

表 8 - 4 控制盘上电器元件间的允许距离

相邻设备名称	上下间距（mm）	左右间距（mm）
仪表和仪表	—	60
仪表和线孔	80	—
开关和仪表	—	60
开关和开关	—	50
开关和线孔	30	—
线孔和线孔	40	—
互感器和仪表	80	50
瓷插式熔断器和其他设备	—	30
指示灯、熔断器、小开关之间以及与其他设备之间	30	30
设备和箱壁	50	50
线孔和箱壁	30	30

4. 元器件安装

（1）按元件明细表将所需元件配齐并检验元件质量。

（2）在控制板上安装所有电器元件，做到整齐、匀称、间距合理和易于更换。

（3）电器元件的紧固程度要适当，受力应均匀，以免损坏元件。

5. 考核标准

见表 8 - 5。

表 8 - 5 电动机接触器连锁正反转控制盘制作评分表

姓名		单位		考核时限	30min	实操时间	
考核项目		配分		评分标准		扣分	备注说明
主要项目	元器件准备	35	1. 每少准备一个元器件，扣 3 分				
			2. 未对元器件进行检查，每漏检一件扣 3 分				
			3. 工具准备不充分，每件扣 3 分				
	工具使用	15	工具使用不规范，每种工具扣 3 分				
	元器件布置	50	1. 各元器件彼此之间的距离不符合规范要求，每处扣 4 分				
			2. 元器件安装不牢固，每件扣 4 分				
			3. 元器件安装时造成损伤或损坏，每件扣 15 分				
			4. 电器元件布置歪斜，每件扣 4 分				
			5. 电器元件在板面上布置的上重下轻，扣 10 分				
			6. 漏装木螺钉，每只扣 3 分				
			7. 盘面元件布置整体布局不美观，扣 10 分				
	文明生产	6	1. 作业时言语、行为不文明，扣 3 分				
			2. 作业完毕未清理现场，扣 3 分				
	作业时限	4	每超 1min 扣 1 分，只允许超过 5min				
考评员					合计		
考评组长					总得分		

二、电动机控制电路接线

（一）接触器连锁正反转控制电路的元件安装与接线

1. 电气控制电路和器件布置如图 8-30 所示

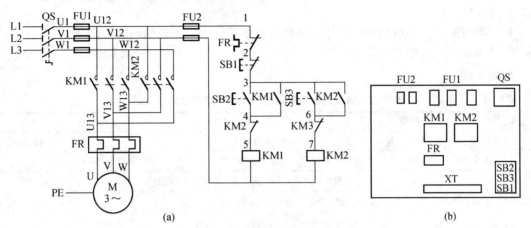

(a)　　　　　　　　　　　　　　　(b)

图 8-30　接触器连锁正反转控制电路图

(a) 电路图；(b) 器件布置图

2. 电工工具、仪表及器材

（1）电工常用工具：验电笔、一字和十字螺钉旋具、尖嘴钳、剥线钳、斜口钳、校验灯等。

（2）仪表：万用表等。

（3）导线规格：主电路用 BV2.5mm²，控制电路用 BV1.5mm²，按钮用 BVR0.75mm²，接地线用 BVR1.5mm²。导线颜色：接地线选用专用色线，主电路和控制电路导线的颜色应明显区别。

（4）紧固件及编号套管按需要配给（简单线路可不用编码套管）。

（5）已制作好的控制面板一块。

3. 器件的安装、接线步骤

（1）在控制板上合理布置各电器元件。

（2）在控制板上安装电器元件，元件安装要牢固，不松动，排列整齐、均匀、合理，便于走线和更换元件。

（3）按图 8-30 在控制面板上设计走线方案。

（4）进行板前明线布线和套编码套管。

（5）按图 8-30（b）检查控制板布线是否合理，接线是否正确。

（6）连接电源、电动机等控制板外部的导线。

（7）认真检查接线，无误后再请求通电试验。

4. 接线工艺要求

（1）走线通道应尽量少，同一通道中的沉底导线，按主、控电路分类集中，单层平行密排，紧贴敷设面。

（2）布线应横平竖直、整齐，拐弯处应成直角，布线整体分布均匀，走线合理。

（3）同一平面上的导线不能交叉，排列应高低一致或前后一致。若必须交叉时，此根导线也应在接线端子引线处的下方空隙引出。

（4）导线与接线端子或接线桩子连接时，不应反圈相接，不得压住绝缘层和裸露铜芯过长，同一回路的不同接点的导线间距保持一致。

（5）一个电器元件接线端子上的连接导线不得超过两根，每个接线端子板的连接导线一般只允许连接一根。

（6）布线时，严禁损伤线芯和导线绝缘。若线路简单可不套编码套管。

5. 考核标准

见表 8 - 6。

表 8 - 6　　　　　电动机接触器连锁正反转控制线路安装与接线评分表

姓名		单位			考核时限	120min	实操时间	
考核项目		配分	评分标准				扣分	备注说明
主要项目	工具使用	4	工具使用不规范，每种工具扣 2 分					
	元器件布置与安装	20	1. 各元器件彼此之间的距离不符合规范要求，每处扣 4 分					
			2. 元器件安装不牢固，每件扣 4 分					
			3. 元器件安装时造成损伤或损坏，每件扣 10 分					
			4. 电器元件布置歪斜，每件扣 4 分					
			5. 电器元件在版面上布置的上重下轻，扣 5 分					
			6. 漏装木螺钉，每只扣 2 分					
			7. 盘面元件布置整体布局不美观，扣 5 分					
	布线与接线	34	1. 有接头松动、线芯裸露过长、压绝缘层、反圈现象，每处扣 1 分					
			2. 损伤导线绝缘或线芯，每处扣 3 分					
			3. 漏接接地线，扣 10 分					
			4. 每漏接或错接一根导线扣 5 分					
			5. 布线歪斜、不平直，每根线扣 1 分					
			6. 布线整体不协调、不美观，扣 10 分					
	通电试车	42	1. 热继电器未整定或整定错，扣 5 分					试车扣分时，按最后一次试车时的分值扣分
			2. 主、控电路熔体规格配错，每个扣 4 分					
			3. 第一次试车不成功，扣 15 分					
			4. 第二次试车不成功，扣 25 分					
			5. 第三次试车不成功，扣 35 分					
			6. 违反安全操作规程操作，扣 30 分					
			7. 作业完毕未清理现场，扣 3 分					
	作业时限		每超 1min 扣 1 分，只允许超 5min					
考评员					合计			
考评组长					总得分			

（二）接触器控制线绕式异步电动机控制电路的安装与接线

1. 电气控制线路图

电气控制线路图如图 8 - 31 所示。

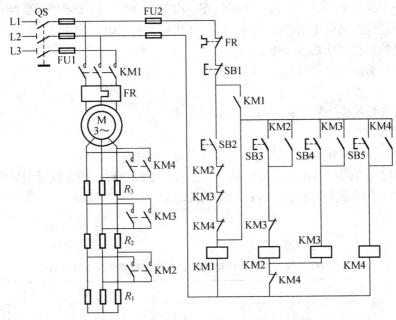

图 8-31　接触器控制绕线式异步电动机控制电路图

2. 电工工具、仪表及器材

（1）电工常用工具：验电笔、一字和十字螺钉旋具、尖嘴钳、剥线钳、斜口钳、校验灯等。

（2）仪表：万用表、绝缘电阻表等。

（3）器材控制板一块（650mm×500mm×50mm），其他器件如元件明细表 8-7 所示。

（4）导线规格：主电路用 BV2.5mm²，控制电路用 BV1.5mm²，按钮用 BVR0.75mm²，接地线用 BVR1.5mm²。导线颜色：接地线选用专用色线，主电路和控制电路导线的颜色应明显区别。

（5）辅料：紧固件、金属软管、走线槽、针式及叉形扎头、编码套管等。

表 8-7　　　　　　　　　　　　元 件 明 细 表

代　号	名　称	型　号	规　格	数　量
M	绕线式转子异步电动机	YZR—132M2—6	3.7kW、9.2A/14.5A、908r/min	1
QS	电源开关	HK1—30/3	380V、30A、熔体直连	1
FU1	熔断器	RL1—60/25	60A、配熔体25A	3
FU2	熔断器	RL1—15/2	15A、配熔体2A	2
KM1~KM4	交流接触器	CJ10—20	20A、线圈电压380V	4
FR	热继电器	JR16—20/3	三极、20A、整流电流15.4A	2
SB1	按钮	LA10—3H	保护式、按钮数 3.500V、5A	1
SB2~SB5	按钮	LA4—3H	保护式、按钮数 3.500V、5A	1
R1、R2、R3	电阻器	ZX2—2/0.7	22.3A、7Ω 每片电阻 0.7Ω	3
XT	端子板	JX—1015	500V、10A、15 节	1

3. 器件的安装、接线步骤

（1）在控制板上合理布置各电器元件。

（2）安装控制板上的走线槽及电器元件。

（3）元件安装要牢固，不松动，排列整齐、均匀、合理，便于走线和更换元件。

（4）按图进行控制板正面的线槽内配线，在线头上套编码套管和冷压接线头。

（5）检验控制板布线是否正确。

（6）进行控制板外部接线。

（7）通电前检查。

（8）由指导教师检查后，进行通电试车。

4. 工艺要求

（1）电器元件的紧固程度要适当，受力应均匀，以免损坏元件。

（2）布线时，在线槽内的导线要做到横平竖直、走线合理；进入线槽的导线要完全置于走线槽内，并能方便盖上线槽盖；各接点不能松动。

5. 考核标准

见表 8 - 8。

表 8 - 8　　　　接触器控制线绕式异步电动机控制电路的安装与接线评分表

姓名		单位		考核时限	120min	实操时间	
考核项目		配分	评分标准			扣分	备注说明
主要项目	工具使用	4	工具使用不规范，每种工具扣 2 分				
	元器件布置与安装	20	1. 元器件彼此之间的距离不符合规范要求，每处扣 2 分				
			2. 元器件安装不牢固，每件扣 2 分				
			3. 元器件安装时造成损伤或损坏，每件扣 10 分				
			4. 电器元件布置歪斜，每件扣 2 分				
			5. 电器元件在版面上布置的上重下轻，扣 2 分				
			6. 漏装木螺钉，每只扣 2 分				
			7. 盘面元件布置整体布局不美观，扣 5 分				
	布线与接线	34	1. 有接头松动、线芯裸露过长、压绝缘层、反圈现象，每处扣 2 分				
			2. 损伤导线绝缘或线芯，每处扣 3 分				
			3. 漏接接地线，扣 10 分				
			4. 每漏接或错接一根导线扣 5 分				
			5. 布线歪斜、不平直，每根线扣 1 分				
			6. 布线整体不协调、不美观，扣 10 分				
	通电试车	42	1. 热继电器未整定或整定错，扣 5 分			试车扣分时，按最后一次试车时的分值扣分	
			2. 主、控电路熔体规格配错误，每个扣 4 分				
			3. 第一次试车不成功，扣 15 分				
			4. 第二次试车不成功，扣 25 分				
			5. 第三次试车不成功，扣 35 分				
			6. 违反安全操作规程操作，扣 30 分				
			7. 作业完毕未清理现场，扣 3 分				
	作业时限		每超 1min 扣 1 分				
考评员				合计			
考评组长				总得分			

三、电动机控制电路故障诊断与处理

1.C620型普通车床的故障诊断与处理

C620型车床控制线路如图8-32所示。

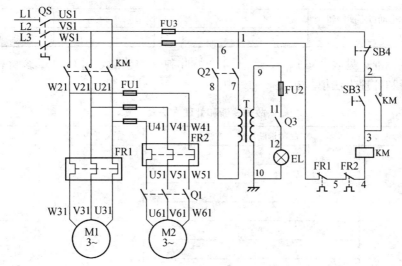

图8-32　C620型车床控制线路

（1）电气线路分析：

1）对主电路的功能进行分析。

2）对控制电路的功能进行分析。

（2）故障现象：

1）接触器不吸合，主轴电动机不能启动。

2）接触器能吸合，但主轴电动机不能启动。

3）主轴电动机断相运行。

4）主轴电动机能启动，但不能自锁。

5）主轴电动机不能停转。

6）照明灯不亮。

（3）故障诊断与处理。按表8-9中依次设置故障，分别进行故障的诊断和处理，将故障诊断的结果和处理方法记录在表8-9中。

表8-9　　　　　　　　　故障诊断的结果和处理方法记录表

序号	故障现象	故障诊断步骤、方法	故障诊断结果	故障处理方法
1	接触器不吸合，主轴电动机不能启动			
2	接触器能吸合，但主轴电动机不能启动			
3	主轴电动机断相运行			

序号	故障现象	故障诊断步骤、方法	故障诊断结果	故障处理方法
4	主轴电动机能启动，但不能自锁			
5	主轴电动机不能停转			
6	照明灯不亮			

（4）考核标准，见表 8 - 11。设置 2~3 个彼此独立的故障，进行故障诊断和处理考核，并将故障诊断和处理方法填写在表 8 - 10 中。

表 8 - 10　　　　　　　　　　　故障诊断和处理方法表

序号	故障现象	故障诊断步骤、方法	故障诊断结果	故障处理方法
1				
2				
3				

表 8 - 11　　　　　　　　　　电动机控制电路故障诊断与处理评分表

姓名		单位		考核时限	40min	实用时间	
操作时间			时　分　至　时　分				
项目		配分	评分细则			扣分	扣分原因
1	准备工作	7	1. 安全帽、工作服、手套、绝缘鞋，缺一项扣 1 分				
			2. 验电笔使用前未检验，扣 1 分				
			3. 万用表挡位选择不合适、未回零检验，使用完未调出电阻挡各扣 1 分				
			4. 螺钉旋具，钳子使用不当，每次扣 1 分				
2	填写记录表	故障现象 5	1. 故障现象没有表述或表述不正确，扣 2 分/每个故障				
			2. 故障现象表述不完整，扣 1 分/每个故障				
		分析诊断 10	3. 诊断故障每缺一个、错误一个扣 2 分				
			4. 分析不全面、不完整每个故障扣 1 分				
		步骤方法 5	5. 采取的步骤方法错误或缺项，每个故障扣 2 分				
		注意事项 5	6. 安全用具的使用，安全措施、防触电意识等（没有提到或没写清楚）每条扣 1 分				

续表

姓名			单位		考核时限	40min	实用时间	
操作时间				时 分 至 时 分				
项目			配分	评分细则		扣分	扣分原因	
3	实际查找及处理	查找方法	15	1. 送电时不检查开关位置，扣1分/每处				
				2. 使用验电笔和万用表的方法不正确，每项扣1分				
				3. 检查时无安全措施，扣4分				
				4. 查找方法针对性不强，扣5分/每个故障				
				5. 无目的查找，扣5分/每处				
				6. 有扯拽导线的现象，扣2分				
		故障处理	15	1. 停电后不检查开关位置，扣1分/每处				
				2. 未使用验电笔进行验电，扣2分				
				3. 未挂标示牌，扣2分				
				4. 电气故障点未处理好，扣3分/每处				
				5. 机械故障没有排除，扣3分/每处				
		查找结果	30	1. 故障点每少查一处、增多一处各扣10分				
				2. 造成短路扣30分				
4	安全文明施工		8	1. 出现危及人身安全的操作，扣2分/每次				
				2. 损坏设备、仪表，扣4分/每件				
				3. 查找处理完毕，未整理工具清理现场扣1分				
				4. 言语举止不文明扣1分				
5	操作时间（40min）			故障全部排除后，每提前1min加0.2分，最高不超5分				
配 分			100	总分		总扣分		
考评员				考评组长		时间		年 月 日

2. Z35型摇臂钻床的故障诊断与处理

（1）电气线路分析：

1）主电路分析。

2）控制电路分析。

（2）故障现象：

1）主轴电动机不能启动。

2）主轴电动机不能停止。

3）摇臂上升（下降）夹紧后，电动机M3仍正反转重复不停。

4）摇臂升降后不能充分夹紧。

5）摇臂升降后不能按操作要求停止。

6）立柱松紧电动机M4不能启动。

7）立柱在放松或夹紧后，不能切断电动机KM4的电源。

（3）故障诊断与处理。将故障诊断的结果和处理方法记录在表8-12中。

表 8-12　　　　　　　　　　　　故障诊断的结果和处理方法记录表

故障现象		故障诊断步骤、方法	故障诊断结果	故障处理方法
主轴控制电路的故障	1）主轴电动机不能启动			
	2）主轴电动机不能停止			
摇臂升降运动的故障	1）摇臂上升（下降）夹紧后，电动机 M3 仍正反转重复不停			
	2）摇臂升降后不能充分夹紧			
	3）摇臂升降后不能按操作要求停止			
立柱夹紧与松开电路的故障	1）立柱松紧电动机 M4 不能启动			
	2）立柱在放松或夹紧后，不能切断电动机 KM4 的电源			

（4）考核标准，见表 8-14。设置 2～3 个彼此独立的故障，进行故障诊断和处理的考核，并将故障诊断和处理方法填写在表 8-13 中。

表 8-13　　　　　　　　　　　　故障诊断和处理方法表

序号	故障现象	故障诊断步骤、方法	故障诊断结果	故障处理方法
1				
2				
3				

表 8-14　　　　　　　　　　电动机控制电路故障诊断与处理评分表

姓名		单位		考核时限	40min	实用时间	
操作时间			时　分　至　时　分				

项目			配分	评分细则	扣分	扣分原因
1	准备工作		7	1. 安全帽、工作服、手套、绝缘鞋，缺一项扣 1 分		
				2. 验电笔使用前未检验，扣 1 分		
				3. 万用表挡位选择不合适、未回零检验，使用完未调出电阻挡各扣 1 分		
				4. 螺钉旋具，钳子使用不当，每次扣 1 分		
2	填写记录表	故障现象	5	1. 故障现象没有表述或表述不正确，扣 2 分/每个故障		
				2. 故障现象表述不完整，扣 1 分/每个故障		
		分析诊断	10	3. 诊断故障每缺一个、错误一个扣 2 分		
				4. 分析不全面、不完整每个故障扣 1 分		
		步骤方法	5	5. 采取的步骤方法错误或缺项，每个故障扣 2 分		
		注意事项	5	6. 安全用具的使用，安全措施、防触电意识等（没有提到或没写清楚）每条扣 1 分		

姓名			单位		考核时限	40min	实用时间	
操作时间				时 分 至 时 分				
项目			配分	评分细则			扣分	扣分原因
3	实际查找及处理	查找方法	15	1. 送电时不检查开关位置，扣1分/每处				
				2. 使用验电笔和万用表的方法不正确，每项扣1分				
				3. 检查时无安全措施，扣4分				
				4. 查找方法针对性不强，扣5分/每个故障				
				5. 无目的查找，扣5分/每处				
				6. 有扯拽导线的现象，扣2分				
		故障处理	15	1. 停电后不检查开关位置，扣1分/每处				
				2. 未使用验电笔进行验电，扣2分				
				3. 未挂标示牌，扣2分				
				4. 电气故障点未处理好，扣3分/每处				
				5. 机械故障没有排除，扣3分/每处				
		查找结果	30	1. 故障点每少查一处、增多一处各扣10分				
				2. 造成短路扣30分				
4	安全文明施工		8	1. 出现危及人身安全的操作，扣2分/每次				
				2. 损坏设备、仪表，扣4分/每件				
				3. 查找处理完毕，未整理工具清理现场扣1分				
				4. 言语举止不文明扣1分				
5	操作时间（40min）			故障全部排除后，每提前1min加0.2分，最高不超5分				
配分			100	总分		总扣分		
考评员				考评组长		时间	年 月 日	

3. X62W 型万能铣床的故障诊断与处理

X62W 型万能铣床控制线路如图 8-33 所示。

（1）电气线路分析：

1）主电路分析。

2）控制电路分析。

（2）故障现象：

1）主轴停车时没有制动作用。

2）主轴停车后产生短时反向旋转。

3）按停止按钮后主轴不停。

4）工作台各个方向都不能进给。

5）工作台不能向上进给。

6）工作台上下、前后进给正常，但左右不能进给。

（3）故障诊断与处理。将故障诊断的结果和处理方法记录在表 8-15 中。

表 8-15   故障诊断的结果和处理方法记录表

	故障现象	故障诊断步骤、方法	故障诊断结果	故障处理方法
1	主轴停车时没有制动作用			
2	主轴停车后产生短时反向旋转			
3	按停止按钮后主轴不停			
4	工作台各个方向都不能进给			
5	工作台不能向上进给			
6	工作台上下、前后进给正常，但左右不能进给			
7	工作台不能快速进给			

（4）考核标准，见表 8-17。设置 2～3 个彼此独立的故障，进行故障诊断和处理的考核，并将故障诊断和处理方法填写在表 8-16 中。

表 8-16   故障诊断和处理方法表

序号	故障现象	故障诊断步骤、方法	故障诊断结果	故障处理方法
1				
2				
3				

表 8-17   电动机控制电路故障诊断与处理评分表

姓名		单位		考核时限		实用时间		
操作时间		时　分　至　时　分						
项目		配分	评分细则				扣分	扣分原因
1	准备工作	7	1. 安全帽、工作服、手套、绝缘鞋，缺一项扣1分					
			2. 验电笔使用前未检验，扣1分					
			3. 万用表挡位选择不合适、未回零检验，使用完未调出电阻挡各扣1分					
			4. 螺钉旋具，钳子使用不当，每次扣1分					

续表

姓名			单位		考核时限		实用时间	
操作时间				时 分 至 时 分				
项目		配分	评分细则				扣分	扣分原因
2	填写记录表	故障现象	5	1. 故障现象没有表述或表述不正确，扣2分/每个故障				
				2. 故障现象表述不完整，扣1分/每个故障				
		分析诊断	10	3. 诊断故障每缺一个、错误一个扣2分				
				4. 分析不全面、不完整每个故障扣1分				
		步骤方法	5	5. 采取的步骤方法错误或缺项，每个故障扣2分				
		注意事项	5	6. 安全用具的使用，安全措施、防触电意识等（没有提到或没写清楚）每条扣1分				
3	实际查找及处理	查找方法	15	1. 送电时不检查开关位置，扣1分/每处				
				2. 使用验电笔和万用表的方法不正确，每项扣1分				
				3. 检查时无安全措施，扣4分				
				4. 查找方法针对性不强，扣5分/每个故障				
				5. 无目的查找，扣5分/每处				
				6. 有扯拽导线的现象，扣2分				
		故障处理	15	1. 停电后不检查开关位置，扣1分/每处				
				2. 未使用验电笔进行验电，扣2分				
				3. 未挂标示牌，扣2分				
				4. 电气故障点未处理好，扣3分/每处				
				5. 机械故障没有排除，扣3分/每处				
		查找结果	30	1. 故障点每少查一处、增多一处各扣10分				
				2. 造成短路扣30分				
4	安全文明施工		8	1. 出现危及人身安全的操作，扣2分/每次				
				2. 损坏设备、仪表，扣4分/每件				
				3. 查找处理完毕，未整理工具清理现场扣1分				
				4. 言语举止不文明扣1分				
5	操作时间			故障全部排除后，每提1min加0.2分，最高不超5分				
配分		100	总分		总扣分			
考评员			考评组长		时间		年 月 日	

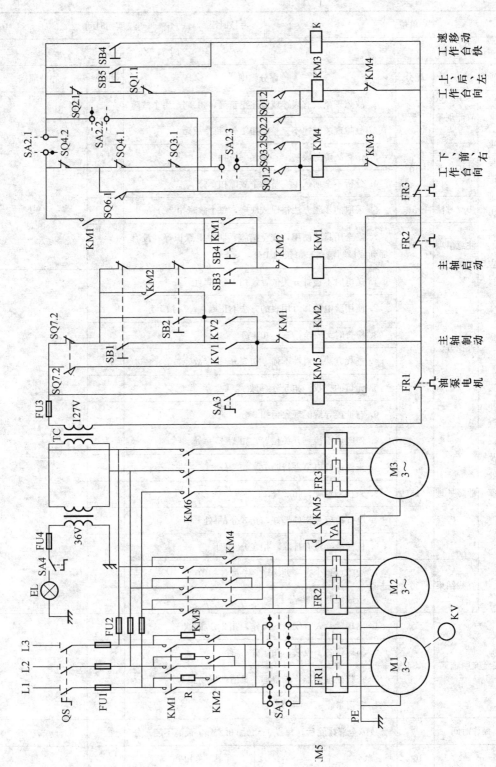

图 8 - 33　X62W 型万能铣床控制线路

第九章

电动机的运行与维护

第一节　三相笼型电动机的安装与拆装

一、三相笼型电动机的安装

1. 电动机的选配

合理选择电动机是正确使用电动机的前提。电动机使用环境、负载不同，选择时要全面考虑。

（1）根据电源种类、电压、频率来选择，电动机工作电压的选定应以不增加启动设备的投资为原则。

（2）根据电动机的工作环境选择防护形式。

（3）根据负载匹配情况选择电动机功率。

（4）根据电动机启动情况选择电动机。

（5）根据负载情况选择电动机。

（6）在同样功率情况下要选择电流小的电动机。

2. 电动机的结构

电动机是根据电磁感应原理，把电能转换为机械能，输出机械转矩的原动机。三相笼型异步电动机的结构如图 9 - 1 所示，按结构可分为两大部分：静止部分叫定子，转动部分叫转子，定子与转子之间有一个很小的气隙。定子的组成部分是机座、定子铁芯、定子绕组和两个端盖。转子的组成部分是转子铁芯、转子绕组和转轴三部分。

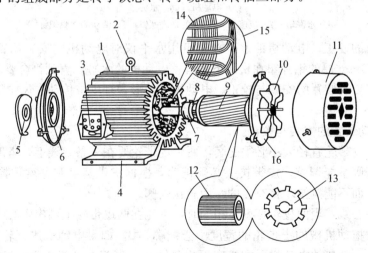

图 9 - 1　三相笼型异步电动机的结构

1—散热筋；2—吊环；3—接线盒；4—机座；5—前轴承外盖；6—前端盖；7—前轴承；
8—前轴承内盖；9—转子；10—风叶；11—风罩；12—笼型转子绕组；
13—转子铁芯；14—定子铁芯；15—定子绕组；16—后端盖

3. 电动机的安装

电动机的安装一般包括三方面工作内容：搬运、安装和校正。

（1）电动机的搬运。电动机搬运时应注意不要使电动机受到损伤和受潮，并注意安全。小型电动机可以用铁棒穿过电动机上部吊环，由人力搬运，也可用绳子拴在电动机吊环或底座上用杠棒搬运。大型电动机可用起重机械搬运，也可在电动机下垫排子，再在排子下塞入相同直径的金属管或圆木制成的滚杠，然后用铁棒或木棒撬动。

（2）电动机的安装。电动机应安装在干燥、通风好、无腐蚀气体侵害的场所。为使电动机稳定运转，且不受潮气侵袭，电动机应装在高度为 100～150mm 的底座上，并用地脚螺钉固定，如图 9-2 所示。地脚螺钉用六角螺栓制成，先用钢锯锯一条 25～40mm 的缝，再用钢凿把它分成人字形，然后埋入水泥墩里面，埋入长度不小于螺栓直径的 10 倍，人字形开口长度约是埋入长度的一半。安装时，电动机与水泥墩之间应垫衬一层质地坚韧的木板或硬胶皮等防振物；四个紧固螺栓上均要套上弹簧垫圈，螺母按对角线交错次序逐步拧紧。电动机座分为两种，如图 9-2（b）所示，在活动的地脚螺钉固定的水泥墩上，电动机可小幅度移动，电动机与被拖动的机械之间的相对位置可以调节，保证传动时不偏移、不滑动、松紧适宜。

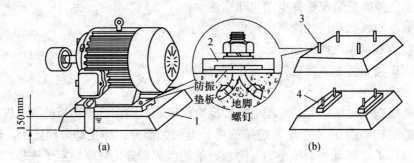

图 9-2　电动机安装在水泥墩上

（a）电动机；（b）水泥墩

1—水泥墩；2—机座；3—固定的地脚螺钉；4—活动的地脚螺钉

（3）电动机的校正。电动机的水平校正可用水平仪对电动机的安装位置校正，如有不平，可用 0.5～5mm 厚的钢片垫在机座下来调整电动机的水平，直到符合要求为止。

（4）电动机传动装置的安装与校正。电动机传动形式有皮带传动、齿轮传动和联轴器传动三种。

1）皮带传动装置的安装与校正。

安装：两个皮带轮直径大小必须配套，两个皮带轮要在一条直线上；塔形三角带必须装成一正一反，否则不能调整；皮带接头必须正确，根据皮带宽度和厚度选择适当的固定螺栓，带扣正、反面不能搞错，将有齿的一面放在内侧。

校正宽度中心线：当两皮轮宽度不相等时，可先在两皮带轮上画出中心线，然后用一根细线将它对准被拖动机械的皮带轮的宽度中心线 A、B。如果电动机皮带轮宽度中心线 C、D 不与细线重合，则移动电动机，在机座下垫薄铁片，直至电动机皮带轮的宽度中心线 C、D 与细线重合。校正时，应以大轮为准，逐步调整小轮，如图 9-3 所示。

当两皮带轮宽度相同时，可不画中心线，直接将拉直的细线紧贴被拖动机械的皮带轮侧面，再校正电动机，使它的皮带轮也贴紧细线。如拉直的细线与两皮带轮的侧面刚好贴住，则电动机已校正好，如图 9-4 所示。

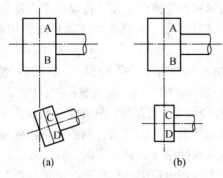

图 9-3　带传动的矫正方法

（a）没矫正；（b）已矫正

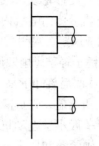

图 9-4　带轮宽度相同时的矫正方法

2）齿轮传动装置的安装与校正。

安装：安装的齿轮与电动机要配套。所用齿轮的模数、直径和齿形要与被动轮配套，安装时两轴必须保持平行，啮合良好，两齿轮间隙一致。

校正：可用塞尺测量两齿轮间间隙，如果间隙均匀，说明两轴已平行，否则需校正。一般齿轮啮合接触部分不小于齿宽的 2/3，可用颜色印迹法检查。

3）联轴器传动装置的安装与校正。

安装：先把两片联轴器分别装在电动机和被拖动的机械轴上，然后把电动机移近连接处；移动电动机使两轴的中心线相对处于一条直线上，初步拧紧电动机地脚螺栓，但不要拧得太紧。

校正：用钢尺的一边搁在两联轴器边缘的平面上，如图 9-5 所示，将电动机联轴器每转 90°测一次，共测 4 次。若各位置上测得的值偏差不超过规定，则电动机和拖动机械的两轴处于同心状态，把联轴器分别固定后，拧紧地脚螺栓。若测得的各值偏差超过规定，则增减机械和电动机地脚垫片的厚度来调整，直至符合规定。

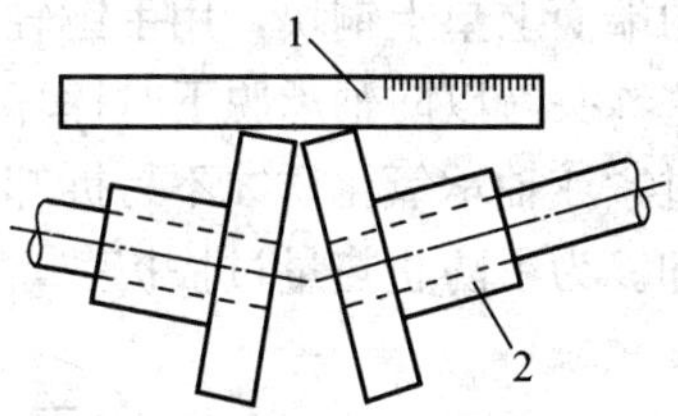

二、三相笼型电动机的拆卸

维护、保养和修理电动机，首先应学会正确拆装电动机的方法。

图 9-5　用钢尺校准联轴器中心线

1—钢板尺；2—电动机轴

在拆卸前，准备好拆卸场地和拆卸工具，做好记录和检查工作，在线头、端盖、刷握等处做好标记，记录好联轴器与端盖之间的距离及电刷装置把手的行程（绕线转子异步电动机）。

三相笼型电动机的拆卸按下列步骤和方法由外向内顺序进行：

（1）切断电源，拆除电动机与电源的连接线，并对电源线头作绝缘处理。

（2）卸下皮带、卸下地脚螺栓，将各螺母、垫片等小零件用一小盒装好，以免丢失。

（3）卸下皮带轮或联轴器。先将皮带轮或联轴器上的固定螺钉钉或销子松脱或取下，再用专用工具拉具转动丝杠，把皮带轮或联轴器慢慢拉出。操作中，丝杠尖要顶正电机轴，随时注意皮带轮或联轴器的受力情况，以防将轮缘拉裂。如果皮带轮或联轴器较紧，一时拉不下来，切忌硬拉强卸，也不能用锤子敲打，因为敲打或硬拉，很容易造成皮带轮、轴或端盖损坏。假如拆卸困难，可以在皮带轮与联轴器相连处滴些煤油，待煤油渗入皮带轮内孔后再卸。还可以用喷灯给皮带轮或联轴器加热，使其膨胀，趁热取下。加热时应用石棉包住轴，并浇凉水，以防止热量传到电机内损坏其他部件。

（4）拆卸风扇或风罩。封闭式电动机在拆卸皮带轮后，就可把风罩卸下来，然后取下风扇上的定位螺栓，用锤子轻敲风扇四周，卸下风扇。有的电机风扇是塑料的，内孔有螺纹，可以用热水使塑料风扇膨胀后旋卸下来。小型电机的风扇也可不拆，随转子一起从定子中抽出。

（5）拆卸轴盖和端盖。先拆除滚动轴承的外盖，再拆端盖。端盖与机座的接缝处要做好记号，便于装配。一般小型电动机只拆风扇一侧的端盖，将另一侧的轴承盖、螺钉拆下，然后将转子、端盖、轴承盖和风扇一起抽出。大中型电机因转子较重，可把两侧的端盖都拆下来。卸下后应标清上、下及负荷端和非负荷端。为防止定、转子机械碰伤，拆下端盖后应在气隙中垫以钢纸板。

（6）抽出或吊出转子。小型电机的转子可用手将转子、端盖等一起抽出。大中型电机转子可用起重设备将转子吊出。抽出转子时，应小心缓慢，特别注意不可歪斜，以免碰伤定子绕组，必要时可在绕组端部垫纸板保护绕组。

（7）拆卸前后轴承和轴承内盖。电动机解体后，对轴承认真检查，除非必要，一般情况下都不随意拆卸轴承。只有在确切需要更换、修理轴承时，如轴承磨损超过极限、轴承配件严重腐蚀轴上无法处理、内外环配合松动、轴承不合技术要求等时，才卸下轴承。

轴承拆卸方法：①用拉具拆卸。选择适当的拉具，按图9-6所示方法夹住轴承，拉具的脚爪应紧扣在轴承内圈上，丝杆顶点要对准转子轴的中心，缓慢匀速地手动丝杆。②搁在圆桶上拆卸。在轴的内圆下面用两块铁板夹住，搁在一只内径略大于转子的圆桶上面，在轴的端面上垫上铜块，用手锤轻轻敲打，着力点对准轴的中心，如图9-7所示。圆桶内放一些纱头，以防轴承脱下时摔坏转子，当轴承松动时，用力要减弱。③加热拆卸。因轴承装配过紧或轴承氧化锈蚀不易拆卸时，可将100℃的机油淋浇在轴承风圈上，趁热用上述方法拆卸。为了防止热量过快扩散，可先将轴承用布包好再拆。

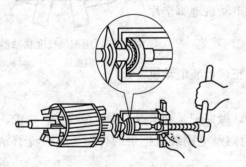 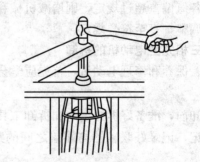

图9-6　用拉具拆卸电动机轴承　　　　　图9-7　轴承搁在圆桶上拆卸

轴承清洗和检查：轴承卸下放入煤油中浸泡5～10min后，用细毛刷边转边洗，然后在汽油中洗一次用布擦干；检查轴承有无裂纹、生锈，用手转动轴承外圈，观察转动是否灵活、均匀；用塞尺或熔丝检查轴承间隙是否符合要求。

三、三相笼型电动机的装配

电动机的装配工序大体与拆卸顺序相反。装配时要注意各部分零件的清洁，定子绕组端部、转子表面都要吹刷干净，不能有杂物。

1. 轴承的装配

（1）敲打法：在干净的轴颈上抹一层薄机油，把轴承套上，按图9-8（a）所示方法用一根内径略大于轴颈直径、外径略大于轴承内圈外径的铁管，将铁管一端顶在轴承的内圈上，用手锤敲打铁管另一端，将轴承敲进去。

（2）热装法：如配合较紧，为避免把轴承内环胀裂或损伤配合面，可用此法。将轴承放在油锅里（或油槽内）加热，油的温度保持在100℃左右，轴承必须浸没在油里，又不能与锅底接触，可用铁丝将轴承吊起架空，如图9-8（b）所示，加热要均匀，浸30～40min，把轴承取出，趁热迅速将轴承一直推到轴颈。

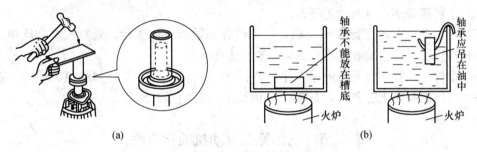

图9-8 轴承装配
（a）用铁管敲打轴承；（b）用油加热轴承

（3）装润滑脂：在轴承内外圈里和轴承盖里均匀装入洁净的润滑脂，一般二极电动机装满1/3～1/2的空间容积，四极及以上电动机装满2/3的空间容积，轴承内外盖的润滑脂一般为盖内容积的1/3～1/2。

2. 转子的安装

转子对准定子中心，小心往里送，端盖对准机座的标记，旋上后盖的螺栓，但不要拧紧。

3. 端盖的安装

将端盖洗净、吹干，铲去端盖口和机座口的脏物；将端盖对准机座标记，用木锤轻轻敲击端盖四周，套上螺栓，按对角线一前一后把螺栓拧紧，切不可有松有紧，以免损坏端盖；装前轴承外盖，在轴承外盖孔内用手插入一根螺栓，另一只手缓慢转动转轴，当轴承内盖的孔转至与外盖的孔对齐时，即可将螺栓拧入轴承盖的螺孔内，再装另外两根螺栓，也可先用两根硬导线通过轴承外盖孔插入轴承内盖孔中，旋上一根螺栓，挂住内盖螺钉扣，然后依次抽出导线，旋上螺栓。

4. 刷架、风扇叶、风罩的安装

刷架要按所做的标记装上，安装前做好滑环、电刷表面和刷握内壁清洁工作，安装时，滑环与电刷的吻合要紧密，弹簧压力要调匀，风扇的定位螺钉要拧到位，且不松动。

上述部件装完后，用手转动电动机的转子，转子转动应灵活、均匀，无停滞或偏重现象。确定装配正确后，再装轴承外盖及皮带轮或联轴器。

5. 皮带轮或联轴器的安装

安装皮带轮前，将抛光布卷在圆木上，把皮带轮或联轴器的轴及转轴表面孔打磨光滑，然后对准键槽将皮带轮或联轴器套在轴上，调整好皮带轮或联轴器与键槽的位置后，将木板垫在键的一端，用锤轻轻敲打，使键慢慢进入槽内。

四、装配后的检验

（1）检查电动机的转子转动是否轻便灵活，如转子转动比较沉重，可用紫铜棒轻敲端盖，同时调整端盖紧固螺栓的松紧程度，使之转动灵活。检查绕线式电动机的刷握位置是否正确，电刷与滑环接触是否良好，电刷在刷握内有无卡住，弹簧压力是否均匀等。

（2）检查电动机的绝缘电阻值，摇测电动机定子绕组相与相之间、各相对地之间的绝缘电阻，绕线式电动机还应检查转子绕组及绕组对地的绝缘电阻是否满足要求。

（3）根据电动机的铭牌与电源电压正确接线，并在电动机外壳上安装好接地线，用钳形电流表分别检测三相电流是否平衡。

（4）用转速表测量电动机的转速。

（5）让电动机空转运行 30min 后，检测机壳和轴承处的温度，观察振动和噪声。绕线式电动机在空载时还应检查电刷有无火花及过热现象。

在整个拆卸、安装电动机的过程中，要仔细、认真。有些部件如绕组、轴承、换向器等，各有自己的制作工艺要求，安装时应予注意，勿使它们受损。

第二节　三相笼型电动机的运行维护

对运行中的异步电动机进行维护，是保证电动机稳定、可靠、经济运行的重要措施。运行维护能有效减少电动机的故障，故障发生时也可从平时的维护记录中找到有关资料，帮助处理故障和修理电动机。

一、异步电动机运行前检查项目

1. 电动机绝缘电阻测定

对新安装或停运三个月以上的异步电动机，投运前必须用绝缘电阻表摇测绝缘电阻。测量内容包括三相相间绝缘电阻和三相绕组对地绝缘电阻。冷态下，测得绝缘电阻大于 $1M\Omega$ 为合格，最低不低于 $0.5M\Omega$。若相间或对地绝缘电阻不合格，则应烘潮后重新测定，达到合格标准才能投运。

2. 检查电源是否合乎要求

异步电动机正常工作时允许电源电压波动范围为额定值的 $+5\% \sim -10\%$。电动机对电源电压波动比较敏感，电源电压过高或过低，都会给电动机运行带来不利影响。电压过高会使电动机过热甚至烧毁；电压过低会使出力减小，转速下降甚至停转。故当电源电压波动超出额定值 $+5\%$ 及 -10% 时，应改善电源条件后再投运。

3. 检查电动机的启动、保护设备是否满足要求

检查启动设备的接线是否正确、电动机所配熔丝的型号是否合适、电动机外壳接地是否良好。

4. 检查电动机安装是否符合规定

检查电动机装配是否灵活、螺栓是否拧紧、轴承是否缺油、联轴器中心是否校正、安装是否正确、机组转动是否灵活、转动时是否卡住和异响。

经以上检查无误后方可合闸启动。

二、异步电动机启动注意事项

（1）合闸后应密切监视电动机有无异常，合闸后电动机若不转，必须立即拉闸断电，若不及时断电，电动机可能在短时间内冒烟烧毁。拉闸后，检查电动机不转的原因，予以消除后重新投运。电动机转动后，注意它的噪声、振动及电压、电流表指示，若有异常应及时停机，判明原因并进行处理后再投运。

（2）电动机连续启动次数不能过多。电动机空载连续启动次数不能超过 3～5 次，经长时间工作，处于热状态下的电动机，连续启动次数不能超过 2～3 次，否则电动机将过热损坏。

（3）注意启动电动机与电源容量的配合。一台变压器同时为几台大容量的电动机供电时，应对各台电动机的启动时间和顺序进行安排，不能同时启动，应从容量大到小逐台启动。

三、电动机运行监视

1. 电动机电流监视

电压一定时，电动机的正常运行电流直接反映了它的负载状况。运行中的电动机所带负载必须适当，负载过轻，形成大马拉小车，使电动机容量得不到充分利用，运行参数（功率因数、效率）也差；电动机过载则会导致发热加剧，温度升高，影响电动机使用寿命。只有在额定负载下运行的电动机，运行参数最好，温度也合适。

2. 电动机温度和温升监视

监视电动机运行中的温升是监视电动机运行工况的重要和有效手段。电动机温度的升高是电动机过载引起发热、电压变动引起铁芯及绕组发热、三相电流不平衡引起发热等各方面综合作用的结果。对未装有专门电流表的中小型电动机，测量温升是运行监视的主要方法。

所谓温升是指电动机运行温度与环境温度（或冷却介质温度）的差值。如环境温度（电动机未通电时的冷态温度）为 30℃，运行后电动机绕组温度为 100℃，则温升为 70℃。温升值反映了电动机运行中的发热状况，是电动机的运行参数。

对中小型电动机，常用酒精温度计进行温度测量。用温度计靠近被测轴承表面或定子铁芯，读取表上温度指示值。测绕组温度时，可旋下吊环，把温度计插入吊环螺孔内（温度计底部用金箔包住），读取的温度值为绕组表面温度，再加上 15℃就是绕组的实际温度。

没有温度计时，可在确定电动机外壳不带电后，用手背试电机外壳温度。若手能在外壳上停留而不觉得很烫，说明电动机未过热，若手不能停留，则已过热。

3. 电动机运行中故障现象的监视

对运行中的电动机，应经常观察外壳有无裂纹、螺钉是否脱落或松动、有无其他异常或振动等。监视时要特别注意电动机有无冒烟和异味出现，若嗅到焦糊或看到冒烟，必须立即停机检查处理。

对轴承部位，要注意它的温度和响声。温度升高，响声异常则可能是轴承缺油或磨损。联轴器传动的电动机，若中心校正不好，会在运行中发出响声，并伴随着电动机振动和联轴器螺栓胶垫的迅速磨损，这时应重新校正中心线。皮带轮传动的电动机，应注意皮带不应过松而导致打滑，但也不能太紧而使电动机轴承过热。

在发生以下严重故障时，应立即停机处理：人身触电事故、电动机冒烟、电动机剧烈振动、电动机轴承剧烈发热、电动机转速突然下降、温度突然升高。

四、异步电动机定期维修

异步电动机定期维修是消除故障隐患、防止故障发生的重要措施。定期维修分为定期小修和定期大修两种。前者不拆开电动机，后者需把电动机全部拆开进行维修。

第三节　三相笼型电动机常见故障分析

三相异步电动机的故障一般可分为两大类：一类是机械方面的故障，另一类是电气方面的故障，发生较多的是电气方面的故障，如定子、转子绕组短路、断路、接地、接错和电阻不平衡等，但机械方面故障也有发生，如转轴与轴承磨损等。无论是机械方面的还是电气方面的故障，都必须以各种现象表现出来，下面介绍三相笼型电动机常见的故障及处理方法。

一、启动故障

（一）电压太低使电动机无法启动

当电动机接通三相电源后无法启动时，其可能原因有以下几点：

（1）电动机绕组规定接为△连接，但却错接成Y形，且其所带负载又较重。

（2）电源与电动机之间距离过远且导线过细，导致启动时加在电动机端的电源电压太低。

（3）供电电源的线路本身电压过低。

经检测核实后分别采取措施予以处理：

（1）将错接为Y形的接法改正为△接法。

（2）尽量缩短供电电源线长度和适当增加导线截面。

（3）根据实际情况适当提高变压器低压侧的输出电压。

（二）接通电源后电动机有嗡嗡声，但却不能正常启动

此类故障可能的原因有：

（1）三相电源未全部接通。

（2）被拖动的负载机械因故障而卡住不动。

（3）定子绕组引出线始末端接错或绕组内部接线被接反、接错。

（4）定子绕组或转子绕组有一相断路。

（5）定转子槽数配合不当（通常发生在改极后的电动机中）。

发生上述情况时经检测核实后分别采取措施予以处理：

（1）对电源线、电动机引出线、熔断器、开关的各对触点进行仔细检查，找出断路故障点予以排除。

（2）查看所拖动的负载机械卡住不动的原因并加以处理。

（3）接错的引出线始末端经检测后给予改正。

（4）定子、转子绕组的断路故障可用万用表、绝缘电阻表检测找出后予以重新连接。

（5）定子、转子槽数配合不当时，可采取将转子外径适当车小或选择适宜的定子绕组跨距，以及另换新转子等措施合理。

（三）电动机启动困难，带上额定负载后转速达不到额定转速

此类故障可能的原因有：

（1）负载机械需求的功率过大或传动机构被卡住不动。

（2）过载保护设备选用和调整不当。

（3）外部电路或定子绕组中有一相断路。

（4）定子绕组或转子绕组中有短路存在。

（5）电动机定子绕组内部始末端接错。

（6）笼型转子断条或脱焊。

（7）电动机的轴承损坏。

出现上述情况时分别采取措施处理：

（1）详细核对负载机械和电动机的功率是否选配适当，否则应选择较大容量的电动机或减小负载；如传动机构被卡住，应查明原因并给予排除。

（2）若因过载保护设备选用和调整不当，可适当调高其整定值；如果过载保护连续动作，可能是电动机容量选得太小，可更换适宜的电动机或减小所拖动的负载。

（3）对于断路故障可用绝缘电阻表或万用表检测确定断路处。然后进行处理。

（4）定子或转子绕组若为个别线圈短路时，可采取局部修理的办法修复；若绕组短路范围大、故障严重时则必须拆换烧损线圈或全部重绕。

（5）若电动机绕组内部始末端接错时，应拆开电动机端盖，将6V左右的低压直流电源依次通入各相绕组内，并用指南针法逐相检查找出故障，然后按正确接法改正接线。

（6）笼型转子断条或脱焊应视故障轻重程度，采取补焊或更换新转子的办法处理；经检查电动机轴承已损坏的，则应更换同型号的新轴承。

（四）电动机启动时开关的熔体熔断

该故障可能的原因有：

（1）电动机缺相启动。

（2）启动控制开关至电动机之间的连接线已短路。

（3）电动机功率过小或所拖动负载的机构卡住。

（4）熔体截面选得太细或已受损。

（5）电动机定子绕组接地或存在短路。

出现上述情况应采取的措施：

（1）仔细检查电源线、电动机引出线、熔断器、开关各触点，找出假接或断路故障后予以修复。

（2）检查开关至电动机连接线的绝缘，找出短路点重新包扎绝缘以消除故障。

（3）适当降低电动机所拖动的负载或排除所拖动负载机构的故障。

（4）选择熔体应以能对短路和过载启动起保护作用为准，而不应要求熔体对电动机过载起保护作用。

（5）对电动机定子绕组接地或短路故障，可用绝缘电阻表或万用表、电桥表等进行检测，找出故障的准确位置并予修复。

（五）启动时电动机异常发热和冒烟

此类故障可能的原因有：

（1）电源电压过低，致使电动机在额定负载下产生过高的温升。

（2）电源电压过高，使电动机在额定负载下定子铁芯磁密过高，温升过高。

（3）电动机频繁启动或正、反转次数过多，强大的启动电流使绕组产生高温。

（4）电动机通风不良或工作环境温度过高。

（5）定子绕组有小范围短路或接地故障，启动后引起电动机局部发热或冒烟。

（6）笼型转子断条或脱焊，在额定负载下转子发热而使电动机的温升过高。

（7）电动机严重过载或所拖动负载机械润滑不良，使整个电动机发热。

（8）电动机端盖变形或轴承损坏，使定、转子严重摩擦而发热。

针对上述原因分别采取的处理措施为：

（1）首先检测电动空载和负载时的电压，如空载电压过低则适当调高其变压器输出电压；若负载时电压降过大，则换用较粗的电源线以减少线路电压降。

（2）如果电源电压超出规定标准，则应调低其变压器的输出电压以适当降低电压。

（3）对频繁启动或正、反转次数较多的电动机，可减少其启动或正、反转次数，或者更换能够适应频繁启动及正、反转的电动机。

（4）电动机通风不良或环境温度过高时，检查电动机的风扇是否损坏及固定状况，认真清理电动机通风道以防堵塞，将电动机附近的高温热源隔离。

（5）定子绕组的局部短路或接地故障可用仪表找出故障位置，视其故障范围、严重程度酌情处理。

（6）笼型转子断条或脱焊可将电动机接到较低电压（约为额定电压的 $15\% \sim 30\%$）的三相交流电源上，测量定子电流，若有转子断条或脱焊，则随着转子位置的不同其定子电流会发生相应的变化，找出断条或脱焊位置后补焊或重换新转子。

（7）对电动机定、转子摩擦的故障，若由端盖变形或转轴弯曲所引起的则应进行加工校正，若是轴承损坏则应更换新轴承。

二、运行故障

（一）绝缘电阻过低

三相异步电动机绝缘电阻过低的可能原因有：

（1）电动机绕组受潮或有水滴入电动机内部。

（2）电动机绕组上有灰尘、油污等杂物。

（3）绕组引出线的绝缘或接线盒绝缘接线板损坏或老化。

（4）电动机绕组绝缘整体老化。

针对上述原因可采取以下措施处理：

（1）将电动机定转子绕组加热烘干处理。

（2）先用汽油清洗绕组表面油污，然后再刷漆烘干处理。

（3）在绝缘损坏处加包绝缘，接线板绝缘损坏时更换新的接线板。

（4）若定子绕组整体已老化，需更换新绕组；对容量较小的电动机也可根据情况浸漆绝缘处理。

（二）电动机的机壳带电

电动机机壳带电的原因可能有：

（1）电动机引出线的绝缘或接线盒内的绝缘接线板击穿损坏。

（2）定子绕组有接地故障。

（3）定子绕组的端部碰机壳。

（4）电动机外壳没有可靠接地。

针对上述原因采取以下措施进行处理：

（1）在电动机绝缘损坏处加包同等绝缘或更换接线盒内的绝缘接线板。

（2）用绝缘电阻表、检试灯查找绕组准确接地位置，若接地点在铁芯槽口等易修理的地方，则可将定子绕组加热变软后用同等绝缘插入故障处予以修复；若接地点在铁芯槽内时，只有重新更换局部或全部的定子绕组。

（三）电动机空载电流偏大

电动机空载电流偏大的原因有：

（1）电动机电源电压偏高。

（2）定子绕组 Y 形接法误接为△接法，或应串联的绕组错接成并联。

（3）电动机的定子、转子铁芯轴向错位，致使铁芯有效长度减小。

（4）定子绕组每相串联匝数不够或绕组节距嵌错。

（5）电动机的轴承严重弯曲造成定子、转子摩擦。

针对上述原因采取以下措施处理：

（1）降低电源电压，尽可能接近额定电压为好。

（2）Y 形误接为△形时更正接法，若为绕组内部线圈组接错，则按绕组展开图或原理图重新接线。

（3）定子、转子铁芯轴向错位时应拆开电动机，将定子、转子铁芯压回到正确位置，并以电焊点焊止动。

（4）若每相串联匝数不够或绕组节距嵌错时，只有拆除旧绕组重新绕制新绕组。

（5）轴承严重损坏时，更换新轴承，轴承弯曲时拆开电动机，调直、校正转轴。

（四）电动机三相电流不平衡

三相电源基本对称时，异步电动机在额定电压下的三相空载电流，任何一相与平均值的偏差不得大于平均值的 10%。

三相异步电动机运行时出现三相电流不平衡的原因有：

（1）电源电压不平衡而引起电动机三相电流不平衡。

（2）电动机绕组匝间短路。

（3）绕组断路（或绕组并联支路中一条或几条支路断路）。

（4）定子绕组内部分线圈接反。

（5）电动机三相绕组的匝数不等。

三相电流不平衡时采取以下措施处理：

（1）用电压表测量三相电源电压确实不平衡时，找出原因予以排除。

（2）若绕组匝间短路，先观察绕组端部有无高温使线圈烧焦、变色的地方，或闻到绝缘烧焦的气味，目测找不到匝间短路位置时，可用短路侦察器进行检查，若有匝间短路，则串接在短路侦察器线圈回路的电流表读数明显增大。

（3）绕组断路时可用万用表或电桥测量三相电阻检查，电动机三相电阻的最大差值不得超过三相电阻平均值的 3%。

（4）检查定子绕组接反，可对某相绕组施加低压直流电压，并沿铁芯槽面用指南针逐槽检查其极性，如果指南针在每个极相组上的指示方向依次是 N、S、N、S 改变，则表示绕组接法正确，反之则表明某极相组被接反，如果指南针放在同一极相内邻近的几槽槽面上，其方向变化不定，则说明该极相组内可能有个别线圈嵌反或接错，对接错或嵌反的极相组与线圈均应按绕组展开图或原理图予以更正。

（5）对于三相绕组匝数不等的故障，可将各相首、尾端串联通电，并用电压表分段测量电压降，先测量每相电压是否相等，再测量不正常一相的各极相组电压是否相等，最后测量不正常极相组内各线圈电压是否相等，这样最终可找到匝数有错误的线圈并更正。

（五）电动机温升过高

造成电动机温升过高的原因很多，主要有以下几方面：

（1）电源电压过低或过高。

（2）电动机过载或负载机械润滑不良，阻力过大使电动机发热。

（3）电动机启动频繁或正、反转次数多。

（4）电动机通风不良或工作环境温度过高。

（5）定子绕组有小范围短路或局部接地，运行时引起电动机局部发热或冒烟。

（6）笼型转子断条或脱焊，在额定负载下转子发热而使电动机的温升过高。

（7）电动机定子、转子铁芯相擦而发热。

针对上述原因采取相应措施给予处理：

（1）电源电压过低而温升过高时，可用电压表测量负载及空载时的电压，若负载电压降过大，应换用较粗的电源导线，若是空载电压过低或过高则调整变压器输出电压。

（2）电动机过载运行则应减载，并改善电动机冷却条件或换用较大容量的电动机，排除负载机械的故障和加润滑脂以减小阻力等。

（3）适当减少电动机的启动及正、反转次数或更换能适应频繁启动和正、反转工作性质的电动机。

（4）定子绕组短路或接地，可用万用表、短路侦察器及绝缘电阻表找出故障位置并视情况局部修复或整体更换。

（5）笼型转子断条可用短路侦察器结合铁片、铁粉检查，找出断条位置后作局部修补或更换新转子。

（6）检查电动机风扇是否损坏及固定状况，清理电动通风道并隔离附近高温热源和避免日光曝晒。

（7）用锉刀锉去定、转子铁芯上硅钢片的突出部分，以消除相擦，若轴承严重损坏或松动，则更换轴承，若转轴弯曲则拆出转子进行转轴调直校正。

（六）电动机运行时声音不正常

电动机声音不正常的原因主要有：

（1）三相电流不平衡引起噪声。

（2）定子、转子铁芯槽配合不当产生电磁噪声，切断电源声音马上消失。

（3）制造过程中电动机定、转子铁芯装压过松使电动机运行时发出低沉响声。

（4）轴承中进入异物、严重缺少润滑脂，或轴承磨损而产生异音。

（5）电动机转子擦绝缘纸或槽楔。

处理方法有：

（1）检查电动机绕组接线，改正接线、局部修复或更换线圈。

（2）适当车小转子铁芯外圆、调整定子绕组的跨距和更换槽配合适宜的新转子。

（3）将定子加浸绝缘漆并烘干，严重时拆除绕组将定、转子铁芯重新压紧。

（4）清洗轴承并重加润滑脂充填至轴承室容积的 $1/2\sim 2/3$，轴承损坏时更换新轴承。

（5）修剪绝缘纸或槽楔，若槽楔已松动则更换新槽楔。

（七）电动机运行时振动较大

运行中电动机振动较大的原因有：

（1）电动机的安装基础不平衡。

（2）电动机的皮带轮或联轴器不平衡。

（3）转轴的轴头弯曲或皮带轮、联轴器偏心。

（4）电动机的转子、风扇不平衡。

（5）因加工原因使轴承磨损造成定、转子气隙不均匀，运行时转子被单边磁拉力拉向一侧使转轴弯曲，从而产生异常振动。

（6）定子绕组连接错误或局部短路造成三相电流不平衡引起振动。

电动机振动异常时采取以下措施处理：

（1）将电动机机座重新垫平，用水平仪找出水平后予以固定。

（2）将皮带轮或联轴器重校静平衡。

（3）调直校正转轴，在皮带轮或联轴器重新找正后镶套并车削加工。

（4）将电动机转子、风扇重校平衡。

（5）适当调整电动机的定子、转子气隙，如更换端盖或轴承。

（6）找出定子绕组错接或局部短路点重新接线和修复。

（八）电动机轴承异常发热

电动机轴承异常发热的原因有：

（1）电动机轴承磨损或轴承内进入异物。

（2）电动机两侧端盖或轴承盖未装平或轴承内侧偏心。

（3）电动机轴承与转轴、端盖配合过松或过紧。

（4）轴承润滑脂过少或油质很差。

（5）轴承盖油封太紧。

（6）电动机与传动机构的连接偏心或传动皮带过紧。

电动机轴承异常发热可采取以下措施处理：

（1）清洗电动机轴承，磨损严重的轴承给予更换。

（2）将端盖或轴承盖打入止口并将螺钉紧固到位。

（3）轴承与转轴、端盖配合过松时，可在转轴、端盖上镶套。配合过紧时可将转轴、端盖轴承孔加工到合适的配合尺寸。

（4）清洗轴承和更换、加合格的润滑脂，并使润滑脂充填到轴承室容积的 $1/2\sim 2/3$。

（5）更换油重新垫入轴承盖内。

（6）调整电动机与传动机构的安装位置，对准其中心线，调整皮带的张力。

三、机械故障

（一）电动机端盖、轴承盖的故障

电动机端盖、轴承盖常见的损坏是裂纹，一般是由于敲打和碰撞引起。若裂纹长度小于该处工件结构长度的 50% 时，采用堆焊法以铸铁焊条或铜焊条补焊；若裂纹较短不致影响电动机的安全使用时，可不补焊而采取在裂纹终端处钻一小孔的方法，以消除应力集中从而防止裂纹继续扩大。

（二）电动机机壳、铁芯故障

电动机的机壳及地脚安装不平时、电动机本身振动或受机械外力时，可能使机壳或地脚开裂或断裂。此时可用铸铁焊条补焊，若断裂部分离铁芯很近或两边地脚全部断裂，加热会破坏定子绕组时，可用角铁加固修补。

电动机常见的铁芯故障有硅钢片片间短路、铁芯松弛、拆除旧绕组时操作不当使硅钢片过度向外张开、因短路或接地造成铁芯的槽齿熔损等。对定子、转子铁芯修理前先清理铁芯，去掉灰尘、油污等。如铁芯松弛且两侧压圈不紧，可用两块钢板制成的圆盘，其外径可略小于定子绕组端部的内径，并在中心开孔后穿过一根双头螺栓，然后将铁芯夹紧，紧固双头螺栓使铁芯恢复原形；若铁芯的齿槽歪斜时，可用尖嘴钳加以修正；若铁芯中间松弛，可在松弛部分打入硬质绝缘材料；若是硅钢片上有毛刺或机械损伤，可用锉去掉毛刺或将凹陷修平，并清理干净后涂上一层绝缘漆。

（三）转轴故障

电动机常见的故障有轴弯曲、轴颈磨损、键槽磨损和轴裂纹或断裂等。导致转轴故障的原因很多，有的是转轴本身制造质量问题，但大多数是安装不当和使用失误所致。

轴弯曲时将转轴放在车床上对正夹紧并使其缓慢转动，用千分表或划线针盘检查弯曲部位和弯曲程度，也可用两块"V"形铁块支住轴承，用手慢慢转动转子来检查弯曲情况，当转轴弯曲度超过 0.2mm 时，须对转轴校正，将转轴放于压力机下，在转轴弯曲处加压矫直，弯曲度过大时最好更换新轴。

轴颈磨损不大时可用电镀法或金属喷镀法在轴颈表面镀一层铬或金属，然后将其磨削到规定尺寸；轴颈磨损较严重时，可用电焊进行一层堆焊，然后上车床切削磨光至配合尺寸；轴颈磨损过大时，可用镶套法修复。

键槽磨损较小时，可将磨损处稍稍加宽，另配新键的方法处理；键槽磨损较严重时，可用电焊进行堆焊，然后经退火消除焊接应力、车削和重铣键槽予以修复；也可在磨损键槽对面重新铣一个键槽。

转轴裂纹或损伤时，可在裂纹处用电焊堆焊法进行补焊处理，若转轴裂纹、损伤严重、断裂时，应更换新轴。

（四）轴承故障

电动机所用轴承有滑动轴承和滚动轴承两大类，中小型电动机中普遍使用滚动轴承。滚动轴承常见的故障有异常噪声和振动、过热，运行中应针对不同原因进行处理。

第四节　无　功　补　偿

一、无功补偿的意义

异步电动机在工农业生产中占有很大的比重，异步电动机的功率因数和效率，在 70% 以上负荷率时最高；而在空载和轻载运行时的功率因数很低，空载时的 $\cos\varphi$ 只有 0.2～0.3。电动机功率因数过低会带来许多不良后果。

（1）电力系统内的电气设备容量不能得到充分利用。因为发电机或变压器都有一定的额定电流和额定电压，根据 $P=\sqrt{3}U_{e}I_{e}\cos\varphi$ ，若功率因数降低，则有功功率也将随之降低，使设备容量不能得到充分利用。

（2）增加输配电线路中的有功功率和电能损耗。设备功率因数降低，在线路输送同样有功功率时，线路中就会流过更多的电流，使线路中有功率损耗增加；功率因数降低，还会使线路的电压损失增加，负载端电压下降，影响电动机及其他用电设备的正常运行。

所以，必须提高电网中各个部分的功率因数，以充分利用发变电设备的容量、减少有功功率和电能损耗、降低电压损失与电压波动，节约电能和提高供电质量。提高功率因数的方法主要有：①减少电力系统中各个部分所需无功功率，特别是减少负载的无功功率消耗；②进行无功补偿。

二、无功补偿的原则

用无功补偿设备补偿用电设备所需的无功功率，达到提高功率因数的目的，称为人工无功补偿。

无功补偿的基本原理是把具有容性功率负荷的装置与感性功率负荷并联接在同一电路，当容性负荷释放能量时，感性负荷吸收能量；当感性负荷释放能量时，容性负荷吸收能量，能量在两种负荷之间交换，这样感性负荷吸收的无功功率可由容性负荷输出的无功功率中得到补偿。

无功补偿设备主要采用电容器。过励磁的同步电动机设备复杂、造价高，只适于大功率拖动装置无功补偿；调相机作无功电源，其造价高、投资大、损耗大，只适于中枢变电站；电容器作为补偿装置，安装方便、建设周期短、造价低、运行维护方便、损耗小，被广泛采用。

电网无功补偿设备的配置，按照"分级补偿、就地平衡"的原则进行规划，合理布局，同时满足：总体平衡和局部平衡相结合；供电部门补偿和用户补偿相结合；集中补偿与分散补偿相结合，以分散补偿为主；降损与调压相结合，以降损为主。无功补偿的重点是低压电网和各级变压器，低压电网主要是异步电动机和家用电器。

三、无功分级补偿的方法

无功补偿分为随机、随器就地补偿、线路分散补偿和变电所集中补偿。

1. 变电站集中补偿

在变电站的 10kV 母线上集中安装容量较大的电容器组，主要补偿变电站主变压器本身的无功消耗，减少变电站以上输电线路传输的无功功率，以降低输变电网的无功损耗；可适当弥补 10kV 及以下线路分散安装电容器容量的不足；可通过投切电容器组调整电压。

2. 10kV 线路分散补偿

在 10kV 配电网络上，分散在配电线路、配电变压器和用户的用电设备上并联安装电容器组，对配电网的无功负荷进行就地平衡，主要补偿配电线路和配电变压器的无功损耗，降损调压效果明显。

分散补偿的电容器应根据负荷分布情况，合理配置。

（1）10kV 用户专线：负荷集中在线路末端，补偿设备应装在用户变压器的低压侧，负荷需要的无功功率由补偿设备提供。

（2）10kV 公用线路：配电线路分支线多、导线型号不一，沿线负荷分布不均匀，可根据无功负荷的分布情况将线路分成数段，分段进行补偿。

（3）随机、随器就地补偿：根据无功就地补偿原则，用户装设随机、随器补偿装置，一般有三种形式。

1）单机补偿：将电容器直接并联在用电设备（如电动机）旁。其优点是可减小低压配电线路的导线截面积和配电变压器的容量，具有最佳的调压和降损效果，投切及时，接线简单，便于管理。其缺点是对一些年运行小时少或同时率低的设备，补偿容量利用率不高。对同时率高的电动机和运行小时高的大容量电动机，应优先采用和推广单机补偿。

2）分组补偿：将电容器分组并联装设在用户总配电间或其 380V 母线上。优点是能减少高压配电网及配电变压器的无功负荷，降损和改善电压质量效果较好，管理方便。缺点是不能减少低压网用电设备的无功负荷，降损效果不如单机补偿。

3）随器补偿：将电容器装在配电变压器的低压侧，用以补偿配电变压器及以上线路的无功损耗。

四、无功补偿容量的确定

无功补偿容量的确定，应根据电力负荷的大小、补偿前负荷的功率因数和补偿后要求达到的功率因数确定。

1. 按提高功率因数确定补偿容量

如果负荷功率因数补偿前为 $\cos\varphi_1$，补偿后要达到 $\cos\varphi_2$，则补偿容量为

$$Q_c = P(\tan\varphi_1 - \tan\varphi_2) = P\left(\sqrt{\frac{1}{\cos^2\varphi_1}-1} - \sqrt{\frac{1}{\cos^2\varphi_2}-1}\right) \quad (\text{kvar})$$

式中　　　　P——被补偿线路、设备的有功功率，kW；

$\tan\varphi_1$，$\tan\varphi_2$——补偿前、后功率因数角的正切值。

2. 对基础数据不足的电气设备可用估算法确定补偿容量

（1）配电变压器无功补偿容量为

$$Q_c = \left[\frac{I_0(\%)}{100} + \frac{U_d(\%)}{100} \times \beta^2\right] S_e \quad (\text{kvar})$$

式中　I_0（%）——配电变压器空载电流百分数；

U_d（%）——配电变压器阻抗电压百分数；

S_e——配电变压器额定容量，kVA；

β——配电变压器负荷率。

（2）异步电动机的无功补偿容量为

$$Q_c = \sqrt{3}U_e I_0 \quad (\text{kvar})$$

式中　U_e——电动机额定电压，kV；

I_0——电动机空载电流，A。

第五节　实　训　课　题

一、电动机的拆装、轴承检查及更换

（一）电动机的拆装

用一台小型三相异步电动机按照下面的步骤和方法进行拆装练习，并将拆装前后的情况

记录在表 9-1 中，根据比较结果，诊断拆装工艺是否达到要求。

表 9-1　　　　　　　　　　　电动机拆装前后的情况记录表

测试项目＼拆装前后	拆装前	拆装后	比较结果
电动机振动（mm）			
电动机噪声（dB）			
电动机绝缘电阻（MΩ）			
电动机接线方式（Y、△）			
电动机空载电流平衡度（a）			
空载转速（r/min）			
拆装结果评定			

1. 拆卸前的准备工作

（1）准备各种工具，两爪或三爪拉具、木锤、扳手、电工钳、螺钉旋具等。

（2）做好拆卸前的记录和检查，并在线头、端盖处做好标记，便于修复后的装配。

2. 电动机的拆卸步骤

（1）拆除电动机的所有引线。

（2）拆卸皮带轮或联轴器。

（3）拆卸风扇和风罩。

（4）拆卸轴承盖和端盖。

（5）抽出转子。

（6）拆卸前后轴承和轴承内盖。

3. 电动机的装配步骤

（1）检查定、转子确无杂物后将转子装入定子。

（2）清洁轴承，加入适量润滑脂，按拆卸时的记号装配端盖。

（3）固定端盖，检查转子转动是否灵活、均匀，有无停滞或偏重现象。

（4）安装风扇和风罩。

（5）安装皮带轮或联轴器。

（二）轴承的拆卸、检查和装配

用一台小型三相异步电动机按照下面的步骤和方法进行轴承的拆卸、检查和装配练习。

1. 轴承的检查

（1）运行中的检查。

（2）轴承发热检查。将轴承发热检查情况记录在表 9-2 中。

表 9-2　　　　　　　　　　　轴承发热检查情况记录表

轴承型号	环境温度（℃）	工作温度（℃）	诊断结果

（3）轴承拆卸后的检查。将轴承测量和检查情况记录在表 9-3 中。

表9-3　　　　　　　　　　　　轴承测量和检查情况记录表　　　　　　　　　　单位：mm

轴承型号	轴承外观检查	转动情况	轴承内径尺寸	磨损尺寸	诊断结果

2. 轴承的拆卸

（1）冷拆卸法：①用拉具拆卸；②用金属棒拆卸；③搁在圆筒上拆卸。

（2）加热拆卸法。

（3）轴承在端盖内的拆卸。

3. 轴承的清洗

4. 轴承的安装

（1）冷套法。

（2）热套法。

轴承损坏后，可用同型号的轴承进行更换。装配方法同上。

二、三相异步电动机故障诊断与处理

1. 电动机故障诊断与处理训练

（1）用一台小型三相异步电动机设置绕组断路（或某一相绕组首尾接线接反）故障，参照表9-4的步骤和方法，进行故障诊断与处理方法的练习。

表9-4　　　　　　　　　　三相异步电动机故障诊断与处理方法

三相异步电动机故障现象	故障原因和诊断步骤	故障处理方法	备　注
通电后电动机嗡嗡响动不能启动	1. 电源电压过低	检查电源电压质量，与供电部门联系解决	
	2. 电源缺相	查电源电压、熔断器、接触器、开关、某相断线或假接，进行恢复	
	3. 相绕组或极相组首尾接线接反	用指南针检查法诊断绕组首尾接线是否正确，否则重新接线	
	4. 三相绕组△连接法，误连接成Y接法	将Y连接改为△连接	
	5. 绕组断路	用万用表、绝缘电阻表检查绕组，找出断路点，并进行修复	
	6. 负载过大或机械被卡住	减轻负载，排除机械故障或更换功率大一点的电动机	
	7. 电机检修后装配太紧或润滑脂硬	重新装配，更换油脂	

（2）用一台小型三相异步电动机设置定子绕组局部短路（或轴承间隙过大）故障，参照表9-5的步骤和方法，进行故障诊断与处理方法的练习。

表 9 - 5　　　　　　　　　　**三相异步电动机故障诊断与处理方法**

三相异步电动机故障现象	故障原因和诊断步骤	故障处理方法	备注
电动机运行时有杂音	1. 电源电压过高或不平衡	调整电压或与供电部门联系解决	
	2. 定子、转子铁芯松动	检查震动原因，重新压紧铁芯，进行处理	
	3. 轴承间隙过大	检查或更换轴承	
	4. 轴承缺少润滑油	清洗轴承，增加润滑脂	
	5. 定、转子相擦	正确装配，调整间隙	
	6. 风扇碰风扇罩或风道堵塞	修理风扇罩，清理通风道	
	7. 转子擦绝缘纸或槽楔	剪修绝缘纸或检修槽楔	
	8. 各相绕组电阻不平衡，局部有短路	找出短路点，进行局部修理或更换线圈	
	9. 定子绕组接错	重新诊断首尾，正确接线	
	10. 改极重绕时，槽配合不当	校验定转子槽配合	
	11. 重绕时每相匝数不相等	重新绕线，改正匝数	
	12. 电动机单相运行	检查电源电压、熔断器、接触器、电动机接线	

2. 电动机故障诊断与处理技能考核

（1）三相异步电动机定子绕组对地短路故障的诊断与处理。

1）故障设置。在一台小型三相异步电动机定子绕组的某一相上发生对地短路故障。

2）送电试车，将电机的参数、故障现象、拟定的诊断步骤及处理方法填写在表9-6中。

3）进行故障诊断与处理的实际操作。

4）考核标准，见表9-7。

表 9 - 6　　　　　　　　　　**三相异步电动机故障诊断与处理方法记录表**

电动机型号		额定功率	
额定电压		额定电流	
接线方式		绝缘等级	
三相异步电动机故障现象	故障原因和诊断步骤	故障处理方法	备　注

表9-7   三相异步电动机故障诊断与处理评分表

姓名			单位			考核时限		实用时间	
操作时间				时　　分　至　　时　　分					
项目			配分	评分细则			扣分	扣分原因	
1	准备工作		7	1. 安全帽、工作服、手套、绝缘鞋，缺一项扣1分					
				2. 验电笔使用前未检验，扣1分					
				3. 工具使用不规范，每种扣1分					
2	填写记录表	故障现象	3	1. 故障现象没有表述或表述不正确，扣3分					
		故障诊断	10	2. 故障原因前后次序不合理，每条扣1分					
				3. 故障原因每缺一个，扣2分					
				4. 故障原因每错一个，扣2分					
		处理方法	6	5. 故障的处理方法错误，每项扣2分					
				6. 故障的处理方法内容不全，扣1分					
		注意事项	4	7. 不会正确使用安全用具，无安全措施，各扣2分					
3	实际查找及处理	查找方法	22	1. 万用表挡位选择不合适、未做回零检验，使用完未调出电阻挡，每项扣2分					
				2. 绝缘电阻表使用前未作开路、短路实验，扣2分；接线不正确，扣2分					
				3. 检查时无安全措施，扣4分					
				4. 查找故障时次序不合理，扣3分					
				5. 无目的查找或方法针对性不强，扣5分					
				6. 万用表、绝缘电阻表使用方法不规范，各扣2分					
		故障处理	10	1. 短路点处理方法不对，扣6分					
				2. 短路点处理工艺不符合工艺要求，4分					
		查找结果	30	1. 故障点未能找到，扣20分					
				2. 造成新的故障，每个扣10分					
4	安全文明施工		8	1. 出现危及人身安全的操作，扣2分/每次					
				2. 损坏设备、仪表，扣4分/每件					
				3. 查找处理完毕，未整理工具清理现场扣1分					
				4. 言语举止不文明扣1分					
5	操作时间			故障排除后，每提前1min加0.2分，最高不超5分					
配　　分			100	总分		总扣分			
考评员				考评组长			时间	年　月　日	

（2）三相异步电动机定子绕组一相匝间短路的故障诊断与处理。

1）故障设置。一台小型三相异步电动机定子绕组A相匝间短路。

2）送电试车，将电机的参数、故障现象、拟定的诊断步骤及处理方法填写在表9-8中。

3）进行故障诊断与处理的实际操作。

4）考核标准，见表9-9。

表 9 - 8　　　　　　　　　　　**三相异步电动机故障诊断与处理方法记录表**

电动机型号		额定功率	
额定电压		额定电流	
接线方式		绝缘等级	
三相异步电动机 故障现象	故障原因和诊断步骤	故障处理方法	备　注

表 9 - 9　　　　　　　　　　　**三相异步电动机故障诊断与处理评分表**

姓名			单位		考核时限		实用时间	
操作时间				时　分　至　时　分				
项目			配分	评分细则		扣分	扣分原因	
1	准备工作		7	1. 安全帽、工作服、手套、绝缘鞋，缺一项扣 1 分				
				2. 验电笔使用前未检验，扣 1 分				
				3. 工具使用不规范，每种扣 1 分				
2	填写 记录 表	故障 现象	3	1. 故障现象没有表述或表述不正确，扣 3 分				
		故障 诊断	10	2. 故障原因前后次序不合理，每条扣 1 分				
				3. 故障原因每缺一个，扣 2 分				
				4. 故障原因每错一个，扣 2 分				
		处理 方法	6	5. 故障的处理方法错误，每项扣 2 分				
				6. 故障的处理方法内容不全，扣 1 分				
		注意 事项	4	7. 不会正确使用安全用具，无安全措施，各扣 2 分				
3	实际 查找 及处 理	查找 方法	22	1. 万用表挡位选择不合适、未做回零检验，使用完 未调出电阻挡，每项扣 2 分				
				2. 绝缘电阻表使用前未作开路、短路实验，扣 2 分；接线不正确，扣 2 分				
				3. 检查时无安全措施，扣 2 分				
				4. 查找故障时次序不合理，扣 3 分				
				5. 无目的查找，或方法针对性不强，扣 5 分				
				6. 万用表、绝缘电阻表、钳形电流表使用方法不规 范，各扣 2 分				
		故障 处理	10	1. 短路点处理方法不对，6 分				
				2. 短路点处理工艺不符合要求，扣 4 分				
		查找 结果	30	1. 故障点未能找到，扣 20 分				
				2. 造成新的故障，每个扣 10 分				

续表

姓名		单位			考核时限		实用时间	
操作时间				时　分　至　时　分				
项目		配分		评分细则			扣分	扣分原因
4	安全文明施工	8	1. 出现危及人身安全的操作，扣2分/每次					
			2. 损坏设备、仪表，扣4分/每件					
			3. 查找处理完毕，未整理工具清理现场扣1分					
			4. 言语举止不文明扣1分					
5	操作时间		故障全部排除后，每提前1min加0.2分，最高不超5分					
配　分		100	总　分			总扣分		
考评员			考评组长			时间		年　月　日

三、电动机绕组的重新绕制

1. 工具准备

螺钉旋具、锤子（木锤和小铁锤）尖嘴钳、压线板、理线板、剪刀、扳手、绕线机等。

2. 记录原始数据

（1）铭牌数据。将电动机的铭牌数据记录在表9-10中。

表9-10　　　　　　　　　　　铭　牌　数　据

型号	功率	转速	绝缘等级	电压	电流	接法

（2）铁芯和绕组数据。将电动机铁芯和绕组的数据记录在表9-11中。

表9-11　　　　　　　　　　　铁　芯　和　绕　组　的　数　据

总槽数		每槽导线数		绕组节距		导线规格	
并绕根数		并联路数		绕组型式		槽形尺寸	
铁芯内径		铁芯外径		铁芯长度		槽绝缘材料	

3. 拆除旧绕组

可采用冷拆法或通电加热的方法拆除。

4. 绕制线圈

（1）制作绕线模。

（2）线圈绕制。

5. 嵌放绕组

（1）选用绝缘材料。

（2）裁剪槽绝缘。

（3）嵌放线圈。

1）清理定子槽，放置槽绝缘。

2）嵌放线圈。

6. 放置绕组端部隔相绝缘

7. 封槽口

8. 端部整形

9. 端部接线

10. 绕组的绝缘浸漆与烘干处理

11. 装配后的检查

装配后应做如下检查。

（1）检查机械部分的装配质量，包括所有紧固螺钉是否拧紧，转子转动是否灵活、无扫膛、无松动；轴承是否有杂声等。

（2）测量绕组的绝缘电阻。检测三相绕组每相对地的绝缘电阻和相间绝缘电阻，其阻值不得小于 $0.5M\Omega$。

（3）按铭牌要求接好电源线，在机壳上接好保护接地线，接通电源，用钳形电流表检测三相空载电流是否符合允许值。

（4）查电动机温升是否正常，运转中有无异响。

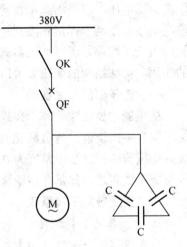

图 9-9　电动机无功补偿接线图

四、异步电动机无功补偿方法

1. 确定补偿方式

异步电动机无功补偿方法应采用单独就地补偿方式，其接线方式如图 9-9 所示。

2. 计算补偿容量

$$Q_c \leqslant \sqrt{3}U_e I_0 \qquad (kvar)$$

式中　Q_c——补偿电容器的容量；

　　　U_e——电动机的额定电压；

　　　I_0——电动机的空载电流。

3. 选择并检查电容器

4. 将电容器按图 9-9 接入电路

第十章

变压器的维护

第一节 变压器的基本知识

变压器是一种静止的电气设备,利用电磁感应原理将输入的交流电压升高或降低为同频率的输出电压,以满足高压输电,低压供电的需要,这是变压器在电力系统中的作用,除此之外,变压器还有很多用途,如测量系统中的仪用变压器用来把大电流换为小电流或把高电压变为低电压,以隔离高压和便于测量;用于焊接的电焊变压器用来获得电焊所要求的陡降输出电压,以利于焊接和限制短路电流;电子线路中的中间变压器使功放输出电路与负载之间的阻抗匹配等,所以变压器具有变换电压、电流和阻抗的作用、具有隔离高电压或大电流的作用,特殊结构的变压器可以具有稳压特性、陡降特性或移相特性等。

一、变压器的基本结构

变压器主要由铁芯和套在铁芯上的两个或多个绕组所组成,如图 10-1 所示。接电源的绕组称为一次绕组,与负载相连的绕组称为二次绕组。为了减少磁通变化时引起的涡流损失,变压器的铁芯要用厚度为 $0.35 \sim 0.5$mm 的硅钢片叠成,片间用绝缘漆隔开,同时绕组与绕组及铁芯之间都是互相绝缘的。

二、变压器的工作原理

1. 变压器的空载运行

当变压器的一次绕组加上额定的交变电压时,二次绕组开路不接负载,即二次电流为零,这种运行方式称为空载运行。

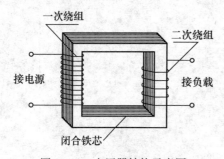

图 10-1 变压器结构示意图

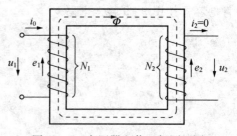

图 10-2 变压器空载运行原理图

图 10-2 为单相变压器空载运行原理图。在外加电压 u_1 作用下,绕组内有交变电流 i_0 流过。这时一次绕组中的电流称为变压器的空载电流,又称励磁电流,它与一次绕组匝数 N_1 的乘积 $i_0 N_1$ 称为励磁磁动势,铁芯中产生交变磁通,铁芯的导磁率比空气的大得多,绝大部分磁通通过铁芯磁路交链一、二次绕组,称为主磁通 Φ;还有少量磁通穿过铁芯沿着一次绕组外侧通过空气或油而闭合,它们只与一次绕组交链,称为漏磁通,因很小可忽略不计。根据电磁感应原理,交变的主磁通在一、二次绕组分别感应出电动势 e_1 和 e_2

$$e_1 = -N_1 \frac{\mathrm{d}\Phi}{\mathrm{d}t}$$

$$e_2 = -N_2 \frac{\mathrm{d}\Phi}{\mathrm{d}t}$$

外加电压 u_1 按正弦规律变化，则 i_0 与 Φ 也按正弦变化，设 $\Phi = \Phi_\mathrm{m} \sin\omega t$，代入上式有

$$e_1 = -N_1 \frac{\mathrm{d}\Phi}{\mathrm{d}t} = -N_1 \omega \Phi_\mathrm{m} \cos\omega t = N_1 \omega \Phi_\mathrm{m} \sin\left(\omega t - \frac{\pi}{2}\right)$$

$$e_2 = N_2 \omega \Phi_\mathrm{m} \sin\left(\omega t - \frac{\pi}{2}\right)$$

$$E_1 = \frac{E_{1\mathrm{m}}}{\sqrt{2}} = \frac{\omega}{\sqrt{2}} N_1 \Phi_\mathrm{m} = \frac{2\pi f}{\sqrt{2}} N_1 \Phi_\mathrm{m} = 4.44 f N_1 \Phi_\mathrm{m}$$

$$E_2 = \frac{E_{2\mathrm{m}}}{\sqrt{2}} = \frac{\omega}{\sqrt{2}} N_2 \Phi_\mathrm{m} = \frac{2\pi f}{\sqrt{2}} N_2 \Phi_\mathrm{m} = 4.44 f N_2 \Phi_\mathrm{m}$$

由此可得

$$\frac{E_1}{E_2} = \frac{N_1}{N_2}$$

即一、二次绕组中的感应电动势之比等于一、二次绕组匝数之比。

由于变压器空载电流 I_0 很小，可忽略其在一次绕组中产生的电压降，故一次绕组中的感应电动势 E_1 近似地与外加电压 U_1 相平衡，即 $U_1 \approx E_1$，而二次绕组开路，其端电压 u_2 就等于感应电动势 E_2，即 $U_2 = E_2$，因此

$$\frac{U_1}{U_2} \approx \frac{E_1}{E_2} = \frac{N_1}{N_2} = K$$

K 称为变压器的变压比，简称变比，表明当变压器空载时，一、二次电压之比等于一、二次绕组的匝数之比，匝数多的一边电压高，匝数少的一边电压低。

2. 变压器的负载运行

图 10 - 3 为变压器负载运行原理图，变压器的二次绕组与负载相接，变压器处于负载状态，一、二次绕组中各有电流 i_1、i_2 通过。

当变压器满载时，一次绕组的电压降也很小，只有额定电压的 2% 左右，可近似认为变压器负载时 U_1 也等于 E_1，即变压器不论空载还是负载，只要加在变压器一次绕组的电压 U_1 及其 f 保持一致，铁芯中工作磁通 Φ 就基本保持不变，磁动势也基本不变。

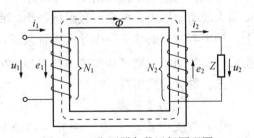

图 10 - 3　变压器负载运行原理图

空载时，铁芯中的磁通是由一次侧的磁动势 $i_0 N_1$ 产生和决定的，负载时铁芯中的磁通是由一、二次的磁动势共同产生和决定的，根据磁动势平衡方程式

$$i_1 N_1 + i_2 N_2 = i_0 N_1$$

整理得

$$i_1 = i_0 + \left(-\frac{N_2}{N_1} i_2\right) = i_0 + i_1'$$

该式表明，一次电流 i_1 由两部分组成。其中：i_0 用来产生主磁通 Φ，称为励磁分量，i_1' 用以抵消二次电流 i_2 的去磁作用，称为负载分量。当负载电流 i_2 变化时，一次电流 i_1 会相应变化，以抵消二次电流的影响，使铁芯中的磁通基本不变。正是负载电流的去磁作用和一

次电流的相应变化，以维持主磁通近似不变的效果，使得变压器可以通过磁的联系，把输入到一次的功率传递到二次电路中去。

当变压器在额定负载下运行时，i_0 相对于额定电流很小，忽略 i_0，则有

$$i_1 = -\frac{N_2}{N_1}i_2 = -\frac{1}{K}i_2$$

考虑量值关系，则有

$$\frac{I_1}{I_2} = \frac{N_2}{N_1} = \frac{1}{K}$$

说明变压器接近满载时，一、二次绕组的电流近似跟绕组匝数成反比，变压器有变流作用。

3. 变压器的阻抗变换

若在变压器二次接上负载 Z_L，则它与电流、电压的关系为

$$Z_L = \frac{U_2}{I_2} = \frac{U_1/K}{KI_1} = \frac{U_1}{K^2 I_1} = \frac{Z_\lambda}{K^2}$$

或

$$Z_\lambda = U_1/I_1 = K^2 Z_L$$

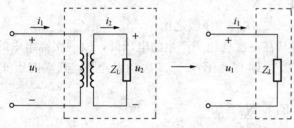

图 10-4 变压器的阻抗变换

Z_λ 是从变压器输入端看时，对于电源来说的等效阻抗，也可以认为对电源来说，经过变压器接入的负载 Z_L，相当于不用变压器而把阻抗直接接入电源，两者是等效的，如图 10-4 所示，变压比为 K 的变压器可以把二次的负载阻抗转换为对电源来说扩大了 K^2 倍的等效阻抗。

变压器的阻抗变换作用在电子技术上经常应用，如功率放大器中的线间变压器，为了获得最大的功率输出，要求负载阻抗很小，直接接入时会使大部分功率消耗在输出级的内阻抗上，扬声器获得的功率很小导致声音微弱，如果接入适当的线间变压器，使扬声器的阻抗变换成要求的阻抗，则可达到输出功率最大的要求，可按 $K = \sqrt{Z_\lambda/Z_L}$ 选择适当的变比。

三、常见的变压器

1. 三相电力变压器

电力系统中普遍采用三相变压器进行输配电。三相变压器的铁芯有三个芯柱，每个芯柱上都有属于同一相的一、二次绕组，如图 10-5 所示，就每一相来说，其工作原理和单相变压器完全相同。工作时，根据实际情况将三相变压器的一、二次绕组分别接成星形或三角形，常用的接线组别有 Y，yn0；Y，d11；D，d0 三种。

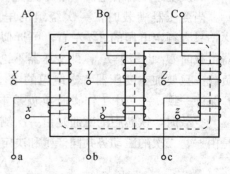

图 10-5 三相变压器

变压器的主要技术参数有以下几个：

（1）额定电压。一次绕组额定电压是指一次绕组上的正常工作线电压值，它是根据变压器的绝缘强度和允许的发热条件规定的。一次绕组的额定电压是当一次绕组电压为额定值时，并且变压器空载时二次绕组的线电压。

（2）额定电流。根据允许发热条件而规定的一、二次侧满载时的线电流值。

（3）额定容量。额定容量反映变压器传送最大功率的能力，指变压器在额定工作状态下，二次侧的视在功率，单位为 VA 或 kVA。变压器的容量大小，由它的输出电压 U_{2N} 和输出电流 I_{2N} 决定，即三相变压器的额定容量 $S_N = \sqrt{3}\, U_{2N} I_{2N}$，单相变压器的额定容量 $S_N = U_{2N} I_{2N}$。

2. 自耦变压器

普通变压器一、二次绕组之间仅有磁的耦合，没有电的直接联系，自耦变压器的结构是把普通变压器的一、二次绕组串联起来作为一次绕组，二次绕组仍为二次侧，如图 10-6 所示，一、二次绕组间不仅有磁的耦合，还有电的直接联系，实质上自耦变压器就是利用绕组抽头的办法来实现改变电压的一种变压器，其工作原理和普通变压器一样，一、二次侧的电压、电流和匝数的关系仍为

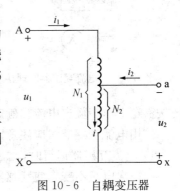

图 10-6 自耦变压器

$$U_1/U_2 \approx N_1/N_2 = K, \quad I_1/I_2 \approx N_2/N_1 = 1/K$$

自耦变压器的中间出线端制成能沿整个绕组滑动的滑动电刷，可以连续改变二次绕组匝数 N_2，以平滑地调节输出电压。

自耦变压器的优点是结构简单、节省材料、效率高；缺点是二次绕组和一次绕组间有电的联系，不能用于变比较大的场合，一旦公共部分断开，高压将引入低压侧，造成危险，通常选择变比不大于 2。

3. 仪用互感器

直接测量大电流和高电压是比较困难的，电工测量中常用特殊的变压器把大电流转换成小电流、把高电压转换成低电压后再测量。所用的特殊变压器就是电流互感器和电压互感器。使用互感器测量可使测量仪表与高电压隔离，保证仪表和测量人员的安全，又可扩大仪表的量程，便于仪表的标准化和小型化。因此，在交流电流、电压和功率的测量中，以及各种继电保护和控制电路中，互感器的应用非常广泛。

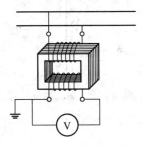

图 10-7 电压互感器原理接线图

（1）电压互感器。电压互感器的工作原理和结构与变压器没有区别，实质上是一台具有准确变比的降压变压器，目的是把被测电路的高电压转换为低电压，供测量、控制和指示等用。

电压互感器二次侧的额定电压规定为 100V，一次侧额定电压与所测主电路的额定电压一致。测量时，一次绕组与被测电路并联，仪表和继电器的电压线圈并联接在二次侧，如图 10-7 所示。读数时注意仪表读数、变比和所测电压的关系。一般情况下电压互感器和仪表是配套使用的，仪表盘上计数已经是测量值与变压比的乘积，可直接读出所测的电压值。

使用电压互感器时应注意以下几点：

1）电压互感器运行时，二次侧不允许短路。因为二次绕组本身的阻抗很小，一旦短路，短路电流会烧坏互感器，为此，二次电路应串接熔断器作短路保护。

2）电压互感器的二次侧接功率表或电能表的电压线圈时，要按要求的极性相连。

3）电压互感器的铁芯和二次绕组的一端要可靠接地，以防止高压绕组绝缘损坏时，铁

芯和二次绕组带上高电压而造成事故。

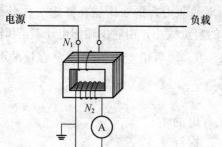

图 10-8　电流互感器原理接线图

（2）电流互感器。电流互感器也是一种特殊运行方式下的变压器，一次绕组匝数很少，只有一匝或几匝，一次绕组串联在被测电路中，流过被测电流，这个电流与普通变压器的一次电流不同，它与二次侧的负载电流无关。二次绕组的匝数比较多，与仪表或继电器的电流线圈串联成闭合回路，如图 10-8 所示。

电流互感器二次侧的额定电流通常为 5A，一次额定电流在 10～25000A 之间，选择电流互感器时，要按额定电压、额定电流、额定负载阻抗值及准确度等级适当选取。

使用电流互感器时应注意以下几点：

1）电流互感器运行时，二次侧不允许开路。因为二次侧开路，二次电流的去磁作用消失，而一次电流不变，使互感器铁芯中的磁通密度增大很多倍，磁路严重饱和，造成铁芯过热，绝缘加速老化或击穿，且开路时磁通波形畸变为平顶波，在磁通过零时，二次侧感应出很高的过电压而危及人身和仪表的安全。因此，电流互感器的二次侧绝对不允许接熔断器；在运行中要更换仪表时应先把二次侧短路。

2）电流互感器的二次侧接功率表或电能表的电流线圈时，要按要求的极性相连。

3）电压互感器的铁芯和二次绕组的一端要可靠接地，以免高压击穿危及仪表和人身安全。

4）电流互感器的负载大小会影响测量的准确度，测量时一定要使二次侧的负载阻抗小于要求的阻抗值，并且所用电流互感器的准确度等级要比所接仪表的准确度等级高两级，以保证测量准确度。

4. 多绕组变压器

如图 10-9 所示，该种变压器的一次绕组从电源上接受电能，而从几个二次绕组上可分别提供几种不同的电压。多绕组变压器可提高效率、节省材料，而且体积小，便于装置，应用很方便，特别是在电子技术中。为了减少干扰，常在小型号多绕组变压器的一、二次绕组之间装有屏蔽层，如图 10-9 中的虚线（接机壳），表示有屏蔽层的符号。

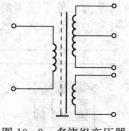

图 10-9　多绕组变压器

第二节　小型变压器的运行与维护

小型变压器是指用于配电系统、日常生活和生产的各个用电领域中，容量为几伏安～几百千伏安的变压器。

一、变压器的正常运行

变压器完好体现在以下几个方面：本体完好、无任何缺陷；辅助设备完好无损，其状态符合变压器运行要求；变压器各种电气性能符合规定，变压器油的各项指标符合标准，变压器运行时油位、油色正常，运行声音正常。

二、变压器巡视检查、试验周期

1. 变压器巡视检查、试验周期

变压器巡视检查、试验周期按表 10-1 规定进行。

表 10-1 变压器巡视检查、试验周期

序　号	项　目	周　期	备　注
1	定期巡视	1 个月至少一次	
2	清扫套管检查熔丝	6 个月至少一次	
3	电流电压测量	每年至少一次	
4	绝缘电阻测量	每年一次	
5	工频耐压试验	必要时	
6	绝缘油耐压、水分试验	1～3 年一次	有条件的可做简化试验
7	匝、层间绝缘试验	必要时	新上、检修后必须做
8	变压器大修	10 年一次	

2. 变压器外部巡视检查的一般项目

（1）检查有无漏、渗油，油位、油色、油温是否正常，有无异味等。

（2）检查套管是否清洁，有无裂纹、损伤、放电痕迹，耐酸胶垫有无脆化、破裂等情况。

（3）检查变压器声音是否正常。

（4）检查一、二次熔丝容量是否合适，各处接点有无烧损现象。

（5）检查一、二次引线及母线有无异状，与其他导线有无接触的可能，工作人员上、下电杆有无感应电的危险。

（6）检查变压器台架有无柴草、杂物堆积，围栏是否安全可靠。

（7）检查铭牌及其他标志是否齐全，有无锈蚀现象。

三、新变压器投运的要求

新变压器或检修后的变压器投入运行时应符合以下几点要求：

（1）变压器的铭牌清楚、牢固，额定电压、容量符合要求。

（2）分接头开关切换良好，分接头位置正确、合适。

（3）持有变压器试验合格证和油化合格证。

（4）绝缘电阻测量合格，外部检查合乎要求。

停运的变压器在恢复送电时，必须进行清扫、检查、绝缘电阻试验，停运期超过 6 个月，须按检修后鉴定项目做试验。

四、变压器绝缘电阻的测量

1. 绝缘电阻测量的条件

（1）测量绝缘电阻应使用 2500V 的绝缘电阻表。

（2）运行中的变压器应在气温 5℃ 以上的干燥天气下（湿度不超过 85%）进行。

（3）测量绝缘电阻时，必须测量变压器温度，封闭式变压器无测温孔时的测温部位为变压器中上背阴处。

2. 变压器绝缘电阻允许值可参考表 10-2 所示值

表 10-2   10kV 及以下变压器绝缘电阻允许值（MΩ）

温度（℃） 测量项目	10	20	30	40	50	60	70	80
一次对二次及地	450	300	200	130	90	60	40	25
二次对地	40	20	10	5	3	2	1	1

新变压器投入运行前绝缘电阻值，应不低于制造厂所测值的 70%（换算到同一温度）。运行中变压器的绝缘电阻值（换算为相同温度时）应不低于初试值的 50%。

五、变压器工频耐压试验

（1）变压器绝缘电阻值低于允许值时，不得进行耐压试验。

（2）工频耐压试验值按表 10-3 规定进行，试验电压应均匀升至规定值，并保持 1min。

表 10-3   工频耐压试验值

电压等级	一次		二次	
	新产品	交接预防试验	新产品	交接预防试验
10	35	30	5	4
6	25	21		
3	18	18		

（3）在试验过程中，应仔细探听变压器内部的响声，如果仪表指示正常，没有绝缘击穿放电声、焦烟等现象，则认为变压器工频耐压试验合格。

六、绝缘油试验

（1）新的或检修后的变压器的绝缘油应进行简化试验，其标准如表 10-4 所示。

（2）为使试验值正确反映绝缘油的状况，应注意：

1）取油样的油瓶必须用白土洗净，进行干燥后方可使用。

2）取油样必须在晴朗干燥天气进行。

3）取油样前，应先将变压器放油栓上的污秽擦净。

4）采集的油样应保护干净，防止受潮。

表 10-4   绝缘油简化试验标准

序　号	试验项目	新　油	运行中油
1	闪点（℃）	不低于 135℃	不比新油标准降低 5℃
			与前次测量值比不低于 5℃
2	机械混合物	无	无
3	游离碳	无	无
4	酸价 KOH 毫克/克油	不大于 0.05	不大于 0.1
5	酸碱反应	中性	pH 值不小于 4.2
6	水分	无	无
7	电气击穿强度（kV）	不低于 25℃	不低于 20℃

为了防止油劣化过速，上层油温不宜经常超过 85℃ 运行。

七、电流电压测量

（1）测量时间：每年高峰负荷时必须进行。

（2）主要测量点：变压器二次出口电压和线路末端客户受电电压。变压器二次电压应比额定电压高 0～±5%，客户受电电压应符合有关规定。

（3）变压器的最大负荷不宜低于额定值的 65%，变压器的出口三相电流的不平衡度不应大于 15%；工厂专用变压器（夜间）带少量单相负荷时，二次中性线电流不应超过额定电流的 25%。

八、变压器过负荷运行

配电变压器不宜过负荷运行，但在有条件时，也可考虑：

（1）有值班人员监视变压器负荷时。

（2）有自动记录仪表记载负荷资料时。

（3）有最高负荷、最低负荷时期多次测量所确定的可靠数据。

配电变压器短时过负荷可按表 10-5 规定进行。

表 10-5 油浸式变压器过负荷允许时间的规定

过负荷倍数	过负荷前上层油的温升为下列数值时的允许过负荷持续时间（h-min）					
	18℃	24℃	30℃	36℃	42℃	48℃
1.05	5—50	5—25	4—50	4—00	3—00	1—30
1.10	3—50	3—25	2—50	2—10	1—25	0—10
1.15	2—50	2—25	1—50	1—20	0—35	
1.20	1—40	1—40	1—15	0—45		
1.25	1—35	1—15	0—50	0—25		
1.30	1—10	0—50	0—30			

变压器运行时应根据历年测得的最大负荷数据确定能否增加负荷，在无测量数据时可按表 10-6 的系数估算。

表 10-6 变压器负荷估算系数

电动机台数	1～2	3～4	5～7	8～10	11～15	16～20	20 以上
系数	1	1.15	1.20	1.25	1.30	1.35	1.40

估算方法：

$$变压器容量（kVA）＝\frac{电动机功率(kW)×1.25}{系数}$$

$$或变压器容量（kVA）＝\frac{电动机功率(kW)}{系数}$$

九、变压器一、二次熔丝选择的规定

10～100kVA 变压器一次熔丝的额定电流应按变压器额定电流的 2～3 倍选用，不足 5A 的选用 5A 熔丝；100kVA 以上变压器按变压器额定电流 1.5～2 倍左右选用。

多台变压器共用一组跌落式开关时，其熔丝的额定电流应按变压器综合容量的 1.0～1.5 倍选用。

变压器二次熔丝额定电流按变压器二次额定电流选用。

单台电动机的专用变压器，考虑启动电流影响，二次熔丝额定电流可增大 30%。

十、变压器的并列运行

一个配电变台上的几台变压器，一般不采用并列运行方式，必须并列时应满足下列条件：

（1）额定电压和变比相同。

（2）短路阻抗相同。

（3）接线组别、极性相同。

额定电压、短路阻抗略有差异的变压器并列运行时，变压器的负荷应加以限制，使任何一台变压器不过载运行。

第三节 小型变压器的检修

小型变压器的主要故障和检修方法有以下几方面。

一、接通电源后二次侧无电压输出

1. 故障原因

（1）电源插头或馈线开路。

（2）一次绕组开路或引出线脱焊。

（3）二次绕组开路或引出线脱焊。

2. 检修方法

确定电网电压正常后插上电源插头，用万用表测一次绕组两引入线端之间的电压，若不正常，则检查电源引入线和电源插头是否有开路、脱焊和接触不良现象；若正常，则取下电源插头，用万用表或电桥测原边绕组的直流电阻，判断其是否有开路现象，若无开路现象，则故障在二次绕组，可同样用万用表或电桥判断其是否有开路现象。

对于多绕组变压器，可以在接通电源后分别测量多个二次绕组的输出电压，若有二次绕组能正常输出电压，则说明一次绕组完好，无输出电压的二次绕组有开路现象。

绕组的开路点多发生在引出线的根部，通常是由于线头弯折次数过多或线头遭到猛拉或焊接处霉断（焊剂残留过多）或引出线过细等原因造成的。如果断裂线头处在绕组的最外层，可掀开绝缘层，用小针等工具在断线处挑出线头，焊上新的引出线，恢复好绝缘即可。若断裂线端头部处在绕组内层，一般修复很难，需要拆修甚至重绕。

二、温升过高甚至冒烟

1. 故障原因

（1）绕组的匝间短路。

（2）硅钢片间绝缘太差，使涡流增大。

（3）铁芯设计不佳、叠厚不足或重新装配硅钢片时少插入片数或绕组匝数偏少。

（4）过载或输出电路局内短路。

2. 检修方法

(1) 线圈的匝内短路。

匝间短路,短路处的温度急剧上升。若短路发生在同层排列左右两匝或多匝之间,过热现象稍轻;若发生在上下层之间的两匝或多匝之间,过热现象就更加严重。匝间短路通常是由于绕组遭受外力撞击或漆包线老化等原因所造成的。可在断电状态下用绝缘电阻表确定一、二次绕组之间是否有短路现象;也可在原二次侧接上电源用万用表测各二次绕组空载电压来判断匝间和层间短路现象,若某二次绕组输出电压明显偏低,说明该绕组有短路现象,若各绕组输出电压基本正常但变压器过热则可能是静电屏蔽层自身短路。

如果短路发生在绕组的最外层,可掀开绝缘层,在短路处局部加热(可用电吹风),使绝缘漆软化,用薄竹片轻轻挑起故障导线,若线芯没损伤,则可插入绝缘纸,裹住后理平,若线芯已损伤,则应剪断故障导线,两端焊接后裹垫绝缘纸理平,然后涂绝缘漆吹干,再包外层绝缘;若故障发生在绕组内部,一般需要拆修甚至重绕。

(2) 硅钢片间绝缘太差和铁芯叠厚不足或绕组匝数偏少一般需要拆修。

(3) 过载或外部电路不正常。若变压器空载时电压、温升等各项指标均正常,而负载时发热,则说明变压器过载或外部电路不正常,需要减轻负载或排除外部电路的局部短路等现象。

三、噪声过大

1. 故障原因

(1) 绕组对铁芯短路。

(2) 绕组漏电。

(3) 引出线裸露磨损碰触铁芯或底板。

2. 检修方法

(1) 绕组对铁芯短路和绕组漏电。可用绝缘电阻表分别检查一、二次绕组对地(指铁芯或静电屏蔽层)的绝缘电阻情况,若绝缘电阻显著降低,可烘干后再测,若绝缘电阻恢复,表明是线圈受潮引起故障;若绝缘电阻无明显提高,说明是有绕组碰触铁芯或静电屏蔽层,轻度的可拆去外层包缠的绝缘层,烘干后重新浸漆,严重的只有重绕。

(2) 引出线故障。可在导线裸露部分包扎好绝缘材料或用套管套上;若是最里层绕组引出线碰触铁芯,裸露部分不好包扎时,可在铁芯与引出线间塞入绝缘材料,并用绝缘漆或绝缘黏合剂粘牢。

四、重绕

1. 拆卸铁芯

拆卸铁芯前,先拆除外壳、接线端子和铁芯夹板等附件。

不同铁芯形状的拆卸方法不同,但第一步是相同的。用一字螺钉旋具把浸漆后黏合在一起的硅钢片插松,至少先把开始要拆卸的几片松开,然后按不同铁芯形状采用不同方法进行拆卸。如山字形硅钢片,可先拆横条,用一字螺钉旋具顶住已插松硅钢片的一侧,再用力把横条向另一侧推动,把两端横条都拆完后,用一字螺钉旋具插松铁柱的硅钢片;然后用一字螺钉旋具顶住中柱舌片端头,用力向后推动,待推出 3~4mm 后,用钢丝钳钳住中柱部位抽出硅钢片;当拆出五六片或十片后,改用钢丝钳或用手逐片抽出。

2. 获得重绕数据的方法

如果重绕后要求功率、电压和电流等额定值与原来的一样，则其主要数据便是绕组的导线直径和匝数。导线直径可用游标卡尺测量一次绕组导线获得，匝数较难获得准确数据，特别是线径较小、匝数较多的绕组，边拆边数的方法很不准确，因此，重绕时要通过计算获得匝数。

（1）判断原铁芯截面。通过实测原铁芯叠厚和柱体宽度（俗称舌宽）获得，即叠厚乘以舌宽，但因铁芯片表面涂有绝缘膜和片与片之间存在间隙，故应除以系数 0.9 得到铁芯截面。

（2）判断原铁芯磁通密度。小型变压器通常采用 0.35mm 厚的热轧或冷轧硅钢片作为铁芯，除 C 字型铁芯外，铁芯的磁通密度为：热轧的通常取 0.8～1.2T，冷轧的通常取 1.2～1.4T。C 字型铁芯一般均采用冷轧硅钢片制成，能取较高的磁通密度，一般为 1.5～1.6T。重绕进行匝数计算时一般取上述参数的下限。

（3）匝数计算。其计算式为

$$N = 10^4 / 4.44 fBS \qquad （匝 /V）$$

式中　N——每伏所需的匝数；

　　　　f——电源频率，Hz；

　　　　B——磁通密度，T；

　　　　S——铁芯实际截面积，cm^2。

求出的匝数乘以一次额定电压所得的积，就是一次绕组所需的总匝数，二次线圈是 N 乘以二次侧的额定电压后考虑负载时电压降所需的补偿，增加 5% 即为二次绕组的总匝数。

3. 绕线前的准备工作

（1）选择导线和绝缘材料。根据计算选用相应规格和数量的漆包线。绝缘材料考虑耐压要求和允许厚度，层间绝缘厚度按两倍层间电压的绝缘强度选用；对于 1000V 以内要求不高的变压器也有用层间电压的峰值作为选用标准的；对铁芯绝缘及绕组间绝缘，按对地电压的两倍选用。

（2）制作木芯。木芯是用来套在绕线机转轴上支撑线圈骨架的，以便绕线。通常用杨木或杉木按铁芯中心柱截面积稍大一些的尺寸制成。木芯的长也应比铁芯窗口的高度稍大一些。木芯的中心孔直径要与绕线机轴径相配合，一般为 10.2mm，中心孔必须钻得正中和平直，木芯的四个周边相邻的必须互相垂直，木芯的边角用砂纸磨成略带圆角。

（3）制作绕线心子及骨架。绕线心子及骨架除起支撑线圈作用外，还起对地绝缘的作用，应具有一定的机械强度与绝缘强度。

纸质无框绕线心子，一般用弹性纸或钢纸柏（俗称反白纸）制成，无框绕线心子长度应比铁芯窗高稍短些，通常短 2mm 左右，绕线心子的边沿也必须平整垂直。

大多数变压器，特别是较高电压的变压器都用有框骨架，框架可用钢纸柏或玻璃纤维板等材料制成。

4. 绕线

首先裁剪好各种绝缘纸（或绝缘布），它们的宽度应稍长于骨架或绕线心子的长度，而长度应稍大于骨架或绕线心子的周长，但须考虑到线圈逐渐绕大后所需增长的裕量。

开始绕线前，先在套好木芯的骨架或绕线心子上，垫妥对铁芯的绝缘，然后将木芯中心孔穿入绕线机轴后固紧。若采用的是绕线心子，起线时，在导线引线头上压入一条绝缘带的折条，以便绕几匝后再抽紧起始线头。导线起绕点，不可过于靠近绕线心子边沿，应留出一些空间，以免绕线时漆包线滑出以及防止插硅钢片时碰伤导线绝缘；若采用有框骨架，导线要靠近边框板，不必留出空间。导线要绕得紧密、整齐，不允许有叠线现象。绕线的要领是：绕线时将导线稍拉向绕线前进的相反方向约 5°左右，拉线的手顺绕线前进的方向而移动，拉力大小视导线粗细而掌握适当，这样导线就容易排齐。

线圈层次按照一次绕组、静电屏蔽、二次高压绕组、二次低压绕组的顺序，依次叠绕。当二次绕组数较多时，每绕好一组后，用万用表测量是否通路、是否断线。最后将整个绕组包好，对铁芯绝缘，用胶水粘牢。末端出线头的固扎方法是：当线圈绕至近末端时，先垫入固定线用的绝缘带折条，当绕至末端时，把线头穿入折条内，然后抽紧折条即可。

当线径大于或等于 0.35mm 时，线圈端头的引出线可利用原线，绞合后套以绝缘套管即可。当线径小于 0.35mm 时，应另用多胶软线与之焊接后引出，引出线的绝缘套管应按耐压等级选用。

有些用于弱电领域的小型电源变压器，在一、二次绕组之间置有一层屏蔽层，能有效地减轻工频干扰，重绕时不可省略。绕制屏蔽层时必须注意：衬垫在屏蔽层上下的绝缘必须可靠，耐压应足够；屏蔽层铜皮不可形成短路环，两端口既要互相叉叠，又不可直接触及，其端口处绝缘必须良好，端口不可有毛刺；屏蔽层的接地引出线必须置于线圈的另一侧，不可与线圈引出线混在一起。

5. 绝缘处理

为了提高线圈的防潮能力和增加绝缘强度，线圈绕好后，一般均应做绝缘处理。处理的方法是将绕好的线圈放在电烘箱内加温到 70~80℃，预热 3~5h，取出后立即浸入 1260 漆绝缘清漆中约 0.5h 左右，取出后放在通风处滴干，然后再进烘箱加热到 80℃，烘 12h 即可。

若无烘干条件，可在绕组绕制进程中，每绕完一层，就涂刷一层薄的 1260 漆等绝缘清漆，然后垫上绝缘，继续绕下一层，线圈绕好后，通电烘干。通电烘干的方法是用一个500VA 的自耦变压器及交流电流表与欲烘干的变压器的高压绕组串联（低压绕组短路），逐渐增大自耦变压器的输出电压，使电流达到高压绕组额定电流的 2~3 倍，线圈通电干燥12h 后即可。

6. 铁芯镶片

铁芯镶片要求紧密、整齐，否则会使铁芯截面积达不到计算要求，造成磁通密度增大，在运行时硅钢片会发热并产生振动噪声。

镶片时，在线圈两边，两片两片地交叉对镶，镶到快要结束较紧难插时，则用一片一片地交叉对镶。当线圈中镶满硅钢片时，余下大约 1/6 的硅钢片往往比较难镶，需用一字螺钉旋具撬开硅钢片夹缝才能插入，还要用木锤轻轻敲入。在插镶条形片时，切忌直向插片，以免擦伤线圈。当骨架嫌小或线圈体积嫌大时，切不可硬行将硅钢片插入，以免损伤骨架和线圈。可将铁芯间中心柱或两边柱锤紧些，或将线圈套在木芯上，用两块木板夹住线圈两侧，在台虎钳上缓慢地将它稍许压扁一些后再进行镶片。镶片完毕后，应把变压器放在平板上，两头用木锤敲打平整，对 E 字形硅钢片的对接口间不能留有空隙；最后，用螺钉或夹板固紧铁芯，把引出线焊到焊片上或连接在接线柱上。

7. 测试

（1）绝缘电阻测试。用绝缘电阻表测各绕组间和它们对铁芯（地）的绝缘电阻，对于 400V 以下的变压器，其值应不低于 90MΩ。

（2）空载电压测试。当一次侧电压加到额定值时，二次侧各绕组的空载电压允许误差为二次侧高压绕组误差 $\Delta U_1 \leqslant \pm 5\%$；二次侧低压绕组误差 $\Delta U_2 \leqslant \pm 5\%$；中心抽头电压误差 $\Delta U \leqslant \pm 2.5\%$。

（3）空载电流测试。当一次侧输入额定电压时，其空载电流约为 5%～8% 的额定电流值。如空载电流大于额定电流的 10% 时，损耗较大；当空载电流超过额定电流 20% 时，它的温升将超过允许的数值，就不能使用。

第四节　实　训　课　题

一、变压器的检查与维护

对一台配电变压器进行运行中的检查与维护，并将检查结果记录在表 10 - 7 中，通过与正常情况的比较，得出检查结论。

表 10 - 7　　　　　　　　　　　　　配电变压器运行检查记录表

检查项目	变压器音响	运行温度	油位油色	高低压套管	除湿器、防爆管	三相电流、电压	接地装置
正常情况时							
检查结果							
与正常时比较							
检查结论							

根据检查结果拟定维护方案。

二、变压器故障的诊断与处理实例

1. 变压器铁芯多点接地故障

（1）故障现象。一台三相变压器局部发热，气体继电器动作。

（2）诊断方法。抽油样进行气相色谱分析，测接地线电流值。

（3）分析测量结果。气相色谱分析烃含量超标；测接地线电流值达 20A。

（4）诊断结论。变压器铁芯多点接地，进一步确定接地点。

（5）处理方法。

1）临时处理方法。由于接地电流数值较大（20A），该变压器铁芯接地较实，接地点又确定，为此可将变压器铁芯的正常工作接地片移到故障点同一位置，测量其环流，由原来的 20A 降至 0.3A，环流大幅降低。

2）安排检修。通过吊芯检查，查明接地原因，进行彻底排除故障。

2. 变压器低压套管漏油故障

（1）故障现象。一台三相变压器发生低压 V、W 相及中性线套管处漏油。

（2）诊断方法：

1）检查外接铝排与配电变压器套管连接的搭接面是否平整、有无氧化、过热现象。

2）查运行记录，三相负荷电流数值情况。

（3）检查结果：

1）外接铝排与配电变压器套管连接的搭接面既不平整，也有氧化、过热现象。

2）运行记录表明：三相负荷电流数值及不平衡，U 相电流 200A，V、W 相电流 400A。

（4）诊断结论。由于 V、W 相铝排与配电变压器套管连接的搭接面处理不当，造成接触电阻过大，流过较大的负荷电流时，使套管中的导电杆温度迅速升高，引起套管上密封橡皮垫圈及橡皮珠老化，失去弹性，导致漏油。

三相负荷不平衡，致使中性线电流很大，同样也使中性线套管处渗漏油。

（5）处理方法。对各搭接面进行重新平整处理，刷去表面氧化层，涂抹导电膏并进行紧固；更换密封橡皮垫圈及橡皮珠，重新分配负荷使之平衡。

3. 过载烧毁变压器

（1）事故现象。一台 30kVA 农灌变压器，在一次浇地时，带了 6 台 5.5kW 的潜水泵，变压器因过载发生故障，三相跌落式熔断器跌落了两相，且有喷油现象。

（2）诊断方法：

1）测三相绕组直流电阻值。

2）测绕组对地的绝缘电阻。

（3）测量结果：

1）三相绕组的直流电阻值减小很多，且不相等。

2）绕组对地的绝缘电阻为零。

（4）诊断结论。变压器绕组发生短路。

（5）故障处理。进行变压器吊芯检查，查明情况进行处理。

第十一章

可编程序控制器的应用技术

第一节　可编程序控制器的工作原理与应用

可编程序控制器(Programmable Logic Controller),简称 PLC,它综合了集成电路、计算机技术、自动控制技术和通信技术,是一种新型的、通用的自动控制装置。它以功能强、可靠性高、使用灵活方便、易于编程以及适应在工业环境下应用等系列优点,成为现代工业控制的三大支柱之一(三大支柱为 CAD/CAM、机器人、PLC)。它广泛用于各行各业,特别是自动控制领域,从单台机电设备自动化到整条生产线的自动化甚至整个工厂的生产自动化、从柔性制造系统工业到大型集散控制系统。国际电工委员会(IEC)对 PLC 的定义是"可编程序控制器是一种数字运算操作的电子系统,专为在工业环境下应用而设计,它采用了可编程序的存储器,用来在其内部存储执行逻辑运算、顺序控制、定时、计数和算术运算等操作的指令,并通过数字式和模拟式的输入和输出,控制各种类型机械的生产过程。可编程序控制器及其有关外部设备,都按易于与工业系统连成一个整体,易于扩充其功能的原则设计。"

一、PLC 的组成

PLC 是按继电—接触线路原理设计的,其等效的内部电器及线路与继电接触线路相同。

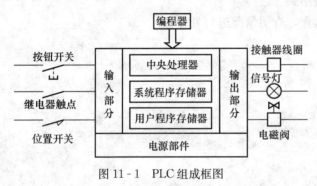

图 11-1　PLC 组成框图

它与一般计算机的结构相似,也有中央处理器(CPU)、存储器(MEMORY)、输入/输出(INPUT/OUTPUT)部件、电源部件及外部设备等。由于 PLC 是专为在工业环境下应用而设计的,为便于接线、便于扩充功能、便于操作维护,它的结构又与一般计算机有所区别,图 11-1 所示为 PLC 组成框图。

1. 中央处理器(CPU)

CPU 是 PLC 的"大脑",它控制所有其他部件的操作,一般由控制电路、运算器、寄存器等组成,通过地址总线、数据总线和控制总线与存储器、I/O 接口电路连接。CPU 主要功能是处理和运行用户程序,针对外部输入信号做出正确的逻辑判断,并将结果输给有关部分,以控制生产机械按既定程序工作,另外,CPU 还对其内部工作进行自动检测,并协调 PLC 各部分工作,如有差错,它能自动停止运行。

2. 存储器

存储器是具有记忆功能的半导体电路,预先把待解决问题的每一步操作用命令的形式——即一条条指令保存起来。实现一定功能的若干条指令组成一个程序,根据程序作用的不同，PLC 的存储器分为系统程序存储器和用户程序存储器。

系统程序存储器是指控制和完成各种功能的程序，这些程序是由 PLC 的制造厂家用微机的指令系统编写的，并固化到只读存储器（ROM）中；用户程序是使用者根据工程现场的生产过程和工艺要求编写的控制程序，用户程序由使用者通过编程器输入到 PLC 的读写存储器（RAM）中，允许修改，由用户启动运行。

3. 输入/输出部件

输入/输出部件是用来连接 PLC 主机与外部设备。为了提高抗干扰能力，一般输入/输出接口都有光电隔离装置，应用最广泛的是发光二极管和光电三极管组成的光电隔离器。

需要输入 PLC 的来自现场的指令元件、检测元件的信号，如用户在控制台、操作台或控制键盘上发出的控制信号（启动、停止、调整、急停等）、检测元件（各种传感器、继电器触点、限位开关、行程开关等）对生产过程中的参数（压力、流量、温度、速度、行程、电流、电压等）进行检测时发出的信号，根据输入信号类型通过合适的输入接口将这些信号转换成 CPU 能接受和处理的数字信号。

输出部件将 CPU 送出的弱电信号转换成现场所需要的控制信号，以控制和驱动负载，如指示灯的亮灭、电动机的启停和正反转、设备的转动、平移、升降、阀门的开闭等。

4. 编程器

编程器是开发、维护 PLC 自动控制系统必备的外部设备，PLC 通过编程器输入、检查、修改、调试用户程序，也用以监视 PLC 工作情况。

编程器分为简易编程器和图形编程器两种。图形编程器可直接输入梯形图程序，操作方便，功能强，且可脱机编程，有液晶显示（GPC）的便携式和阴极射线式（CRT）两种，价格较高；简易编程器价格低，但功能较少，需将梯形图变为指令编码输入，需要联机工作。

目前，很多 PLC 都利用微型计算机编程，这时应配上相应的编程软件及接口，由于微机的强大功能，使 PLC 的编程和调试更为方便。

5. 电源部件

电源部件将外部供电电源转换成供 PLC 的 CPU、存储器、I/O 接口等电子电路工作所需的直流电源，保证 PLC 能正常工作。

PLC 的电源部件有很好的稳压措施，对外部电源要求不高，直流 24V 机型，允许电压为 16～32V，交流机型允许电压为 85～264V，频率为 47～53Hz。

6. 其他接口电路

除 I/O 接口外，许多 PLC 还配置了其他一些接口，满足更多的需要，主要有 I/O 扩展接口（用于扩展输入、输出点数）、智能 I/O 接口（带有独立的微处理器和控制软件，可独立工作）、通信接口（专用数据通信的一种智能模块，用于人机对话或机机对话，与打印机、监视器或其他 PLC 机相连，构成多机或多级控制系统）。

二、PLC 的工作原理

1. PLC 的等效电路

PLC 可以看作一个执行逻辑功能的工业控制装置，是一种微机控制系统，其工作原理也与微机相同，但在应用时，不必用计算机的概念，只需将它看成由普通的继电器、定时器、计数器、移位器等组成的装置，从而把 PLC 等效成输入、输出和内部控制电路三部分。

（1）输入部分。输入部分是接受被控设备的信息或操作命令。输入接线端是 PLC 与外部的开关、按钮、传感器等输入设备连接的端口，每个端子可等效为一个内部继电器线圈，这个线圈由接到的输入端的外部信号来驱动。

（2）内部控制电路。内部控制电路是运算和处理由输入部分得到的信息，并判断应产生哪些输出，并将得到的结果输给负载。内部控制电路实际上也就是用户根据控制要求编制的程序，一般用梯形图形式表示，而梯形图是从继电器控制的电气原理图演变而来的。继电—接触器控制是将各自独立的器件及触点以固定接线方式来实现控制要求，而 PLC 将控制要求以程序的形式存储在其内部，送入存储器中的程序内容相当于继电—接触器控制的各种线圈、触点和接线。当需要改变控制时，只需改变程序而不用改变接线，增加了控制的灵活性和通用性。

（3）输出部分。输出部分的作用是驱动外部负载。在 PLC 内部，有若干能与外部设备直接相连的触点，对应每一个输出端只有一个硬件的动合触点与之相连，用以驱动需要操作的外部负载。

总之，在使用 PLC 时，可以把输入端等效为一个继电器线圈，其相应的继电器触点（动合或动断）可在内部控制电路中使用，而输出端可以等效为内部输出继电器的一个动合触点，驱动外部设备。

2. PLC 的工作过程

PLC 对用户程序的执行过程采用循环扫描的工作方式。当 PLC 加电后，首先进行初始化处理，包括清除 I/O 及内部辅助继电器、复位所有定时器、检查 I/O 单元的连接等，开始运行后，顺次扫描各输入点的状态，按用户程序进行运算处理，顺序向各输出点发出相应的控制信号，这个过程主要分为以下五个阶段：

（1）自诊断。PLC 每次循环开始，扫描程序之前，都要先执行故障自诊断程序，包括复位系统定时器、检查 I/O 总线、检查扫描时间、检查程序存储器等。一旦发现异常，PLC 则通过自诊断给出故障信号或自行进行相应的处理，这有助于及时发现或提前预报系统的故障，提高系统的可靠性。自诊断正常则继续向下扫描。

（2）与编程器等通信。自诊断正常后，PLC 检查是否有编程器等的通信请求，若有则进行相应处理，执行来自外部设备的命令。

（3）读入现场状态、数据。完成与外界通信后，PLC 开始扫描各输入点，读入各点的状态和数据，并把这些数据按顺序写入到存储器的输入状态表中，供执行用户程序时使用。

（4）执行用户程序。CPU 从用户程序存储器的最低地址所存放的第一条指令开始，将指令逐条调出并执行，即按程序对所有的数据进行处理，并将结果送至输出状态寄存器。

（5）输出控制信号。PLC 在执行用户程序的同时更新输出缓冲区的内容，程序执行完毕，CPU 发出信号，把缓冲区的内容通过输出模块变换为与执行机构相适应的电信号输出，驱动生产现场的执行机构完成控制任务。

在依次完成上述五步操作后，PLC 又从自诊断开始，不断反复循环，完成生产的连续控制，直到接收到停止操作指令、停电、出现故障等才停止工作。

PLC 经过这五个阶段的工作过程，称为一个扫描周期。

三、PLC 的一般特点

1. 通用性强

PLC 是一种工业控制计算机，其控制操作功能可通过软件编制确定，在生产工艺和生产设备更新时，不必改变 PLC 硬件设备，只需改变编程程序即可实现不同的控制方案，具有良好的通用性。

2. 编程方便

大多数 PLC 可采用类似继电器控制电路图形式的"梯形图"进行编程，控制线路清晰直观，稍加培训即可进行编程。PLC 与个人计算机联成网络加入到集散控制系统中，通过在上位机上用梯形图编程，编程更容易方便。

3. 功能完善

以计算机为核心的现代 PLC 不仅有逻辑运算、定时、计数等控制功能，还能完成 A/D 转换、D/A 转换、模拟量处理、高速计数、联网通信等功能，还可以通过上位机进行显示、报警、记录，进行人机对话，使控制水平大大提高。

4. 扩展灵活

PLC 均带有扩展单元，可以方便地适应不同输入/输出点数及不同输入/输出方式的需求。模块式 PLC 的各种功能模块制成插板，可根据需要灵活配置，从几个输入/输出点到几千个输入/输出点都可轻易实现，扩展灵活，组合方便。

5. 系统构成简单，安装调试容易

用简单的编程方法将程序存入存储器内，接上相应的输入、输出信号，便可构成一个完整的控制系统，不需要继电器、转换开关等，输出可直接驱动执行机构，大大简化了硬件接线、减少了设计及施工工作量；同时，PLC 能事先进行模拟调试，更减少了现场的调试工作量，且 PLC 的监视功能很强，模块化结构减少了维修量。

6. 可靠性高

PLC 采用大规模集成电路，可靠性比有触点的继电接触系统高。在其自身设计中，采用了冗余措施和容错技术。输入/输出采用了屏蔽、隔离、滤波、电源调整与保护等措施，提高了工业环境下抗干扰的能力。

四、PLC 的发展趋势

1. 标准化

PLC 的厂家都有自己的系列产品，指令兼容，外设容易扩展，但不同厂家的 PLC 梯形图、指令及配件有一些差异，不利于普及。因此，PLC 像个人计算机那样兼容，是 PLC 发展的重要方向。

2. 小型化

随着微电子技术的进一步发展，小型机的功能将进一步完善，PLC 的结构必将更为紧凑，体积更小，安装和使用更为方便。

3. 模块化

PLC 采用模块式结构，系统的构成更为灵活、方便。

4. 低成本

随着新型器件的不断涌现，主要部件成本不断下降，PLC 自身成本将大幅度下降，使 PLC 在经济上能与继电器电路抗衡，真正成为继电器的替代品。

5. 高功能

PLC 的功能将进一步加强，以适应各种控制需要；在计算、处理功能方面将进一步完善，使 PLC 可在一定范围内代替计算机进行管理、监控。

PLC 的普及是机电一体化的必然趋势，它将促进我国对传统电气设备的改造，缩小设备体积，提高系统性能。

五、PLC 的编程语言

PLC 是按照用户控制要求编写的程序来进行工作的。程序的编程就是用一定的编程语言把一个控制任务描述出来，其表达方式基本分为梯形图、指令表、逻辑功能图和高级语言等四种，目前最常用的是梯形图和指令表编程。

1. 梯形图

梯形图是 PLC 程序的一种简便易懂的表达形式，它源于继电—接触器控制系统电气原理图，用电路图形式来表示编程指令的逻辑流程，因此有时也称电路图，由于程序的形状像梯子，故而得名。梯形图形象、直观、实用，广泛用于 PLC 编程。

2. 指令表

指令表是一种与汇编语言类似的助记符编程表达式，也是根据梯形图用规定的逻辑语言描述控制任务的表达式。一个 PLC 所具有的指令的全体称为 PLC 指令系统，代表 PLC 的性能和功能。

3. 梯形图与继电—接触器控制电路图的异同

相同之处：①电路结构形式基本相同；②梯形图大致沿用了继电器控制电路元件符号，仅个别处有所不同；③信号输入/输出形式及控制功能相同。

不同之处：①组成器件不同。继电器控制电路线路是由许多真正的硬件继电器组成，而梯形图由许多所谓的"软继电器"组成，实质是存储器中的触发器，硬件继电器易磨损，而软继电器无磨损。②工作方式不同。在继电器控制线路中，当电源接通时，线路中各继电器都处于受制约状态，而在梯形图控制线路中，各软继电器处于周期性循环扫描中，受同一条件制约的各个继电器的动作次序决定于程序扫描顺序。③触点数量不同。硬继电器触点数量有限，用于控制的继电器的触点数一般只有 4~8 对，而梯形图中的每只软继电器供编程用的触点数有无数对，因为在存储器中的触点状态（电平）可取用任意次。④编程方式不同。在继电器控制线路中，为了达到某种控制目的，要求安全可靠，节约触点使用量，设置了许多制约关系的连锁环节，而在梯形图中，由于扫描工作方式不存在几个并列支路同时动作因素，大大简化了电路设计。

六、CQM1 型 PLC 的系统配置

CQM1 的基本配置包括 CPU、内存单元、I/O 模块、电源、简易编程器等。CQM1 除了基本配置外还设有扩展配置（包括当地和远程扩展配置）和一些特殊配置（包括模拟量单元、温度控制单元、传感器单元、线性传感器接口单元）。

1. 内存单元

内存单元用于存储程序和数据，CQM1 除了 CPU 自带的 RAM 内存外，还可配置内存盒内存。内存的数据区已由 PLC 厂家做了明确划分，称为内部器件。内部器件沿用继电器的概念，把继电器的线圈和触点与存储器的位（bit）相对应，位是二进制数，仅 1 和 0 两个取值，分别对应继电器线圈得电（ON）和失电（OFF）及继电器触点的通（ON）和断（OFF），四个二进制数构成一个数位，两个数位构成一个字节，两个字节构成一个字，对应一个通道，一个通道含 16 位，或说含 16 个继电器。

CQM1 的内部器件分配如下：

（1）I/O 及内部辅助继电器 IR。

输入继电器 IR000～IR015，即 IR00000～IR01515，排列时，从 IR000 开始，一个模块占一个通道。

输出继电器 IR100～IR115，即 IR10000～IR11515，靠近 CPU 的通道号最小，以后依次递增。

内部辅助继电器 IR016～IR099 及 IR116～IR229，计 208 个通道，3328 个继电器，可作为中间继电器自由使用，也可按通道使用。

（2）特殊继电器 SR。特殊继电器 SR24400～SR25507，具有特殊功能，用于标志的控制位。

（3）保持继电器 HR。保持继电器 HR00～HR99，计 100 个通道、1600 个继电器，也是一种内部继电器，但可以掉电保持，主要靠 PLC 内部的锂电池或大电容支持，使用保持继电器可使 PLC 少受掉电影响，保持程序运行的连续性。

（4）暂存器 TR。暂存器 TR0～7，共 8 个继电器，仅能用作 LD 和 OUT 指令的操作数，用以处理梯形图的分支程序。

（5）定时器/计数器 TC。定时器/计数器编号为 TC000～511，合计 512 个，但定时器用过的号，计数器不能用，反之亦然。

常用的定时器有两种，普通的标号为 TIM，高速的标号为 TIMH；计数器有两种，单向计数器标号为 CNT，可逆计数器标号为 CNTR。计数器是掉电保持型，即掉电后计数值保留，复电后继续计数。

（6）数据存储器 DM。数据存储器用来存储 16 位二进制数或 4 位 16 进制数，编号为 DM0000～DM6655，多达 6K。

（7）辅助继电器 AR。CQM1 有 28 个辅助继电器通道，共 448 个继电器，编号为 AR00～AR27。多数 AR 继电器有特殊用途，用于系统管理，只有部分可作内部辅助继电器。

（8）链接继电器。链接继电器 LR00～LR63 共 64 个通道，用以进行 PLC 之间的数据链接，在 PLC 不联网时，也可作为内部辅助继电器。

2.I/O 模块

I/O 模块分为输入和输出两大类。输入模块在接线时，外部触点与电源串联后接在 IN 和 COM 端。PLC 输出模块分为继电器输出、晶体管输出和双向硅输出三种形式。

3. 简易编程器

简易编程器是 PLC 的最基本的外部设备，既有显示窗口，又有操作键盘及开关，预备操作和编程操作一般在编程状态下进行，监控操作则主要在监控或运行状态下进行。

（1）预备操作。

1）输入口令：选择编程器方式如编程方式，键入 CLR、MONTR 解除密码。

2）清除内除：按 CLR、SET、NOT、RESET、MONTER 键，内存被清除。

3）显示和清除错误信息：按 CTR、FUN、MONTR 键可显示和清除错误信息，重复按 MONTR 可显示和清除所有错误信息。

4）读出和改变扩充指令：按 CLR、EXT 键可显示扩充指令及其代码，按 ↑ 或 ↓ 键可滚动功能码并读出相应指令，此时要改变功能码赋值，可按 CHG 键，通过 ↑ 或 ↓ 键滚动可用的指令，按 WRITE 键改变赋值，此项操作必须在写入程序前进行，且 CPU 中 DIP 开关的插脚 4 是 ON。

5）读出和改变时钟：按 CLR、FUN、SET、MONTR 键可读出当前的时钟设置，要改变设置，可按 CHG 键，然后用↑或↓键将光标调到期要改变的位置，并输入新的数据，按 WRITE 键确认。

6）建立地址：重复按 CLR 键可显示 0000，即起始地址。如想另建立一个地址，输入相应的地址号即可。

（2）编程操作。

1）写入指令：按地址号、操作码、操作数的顺序写入指令，通过 WRITE 键确认。

2）读出指令：先建立相应的地址号，然后按↑或↓键即可读出已输入的指令。

3）指令搜索：输入开始搜索的地址及要搜索的指令，按 SRCH 键，重复按 SRCH 键可显示该指令的下一个出处。

4）操作数搜索：在初始地址输入要搜索的操作数，按 CLR、SHIFT、CONT、CH 器件号，然后按 SRCH 键开始搜索，重复按 SRCH 键可显示该操作数的下一个出处。

5）插入指令：用指令搜索方法找到要插入位置的下一条指令，输入要插入的指令，按 INS、↓键插入。

6）删除指令：先找出要删除的指令，按 DEL、↑键即可。

7）检查程序：按 CLR 建立初始地址，然后按 SRCH 键，显示输入提示，询问要求的检查水平（0、1 或 2），键入检查水平后，则开始程序检查，重复按 SRCH 键则可显示该程序中所有错误。

（3）监控操作。

1）数据监视：查出触点、通道或指令后，按 MONTR 键，即可监视其 ON、OFF 状态。CQM1 允许同时监视 6 个点的状态。

2）二进制监视及修改：在多点监视中，按 SHIFT、MONTR 键可对最左边的字进行二进制监视，显示所选字的 16 位 ON/OFF 状态，1 表示 ON，0 表示 OFF。按 CHG 键可进行数据修改：用↑或↓键左右移光标，用 1 或 0 键改变位状态 ON 或 OFF，最后按 WRITE 键把改变的结果写入存储器。

3）3-字监视及修改：在多点监视中，按 EXT 键可对最左边的字进行 3-字监视。此时所选的字和下两个字的状态将显示，利用↑或↓键上下移动一个地址。按 CLR 结束 3-字监视返回正常监视状态，在 3-字显示的最右边的字被监视。按 CHG 键可进行 3-字数据修改，按 WRITE 键确认。

4）改变定时器/计数器设定值：按 CLR 引出初始显示，用指令搜索方法找到要改变的定时器或计数器。按↓键，然后按 CHG 键，键入新的设定值，按 WRITE 键确认。

5）十六进制、BCD 数据修改：在多点监视中，按 CHG 键可对最左边的数据进行修改，如果最左边为定时器或计数器，则可改变其当前值，键入新的数据并按 WRITE 键确认。

6）强迫置位/复位：在多点监视中，对最左边的字可强迫置位/复位：按 SET 键该位强迫为 ON，按 RESET 键该位强迫为 OFF。按 SHIFT＋SET 或 SHIFT＋RESET 键可保持键释放后的状态。

7）十六进制—ASCⅡ显示改变：在多点监视中，按 TR 键使最左边的字在十六进和

ASCⅡ码之间进行切换。

8）显示扫描时间：按 CLR 键引出初始显示，再按 MONTR 键将显示扫描时间。

第二节　PLC 的基本指令及编程

目前 PLC 品种繁多，各机型所采用的 CPU 芯片和操作系统也不太相同，其编程器也不太相同，对应的指令系统也就不太一样，使用时注意看说明。以下以较新的 OMRONCQM1 为基础介绍，其指令系统与 CPM、C200H、C1000H 等 OMRON C 系列机兼容，有较强的适用性。

一、梯形图指令

梯形图指令用来建立 PLC 的梯形图，如表 11-1 所示。

表 11-1　　　　　　　　　　　梯 形 图 指 令

指令名称	助记符	梯形图符号	功能	操作数范围
装　载	LD 继电器号 N	―┤├―	每个行或块的起点 （动合触点）	继电器号 N： IR、SR、HR、 AR、LR、TC、 TR
联反装载	LD-NOT 继电器号 N	―┤/├―	每个行或块的起点 （动断触点）	
与	AND 继电器号 N	―┤├―	用于动合触点	继电器号 N： IR、SR、HR、 AR、LR、TC
与　非	AND-NOT 继电器号 N	―┤/├―	用于动断触点	
或	OR 继电器号 N	―┤├―	用于动合触点	继电器号 N： IR、SR、HR、 AR、LR、TC
或　非	OR-NOT 继电器号 N	―┤/├―	用于动断触点	
块串联	AND-LD 继电器号 N		用于两个程序块的串联	无
块并联	OR-LD 继电器号 N		用于两个程序块的并联	

1. LD 和 LD-NOT

LD 为取指令，是逻辑操作起始指令，适用于梯形图中与左母线相连的第一个动合触点，即以动合触点（条件）起始的逻辑行必须由这一指令开始。LD-NOT 为反取指令，适用于梯形图中与左母线相连的第一个动断触点（条件）开始的逻辑行。

梯形图及语句表如图 11-2 所示，图中的"指令"是指后面介绍的任一右手指令。

对于 LD 指令（即动合条件），当 IR00000 为 ON 时，执行条件为 ON；对于 LD-NOT 指令（即动断条件），当 00000 为 OFF 时，执行条件为 ON。

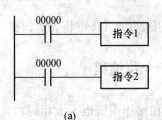

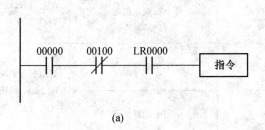

地址	指令	操作数
00000	LD	00000
00001	指令1	
00002	LD–NOT	00000
00003	指令2	

(a)　　　　　　　　　　　　　　　　(b)

图 11 - 2　基本指令举例

(a) 梯形图；(b) 语句表

2. AND 和 AND-NOT

AND 为与指令，用于多个动合触点的串联，AND-NOT 为"与非"指令，用于多个动断触点的串联。

当同一指令行上串联两个或更多条件时，第一个条件对应为 LD 或 LD-NOT 指令，其余的条件对应为 AND 或 AND-NOT 指令。图 11 - 3 表示三个条件，左起相应顺序为 LD、AND-NOT 和 AND 指令。仅当三个条件都为 ON 时，指令的执行才为 ON，即 IR00000 为 ON，IR00100 为 OFF，LR0000 为 ON。

地址	指令	操作数
0000	LD	00000
0001	AND–NOT	00100
0002	AND	LR0000
0003	指令	

(a)　　　　　　　　　　　　　　　　(b)

图 11 - 3　串联指令的使用

(a) 梯形图；(b) 语句表

串联的 AND 指令可以分别考虑，每个指令将执行条件（即到达那一点上条件的总和）与 AND 指令的操作位状态进行逻辑"与"运算。如果这两个都是 ON，将使下一个指令的执行条件为 ON，如果有一个为 OFF，结果也为 OFF。串联的第一个 AND 指令的执行条件是这个指令行上的第一个条件。

串联的每个 AND-NOT 指令，将其执行条件与其操作位的反码进行逻辑"与"运算。

3. OR 和 OR-NOT

OR 为或指令，用于并联的动合触点。OR-NOT 为或非指令，用于并联的动断触点。

当同一指令行上并联两个或更多个条件时，第一个条件对应为 LD 或 LD-NOT 指令，其余条件对应为 OR 或 OR-NOT 指令，图 11 - 4 示出了三个条件，依次为 LD-NOT、OR-NOT 和 OR 指令，当三个条件中任一个为 ON 时，指令的执行条件即为 ON，即 IR00000 为 OFF 或 IR00100 为 OFF 或 LR0000 为 ON。

OR 和 OR-NOT 指令储存可以单独考虑，每个指令将其执行条件与 OR 指令的操作位状态进行逻辑或运算，如果两个之中有一个为 ON，将使下一个指令的招待条件为 ON。

当 AND 和 OR 指令组合更复杂的梯形图时，AND 和 OR 指令可以使用，图 11 - 5 是一

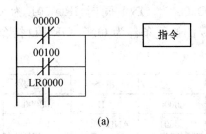

地址	指令	操作数
0000	LD	00000
0001	AND–NOT	00100
0002	AND	LR0000
0003	指令	

(a)　　　　　　　　　　　　　(b)

图 11 - 4　并联指令的使用

(a) 梯形图；(b) 语句表

个 AND 和 OR 指令组合的例子。这时将 IR00000 的状态和 IR00001 的状态进行"与"运算，以决定 IR00200 与 IR00200 进行 OR 运算的执行条件。

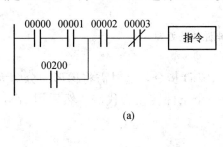

地址	指令	操作数
00000	LD	00000
00001	AND	00001
00002	OR	00200
00003	AND	00002
00004	AND–NOT	00003
00005	指令	

(a)　　　　　　　　　　　　　(b)

图 11 - 5　串并联指令的组合

(a) 梯形图；(b) 语句表

4. 逻辑块指令 AND -LD 和 OR-LD

逻辑块指令描述了逻辑块之间的关系。AND-LD 指令将两个逻辑块（或称电路块）产生的执行条件进行逻辑"与"运算，OR-LD 指令将两个逻辑块产生的执行条件进行逻辑"或"运算。

图 11 - 6 所示为串联电路块的处理，当左边逻辑块的逻辑条件为 ON（即 IR00000 或 IR00001 为 ON），同时右边的逻辑块的条件为 ON（即 IR00002 为 ON 或 IR00003 为 OFF）时，执行条件为 ON。这样的梯形图仅用 AND 和 OR 指令不能转换为助记符，必须使用 AND -LD 或 OR-LD 指令。AND -LD 指令本身不需要操作数，它是对前面已经确定的执行条件进行操作，用短线表明不需要指定或输入操作数。

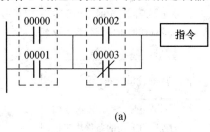

地址	指令	操作数
00000	LD	00000
00001	OR	00001
00002	LD	00002
00003	OR–NOT	00003
00004	AND–LD	—
00005	指令	

(a)　　　　　　　　　　　　　(b)

图 11 - 6　串联电路块的处理

(a) 梯形图；(b) 语句表

图 11 - 7 是 OR-LD 指令的使用。当 IR00000 为 ON，同时 IR00001 为 OFF 或者 IR00002 为 ON 和 IR00003 为 OFF 时右边的指令的执行条件为 ON。OR-LD 指令的操作和助记符与 AND-LD 指令相同。

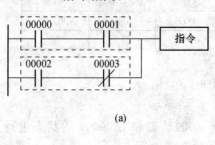

地址	指令	操作数
00000	LD	00000
00001	AND–NOT	00001
00002	LD	00002
00003	AND	00003
00004	OR–LD	—
00005	指令	

(b)

图 11 - 7　并联电路块的处理
(a) 梯形图；(b) 语句表

有些梯形图既需要 AND-LD 指令又需要 OR-LD 指令，这时需将梯形图分解为有简单串并联关系的逻辑块，各块使用 LD 指令将第一个条件转化为代码，然后用 AND-LD 或 OR-LD 将各块进行逻辑组合。

二、基本右手指令

PLC 右手指令相当于继电器的线圈，它表明了梯形图条件的执行结果。PLC 基本右手指令如图 11 - 2 所示。

表 11 - 2　　　　　　　　　　基 本 右 手 指 令

指令名称	助记符	梯形图符号	功能	操作数范围
结束	END（01） —	—[END]	表示程序结束	—
输出	OUT 继电器号 N	○	将逻辑操作的结果输出给继电器	继电器号 N： IR、SR、HR、 AR、LR
取反输出	OUT-NOT 继电器号 N	Ø	将逻辑操作的结果取反后输出给继电器	
连锁	IL（02） —	—[IL]	自本指令至 ILC 指令间的继电器线圈，定时器根据本指令前面的条件进行置位或不置位	—
清连锁	ILC（03） —	—[ILC]	IL 指令的解除	
跳转	JMP（04） 跳转号	—[JMP]	自本指令至 JME 指令间的程序由前面的条件决定执行或不执行	跳转号：00～99
跳转结束	JME（05） 跳转号	—[JME]	结束跳转指令	

指令名称	助记符	梯形图符号	功能	操作数范围
置位	SET	—[SET B]	使操作位为 ON	继电器号 N： IR、SR、HR、 AR、LR
复位	RESET	—[RSET B]	使操作位为 OFF	
保持器	KEEP（11） 继电器号 N	S —（ KEEP N ） R —	S 为 ON 时，N 为 ON 并保持；R 为 ON 时，N 复位	继电器号 N： IR、SR、HR、 AR、LR
上沿微分	DIFU（13）N	—[DIFU N]	当 DIFU 为上升沿（OFF 变为 ON）时，所指定的继电器在一个扫描周期内为 ON	继电器号 N： IR、SR、HR、 AR、LR
下沿微分	DIFD（14）N	—[DIFD]	当 DIFD 为下降沿（OFF 变为 ON）时，所指定的继电器在一个扫描周期内为 ON	
普通计时器	TIM N 设定值 SV	—[TIM N SV]	递减式接通延时定时器，设定时间：0～999.9s 定时器计量单位：0.1s	定时器号 N： 000～511 设定值 SV： ＃0000～9999 外部设定：IR、 SR、AR、DM、 HR、LR
高速计时器	TIMH（15）N 设定值 SV	—[TIMH(15) N SV]	高速递减式接通延时定时器，设定时间：0～99.9s 定时器计量单位：0.01s	同上 注：定时器号 N 通常应取 000～015 之间。若使用 016～511 间的高速定时器，将不能保证精确计时
普通计数器	CNT 计数器号 N 设定值 SV	CP —[CNT N R — SV]	递减式计数器 设定值：0～9999	计数器号 N： 000～511 设定值 SV： ＃0000～9999 继电器号 N： IR、SR、HR、 AR、LR
可逆计数器	CNTR（12）N 设定值 SV	II —[CNT(12) N DI — R — SV]	双向可逆式计数器可执行加 1 或减 1 计数设定值：0～9999	同上

1. END（01）指令

END 为程序结束指令，是用户程序的结束语。当 CPU 扫描程序时，它执行所有的指令，直到第一个 END 指令，它终止程序执行，返回到程序的起始处再次开始执行程序。END 程序可放在程序的任一点，因此在调试程序过程中，可在程序块的结尾插入 END 指令，当调试完某一程序块且动作无误后，将该 END 指令去掉，然后再调试另一块程序，如此依次删去 END 指令，直到最后一个 END 指令，表示该程序执行。

在助记符中，END 指令后面的数字是它的功能代码，大多数指令输入到 PLC 中去时使用它，方法是按 FUN 键，然后按功能代码。END 的指令输入方式为：FUN、0、1、WRITE。其他功能指令的输入方法与此类似。

END 指令不需要操作数，不能将条件与它放在同一指令行上。如果程序中没有 END 指令，程序将不会结束，也就不会执行。

2. OUT/OUT-NOT 指令

输出组合执行条件的结果的最简单的方法是直接用 OUT 和 OUT-NOT 指令，按相应的执行条件控制指定操作位的状态。使用 OUT 指令时，当执行条件为 ON 时，操作位为 ON；执行条件为 OFF 时，操作位为 OFF。使用 OUT-NOT 指令时，当执行条件为 OFF 时，操作位为 ON；执行条件为 ON 时，操作位为 OFF。用助记符表示，每个指令需要一行。

如图 11 - 8 所示，当 IR00000 为 ON 时，IR10000 将为 ON；当 IR00001 为 ON 时，IR10001 将为 OFF，这时 IR00000 和 IR00001 为输入位，输出位 IR10000 和 IR10001 分配给由 PLC 控制的单元。

一个位为 ON 或 OFF 的时间长度，可由 OUT 或 OUT-NOT 指令与计时器指令组合来控制。

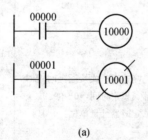

地址	指令	操作数
00000	LD	00000
00001	OUT	10000

地址	指令	操作数
00000	LD	00001
00001	OUT-NOT	10001

(a) (b)

图 11 - 8 OUT/OUT-NOT 指令的使用

(a) 梯形图；(b) 语句表

3. IL（02）/ILC（03）指令

IL（连锁）/ILC（反连锁）指令可以在一定条件下代替暂存器 TR 处理分支电路的编程，同时它又有一些特殊的地方。这两条指令总是配合使用，如图 11 - 9 所示。

当 IL 的条件为 ON 时，IL/ILC 指令之间的各继电器状态与没有 IL/ILC 指令时一样正常动作。当 IL 的条件为 OFF 时，IL/ILC 之间的继电器状态为：输出及内部辅助继电器为 OFF，定时器复位，计数器、移位器、保持器保持其当前值。

利用 IL/ILC 指令设计梯形图时，电路结构直观，逻辑清晰，编程简单，特别适用于复杂电路。

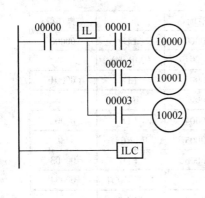

地址	指令	操作数
00000	LD	00000
00001	IL(02)	—
00002	LD	00001
00003	OUT	10000
00004	LD	00002
00005	OUT	10001
00006	LD	00003
00007	OUT	10002
00008	ILC	—

(a)　　　　　　　　　　　　　　　(b)

图 11-9　IL/ILC 指令的使用

(a) 梯形图；(b) 语句表

4. JMP（04）/JME（05）指令

使用 JMP（04）/JME（05）指令可以按照一个指定的执行条件，跳过某一指定的程序段。虽然这与当连锁指令 IL 的执行条件为 OFF 时发生的情况类似，但使用跳转指令时，JMP(04)/JME(05)之间所有指令的操作数都可以保持原来的状态。因此跳转可以用来控制需要保持输出的设备，如气动装置和液压传动设备；而连锁可能用来控制不需要保持输出的设备，如电子仪器。

通过使用跳转 JMP（04）和跳转结束 JME（05）指令来产生跳转时，如果跳转指令的执行条件为 OFF，程序立即跳转到跳转结束指令执行，而不改变跳转和跳转结束指令之间的任何状态。

所有的跳转和跳转结束指令都分配一个 00～99 之间的编号，所使用的跳转号决定跳转的类型，CQM1 有两种类型的跳转。

（1）一种类型的跳转是使用 01～99 之间的跳转号。这时跳转号只能在跳转指令中使用一次和在跳转结束指令中使用一次。当被分配某一个跳转号的跳转指令执行时，指令的执行立刻跳转到具有相同跳转号的跳转结束指令，如同它们之间的所有指令不存在一样。01～99 之间的任何数只要它没有在程序的其他部分使用都可以使用，跳转和跳转结束不需要其他操作数，跳转结束的指令行上不能有任何条件。

（2）另外一种的跳转用跳转号 00 生成。跳转号 00 可以生成多次跳转，即跳转号为 00 的跳转指令可以连续多次使用，几个跳转之间不需要跳转号 00 的跳转结束指令，所有跳转 00 指令只需要一条跳转结束号为 00 的跳转结束指令。

含有多条跳转 00 指令和一条跳转结束 00 指令的程序的执行与用连锁指令的一段程序的执行相似。图 11-10 所示的 JMP/JME 指令的使用与上面介绍的连锁指令的使用的例子相同，但连锁指令将使连锁包含的部分复位，而跳转不影响跳转和跳转结束指令之间的任何位的状态。

5. SET（置位）/RESET（复位）指令

SET 和 RESET 指令与 OUT 和 OUT-NOT 指令很相似，除了它们只在 ON 执行条件下改变其操作位状态。执行条件为 OFF 时，两条指令都不影响其操作位的状态。

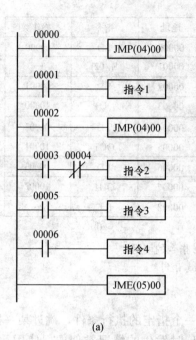

图 11-10　JMP/JME 指令的使用
(a) 梯形图；(b) 语句表

地址	指令	操作数
00000	LD	00000
00001	JMP(04)	00
00002	LD	00001
00003	指令1	
00004	LD	00002
00005	JMP(04)	00
00006	LD	00003
00007	AND–NOT	00004
00008	指令2	
00009	LD	00005
00010	指令3	
00011	LD	00006
00012	指令4	
00013	JME(05)	00

当执行条件为 ON 时，SET 把其操作位变为 ON，与 OUT 不同的是，当执行条件为 OFF 时，SET 并不把操作位变为 OFF。当执行条件为 ON 时，RESET 把操作位变为 OFF，与 OUT-NOT 不同的是，当执行条件为 OFF 时，RESET 不把操作位变为 ON。

如图 11-11 所示，当 IR00100 变为 ON 时，IR10000 将变为 ON，并保持为 ON 直到 IR00101 变为 ON，而不管 IR00100 的状态。当 00101 变为 ON 时，RESET 将把 IR10000 变为 OFF。

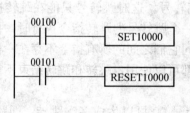

地址	指令	操作数
0000	LD	00100
0001	SET	10000
0002	LD	00101
0003	RESET	10000

图 11-11　SET/REST 指令的使用
(a) 梯形图；(b) 语句表

6. DIFU (13) /DIFD (14) 指令

DIFU (13) /DIFD (14) 指令用来使操作位每次在一个周期内为 ON。DIFU(13) 指令在其执行条件从 OFF 变为 ON 后使操作位在一个周期内为 ON；DIFD (14) 指令在其执行条件从 ON 变为 OFF 后使其操作位在一个周期内为 ON，如图 11-12 所示。

在 IR00000 变为 ON 后，IR01000 将在一个周期内为 ON，下一次执行 DIFU(13)01600 时，不管 IR00000 的状态如何，IR01600 将变为 OFF。对 DIFD (14) 指令，当 IR00001 变

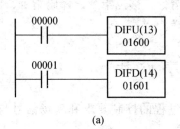

地址	指令	操作数
0000	LD	00000
0001	DIFU(13)	01600
0002	LD	00001
0003	DIFD(14)	01601

(a)　　　　　　　　　　　　(b)

图 11 - 12　DIFU/DIFD 指令的使用

(a) 梯形图；(b) 语句表

为 OFF 时，IR01601 将在一个周期内为 ON，当下一次执行 DIFD（14）时，IR01601 变为 OFF。

7. KEEP（11）指令

KEEP 指令用来以根据两个执行条件保持操作位的状态。KEEP 指令与两个指令行连接，当第一个指令行的末尾的执行条件为 ON 时，KEEP 指令的操作位变为 ON；当第二个指令行的末尾的执行条件为 ON 时，KEEP 指令的操作位变为 OFF。即使它位于梯形图的连锁段内，KEEP 指令的操作位仍将保持其 ON 或 OFF 状态。

图 11 - 13 中，当 IR00002 为 ON，IR00003 为 OFF 时，HR0000 将变为 ON，HR 将保持为 ON 直到 IR00004 或 IR00005 变为 ON。

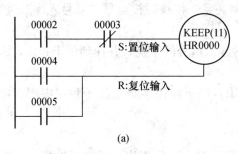

地址	指令	操作数
00000	LD	00002
00001	AND-NOT	00003
00002	LD	00004
00003	OR	00005
00004	KEEP(11)	HR0000

(a)　　　　　　　　　　　　(b)

图 11 - 13　KEEP 指令的使用

(a) 梯形图；(b) 语句表

8. 定时/计数指令

定时与计数指令主要用于定时与计数，本质也是一种逻辑输出指令，是为了产生输出，实现从入到出的变换，只是要延时实现或数计满后实现。

CQM1 有三种定时器和三种计数器。TIM 和 TIMH（15）是需要一个 TC 编号和一个设定值（SV）的递减式接通延时定时器。STIM（-）用于控制激活中断子程序的间隔定时器。CNT 是递减式计数指令，CNTR 是可逆计数器指令。它们都需要一个 TC 编号和一个设定值，也都与作为输入信号和复位信号的多个指令行相连。CTBL（-）、INT（-）和 PRV（-）用来管理高速计数器，INT（-）也用来停止脉冲输出。

三、PLC 功能指令

随着 PLC 技术的发展，其数据处理指令越来越多，功能也越来越强，使 PLC 既可方便地用于逻辑量的控制，也可方便地用于模拟量的处理与控制，数据处理指令很多，大都以字、多字为单位操作，具体有数据传送指令、比较指令、移位指令、译码指令、数字运算指令、逻辑运算指令等等，应用时可根据需要进行选择。

第三节　PLC 程 序 设 计

PLC 的程序设计应以指令功能为基础，以工艺过程的控制要求和现场信号与 PLC 软继电器编号对照表为依据，画出梯形图，然后编写程序。

一、基本编程步骤

1. 工艺分析

对 PLC 控制对象的工作及控制要求进行分析，弄清以下问题并得出明确的答案：

(1) 工艺过程是怎样展开的？其目标是如何进一步实现的？

(2) 输入与输出是怎么对应的？在时序上有什么特点？

(3) 要记录与存储哪些数据？有多大数据量要存储？

(4) 有没有模拟量、数字量要控制？要采用什么控制规律及输出方法？

(5) 对系统的监控有什么要求？要采取哪些措施？

2. 通道分配

PLC 的输入点数与控制对象的输入信号是相应的，输出点数与输出的控制回路也是相应的。通道分配实际是把 PLC 的输入点号分配给实际的输入电路，给输出电路分配一定的 PLC 输出点号。编程时按点号建立逻辑或控制关系，接线时按点号"对号入座"进行接线，这样，PLC 才能正确实现控制。

通道分配在硬件上应注意防止输出信号对输入信号的干扰，并作到便于布线，因此，输入与输出模块应相对集中地安排。

在软件上，分配 I/O 号最好能按一定规律，便于使用字指令或子程序编程，提高程序效率。

3. 画梯形图

绘制梯形图来描述控制要求。画梯形图就是编写 PLC 程序，用户可选择自己熟悉的编程方法，合理组织，特别是程序复杂时要力争模块化，分成模块编写。

梯形图编程技巧：

(1) 逻辑块的重新排列。

梯形图与继电器控制电路的展开图相似，控制电源的最高位接左侧竖母线，低电位接右侧竖母线，一旦回路导通，继电器线圈就会得电动作。

几个电路块串并联时，适当安排电路块的位置，可使指令编码简化。在几个串联回路并联时，应将触点最多的那个串联回路放在梯形图的最上面，而在有几个并联回路相串联时（即串联块回路），应将触点最多的并联回路放在梯形图的最左面。如图 11-14 (a)、(b) 简化成图 11-14 (c)、(d) 的形式。

(2) 分支电路的处理。

对于分支电路，不能用串并联指令编程，可使用暂存继电器 TR 来记忆分支点。暂存继电器必须与 LD 和 OUT 指令配合使用。在使用 TR 编程时应注意，TR 共 8 个，编号为 0～7，在同一逻辑单元中，同一暂存继电器不可重复使用，如图 11-15 所示。

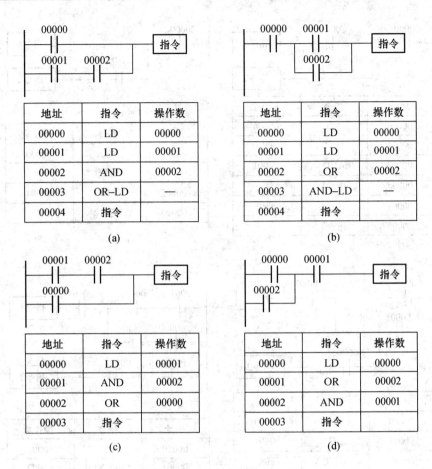

图 11 - 14　电路块重新排列

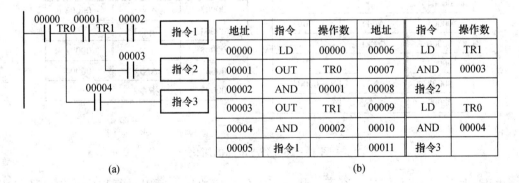

图 11 - 15　分支电路编程
（a）梯形图；（b）语句表

　　有些分支电路经过简化后，可以不使用 TR，使编程过程简化，节省程序存储空间。如图 11 - 16（a）、（b）所示电路，在编程时必须使用 OUT　TR0 指令和 LD　TR0 指令，而改成图 11 - 16（c）、（d）后，则可不用这两条指令。

　　（3）程序段的先后次序。

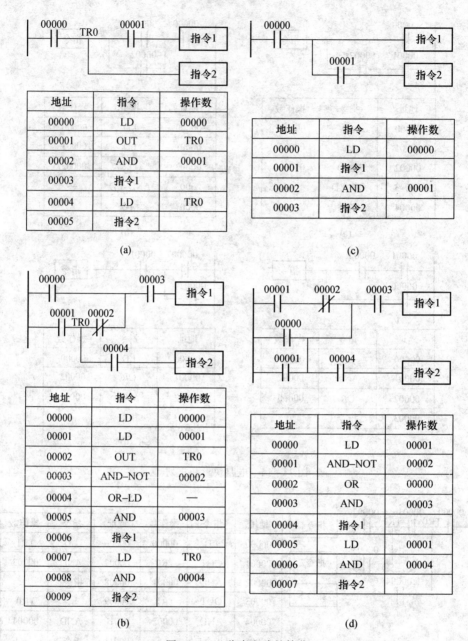

图 11-16 分支电路的简化

由于 PLC 的程序是按从上至下、从左至右的次序执行，所以进行程序简化时某些情况下应考虑程序段的先后次序。图 11-17（a）所示电路中 10001 的条件总也不会为 ON，而改成图 11-17（b）形式后，则 00000 为 ON 时，10001 的条件为 ON 一个扫描周期。

（4）桥式电路的化简。

PLC 不能对桥式电路编程，必须先进行化简后才能编程，如图 11-18 所示。

4. 装载与调试程序

编好的程序要装入 PLC 后才能调试。装载可以通过手持编程器、图形编程器或个人计

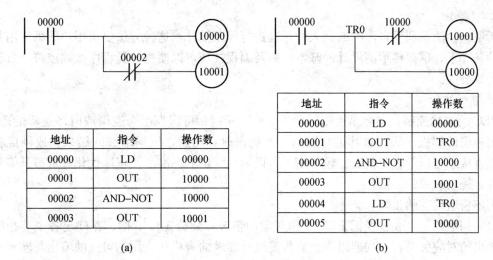

图 11-17 程序段的先后次序

地址	指令	操作数
00000	LD	00000
00001	OUT	10000
00002	AND–NOT	10000
00003	OUT	10001

(a)

地址	指令	操作数
00000	LD	00000
00001	OUT	TR0
00002	AND–NOT	10000
00003	OUT	10001
00004	LD	TR0
00005	OUT	10000

(b)

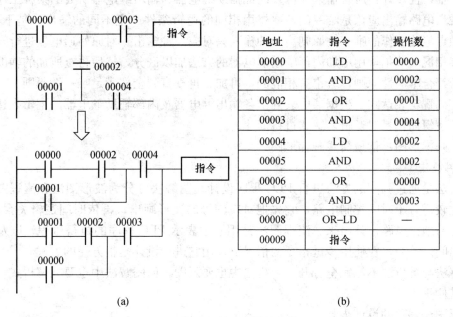

地址	指令	操作数
00000	LD	00000
00001	AND	00002
00002	OR	00001
00003	AND	00004
00004	LD	00002
00005	AND	00002
00006	OR	00000
00007	AND	00003
00008	OR–LD	—
00009	指令	

(a) (b)

图 11-18 桥式电路的化简
(a) 梯形图；(b) 语句表

算机完成。为了使用手持编程器，还需要将梯形图转化成语句表形式，如果使用计算机或图形编程器编程，则直接用梯形图形式即可。

调试时要借助编程器或计算机，或通过一些信号显示，使控制对象的状态便于观察，PLC 的工作尽可能"透明"；同时，还要能对 PLC 的一些状态进行强制，使某点为 ON 或 OFF，才能找出问题、分析问题及解决问题，进而使程序不断完善，达到预期目的。

二、编程方法

常用的编程方法有三种：经验法、解析法和图解法。

1. 经验法

所谓经验法是利用自己的或别人的经验进行程序设计，这种方法要求用户熟悉常用基本电路的条件下，掌握梯形图设计的基本原则及编程技巧，以便把经验程序改编成符合自己要求的控制程序。

2. 解析法

PLC 的逻辑控制，实际是逻辑问题的综合，所以，可根据组合逻辑或时序逻辑的理论，并运用相应的解析方法，对其进行逻辑关系的求解，然后，根据求解的结果，或画成梯形图，或直接编写指令。解析法比较严密，可以运用一定的标准。使程序优化并可避开编程的盲目性，是较有效的方法。

用解析法编程的步骤：

（1）列原始通电表：根据 PLC 工作对象的情况，划分工作节拍，并确定各个节拍的输入与输出的对应关系，初列通电表。它仅是设计要求的表格化，用它可反映输出与输入在各个节拍的对应关系。

（2）唯一性设计：所有输入元件及内部辅助继电器、输出继电器所处的某种工作状态所对应的触点电路输出应该是唯一的，要想用相同的逻辑条件产生不同的输出，是不可能的，这称为触点电路工作的唯一性原则。一种输入只对应一种输出。对原始通电表进行唯一性检查，若有相混的节拍，用增加内部辅助继电器的方法加以区分，然后再查所加的辅助继电器工作是否符合唯一性原则，若也有相混的，再加、再查直到全部满足唯一性原则。

（3）列逻辑表达式：根据通电表列出各输出继电器及内部辅助继电器的逻辑表达式。

（4）逻辑简化：对逻辑表达式进行简化。

（5）画梯形图：依最简式画梯形图。

3. 图解法

图解法是通过画图的方法进行 PLC 程序设计。图解法可分为波形图法和流程图法。波形图法比较适合于时间控制电路，它先把对应信号的波形画出，再依时间逻辑关系去组合，可以很容易地把电路设计出来。流程图法是用框图表示 PLC 程序的执行过程，以及输入条件与输出间的关系，在使用步进指令的情况下，用它进行设计是很方便的。

图解法与解析法不能完全分开，解析法中也要画图，而图解法中也要列解析式，只是两者各有其侧重点。

波形图法编程的设计步骤：

（1）画出输入、输出信号的波形图，建立起准确的时间对应关系。

（2）确定定时关系，设计定时逻辑程序。

找出临界点，即输出信号应出现变化点，并以这些点为界限，把时段划分为若干时间区间，依各时间区间形成条件，建立对应的逻辑程序。若形成条件有相混，可用计数器或定时器区分。

（3）确定时间区间与动作的对应程序。

按输出要求进行设计，一般为组合逻辑的问题，是不难进行的。

用流程图法编程的设计步骤：

（1）把控制对象划分为步。根据工艺要求把控制对象划分为步，并明确各步间的衔接关系。顺序关系：一步接着一步，直到最后一步。并列关系：在某一步后，可能并列地出现两个或更多的步同时工作，且各步又继以不同的步，最后可能又归于同一个顺序。条件分支：在某一步后，依条件不同选择不同的分支工作。

（2）画动作过程图。根据步与步之间的关系画出动作过程图，同时明确步与动作的关系。

（3）I/O分配。给动作和条件分配相应的PLC编号。

（4）设计流程图。通过把输入/输出点与各步联系起来将动作过程图转换成流程图，其中，方框是动作与输出联系，短横线是条件与输入联系。

（5）建立步进逻辑程序。利用PLC的步进指令STEP和SNXT将流程图转化成梯形图，也可通过移位指令或基本逻辑指令进行梯形图的设计，但要稍微麻烦一些。

三、PLC 程序设计举例

1. 单按钮启停电路

实际生产中，用一个普通按钮既能控制启动，又能控制停止，将节省大量输入点，使外部配线简单，简化操作。能实现这种要求的电路就称为单按钮启停电路，其输入与输出的时序关系如图11-19所示。这是这种电路其中的一种，梯形图和语名表如图11-20所示。IR00000 第一次为 ON 时，

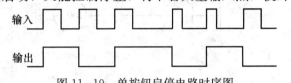

图 11 - 19　单按钮启停电路时序图

IR01600 为 ON 的一个扫描周期，使 IR10000 为 ON 并保持；IR00000 第二次为 ON 时，IR01600 又为 ON 一个扫描周期，使 IR01602 为 ON，则 IR10000 变为 OFF。

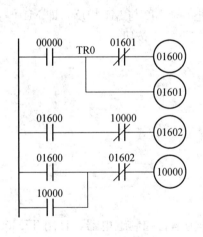

(a)

地址	指令	操作数
00000	LD	00000
00001	OUT	TR0
00002	AND–NOT	01601
00003	OUT	01600
00004	LD	TR0
00005	OUT	01601
00006	LD	01600
00007	AND	10000
00008	OUT	01602
00009	LD	01600
00010	OR	10000
00011	AND–NOT	01602
00012	OUT	10000

(b)

图 11 - 20　单按钮启停电路

(a) 梯形图；(b) 语句表

2. 闪光电源振荡电路

利用PLC实现闪光电源，通电时间调整方便，使用灵活。图11-21所示电路可以产生特定通断间隔的时序脉冲，作为闪光电源振荡电路。图中，当00000接通时，TIM000 开始

定时，同时 10000 为 ON；0.8s 后 TIM000 动合触点闭合，动断触点打开，TIM001 开始定时，同时 0500 为 OFF；0.6s 后 TIM001 动断触点打开，TIM000 线圈断电，其动断触点闭合，动合触点打开，0500 又为 ON，同时，TIM001 线圈失电，其动断触点闭合。一个扫描周期后，TIM000 线圈重新得电，如此重复执行，在 0500 上就可得到特定通断间隔的输出。TIM000 决定通延时时间，TIM001 决定断延时时间。

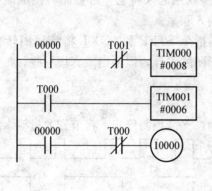

地址	指令	操作数
00000	LD	00000
00001	AND–NOT	T001
00002	TIM	000
		#0008
00003	LD	000
00004	TIM	001
		#0006
00005	LD	0000
00006	AND–NOT	T000
00007	OUT	10000

(a)   (b)

图 11 - 21 闪光电源振荡电路

(a) 梯形图；(b) 语句表

3. 两台电机顺序控制

要求：按下启动按钮后，M1 运转 10s，停止 5s，M2 与 M1 相反，即 M1 停止时 M2 运行，M1 运行时 M2 停止，如此循环往复，直至按下停车按钮。

(1) 通道分配。

输入：

启动按钮：00000

停车按钮：00001

输出：

M1 电机接触器线圈：10000

M2 电机接触器线圈：10001

(2) 画波形图。

为使逻辑关系清晰，用中间继电器 01600 作为运行控制继电器，且用 TIM000 控制 M1 的运行时间，TIM001 控制 M1 的停车时间。根据要求画出波形图如图 11 - 22 所示。

(3) 列逻辑关系表达式。

$$10000 = 01600 \cdot \overline{T000}$$

$$10001 = 01600 \cdot \overline{10000}$$

(4) 画梯形图。

由图 11 - 22 可以看出，TIM000 和 TIM001 组成振荡电路，根据控制要求画出梯形图如图 11 - 23 所示。最后应分析所画梯形图是否符合控制要求。

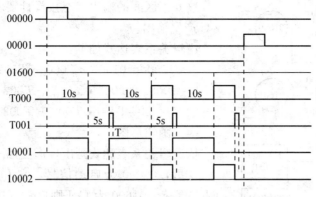

图 11 - 22　电机顺序控制的波形图

4. 设计喷泉电路

假设喷泉 A、B、C 三组喷头，工作过程按图 11 - 24 所示，即启动后，A 先喷 5s，后 B、C 同时喷，5s 后 B 停，再 5s 后 C 停，而 A、B 又喷，再 2s，C 也停，持续 5s 后全部停喷，再 3s 重复前述过程。

（1）通道分配。

00000：启动按钮

00001：停止按钮

A、B、C：10000、10001、10002

（2）画波形图。

从图 11 - 24 可知，它有 7 个临界点，组成 6 个时序区间，这 6 个时序区间用 6 个定时（TIM000～005）予以区分，这 6 个定时器的工作波形如图 11 - 25 所示。

（3）列逻辑关系表达式。

从波形图可知，其 6 个时间区间的逻辑条件可由定时器的工作状态划分，其依次关系为：

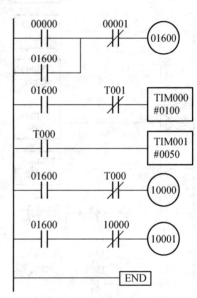

图 11 - 23　电机顺序控制电路

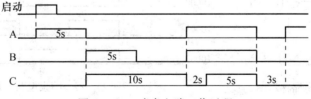

图 11 - 24　喷泉电路工作过程

1～2 区间的条件为：$01600 \cdot \overline{T000}$

2～3 区间的条件为：$T000 \cdot \overline{T001}$

3～4 区间的条件为：$T001 \cdot \overline{T002}$

4～5 区间的条件为：$T002 \cdot \overline{T003}$

5～6 区间的条件为：$T003 \cdot \overline{T004}$

6～7 区间的条件为：$T004$

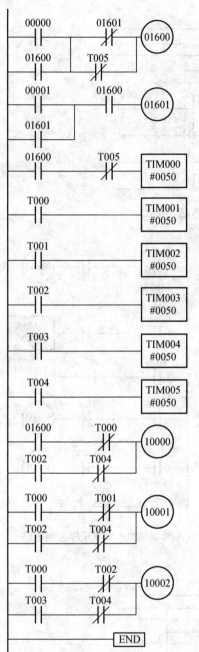

图 11-26　喷泉电路梯形图

这 6 个区间的输出状态按设计要求，可相应使 A、B 或 C 产生输出。

逻辑关系表达式如下：

$A=10000=01600 \cdot \overline{T000} + T002 \cdot \overline{T004}$

$B=10001=T000 \cdot \overline{T001} + T002 \cdot \overline{T004}$

$C=10002=T000 \cdot \overline{T002} + T003 \cdot \overline{T004}$

（4）画梯形图。

依逻辑关系表达式画出梯形图如图 11-26 所示。

这里，00000 为启动信号，它 ON 后可使 01600 为 ON 并保持。01600 为 ON 则启动 TIM000，经 5s 延时，它的动合触点 ON，启动 TIM001，又经 5s 延时，TIM001 动合触点 ON，继而启动 TIM002，又经 5s 延时，TIM002 动合触点 ON，启动 TIM003…，以此类推，直到 TIM005 工作，经 3s 延时，TIM005 动断触点 OFF。

TIM005 动断触点 OFF 有两个效果：

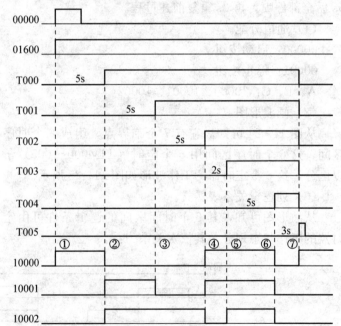

图 11-25　喷泉电路波形图

一是若未按下 00001（未使其停止工作），则它只使 TIM000 暂停工作，而 TIM000 停止工作，将使 TIM001 停止工作……直到 TIM005 也停止工作，所有定时器复位，这时，TIM005 动断触点又恢复为 ON 状态，TIM000 又工作，进入下一个循环。

二是若已按下 00001（要结束循环工作），则 01601 为 ON，TIM005 的动断触点将使 01600 为 OFF。01600 OFF 后，TIM000 将不再工作，循环不会重复。

00001 按下后由于有自保持，01601 可保持 0 状态，它使 01600 的 OFF 只能靠 TIM005

的动断触点实现，保证了结束工作只能在循环结束时才会发生。

（5）有一用于使用两种液体进行混合的装置，见图 11 - 27。控制要求是起始状态容器是空的，三个阀门（X1、X2、X3）均关闭，搅拌电机 M 不工作，液面传感器 L、I、H 也处于 OFF 状态。启动操作后，先是 X1 阀门打开，液体 A 流入容器。当达到 I 时，I 变为 ON，使 X1 阀门关闭，同时 X2 打开，使液体 B 流入，当液面到达 H 时，H 变为 ON，X2 阀门关闭，并启动搅拌电机 M，对两种液体进行搅拌，搅拌 10s 后，搅拌电机 M 停止工作，同时打开阀门 X3，把混合液放出，直到 L 传感器变为 OFF，且再过 2s，阀门 X3 关闭，并又开始新的周期。若要停止操作，可按停车按钮，等完成一个工作循环后，停止工作。

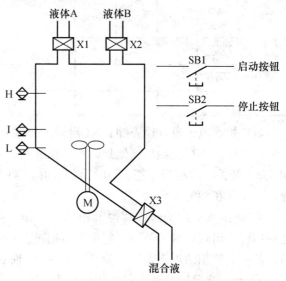

图 11 - 27　两种液体混合装置

设计过程如下：

（1）通道分配。

输入：SB1——00000　　输出：X1——10000
　　　SB2——00001　　　　　X2——10001
　　　H——00002　　　　　　X3——10002
　　　I——00003　　　　　　M——10003
　　　L——00004　　　时间继电器：搅拌定时——TIM000
　　　　　　　　　　　　　　　　排放延时——TIM001

（2）列通电表：见表 11 - 3。

表 11 - 3　　　　　　　　　　　　　通　电　表

节拍	当前输入	00002	00003	00004	00000	00001	10000	10001	10002	10003	TIM000	TIM001
0		0	0	0	0	0	0	0	0	0	0	0
1	00000	0	0	0	1	0	1	0	0	0	0	0
2	$\overline{00000}$	0	0	0	0	0	1	0	0	0	0	0
3	00004	0	0	1	0	0	1	0	0	0	0	0
4	00003	0	1	1	0	0	0	1	0	0	0	0
5	00002	1	1	1	0	0	0	0	0	1	1	0
6	T000	1	1	1	0	0	0	0	1	0	0	0
7	$\overline{00002}$	0	1	1	0	0	0	0	0	1	0	0

续表

节拍	当前输入	00002	00003	00004	00000	00001	10000	10001	10002	10003	TIM000	TIM001
8	$\overline{00003}$	0	0	1	0	0	0	0	1	0	0	0
9	$\overline{00004}$	0	0	0	0	0	0	0	1	0	0	1
10	T001	0	0	0	0	0	0	0	0	0	0	0

对原始通电表进行检查知：X1 启动主要靠 00000 信号，其他 X1 为 OFF 的节拍均无此信号，所以，不存在相混。但是，第二循环及以后的循环，无启动信号，为使 X1 启动，可用 T001 帮忙，这相当于把 1、10 节拍合并。X1 断电，其信号为 I，其他 ON 节拍也无此信号，也不存在相混。

X2 于第 4 节拍工作，其他节拍都不工作。第 4 节拍时 I、L 均为 ON，而 H 为 OFF。这种情况还出现在第 7 节拍，但第 7 节拍时 X3 为 ON，而第 4 节拍时 X3 为 OFF，可把第 4 节拍与第 7 节拍的逻辑条件区分开，故对 X2 而言，唯一性原则也满足。

X3 于第 6 节拍启动，它用的信号为 T000，是唯一的，其断电于第 10 节拍，用的信号为 T001，也是唯一的。

M 于第 5 节拍工作，这时 H 为 ON。第 6 节拍也是这种情况，但两者可用 T000 区分开，故 M 也不存在相混。

T000 靠 H 为 ON 启动，是唯一的。

T001 靠 X3 为 ON 且 L 为 OFF 时启动，也是唯一的。

通电表的唯一性设计后，原始通电表不变。

停车按钮 SB2 的输入是随机的，但它输入后可对其进行记忆（中间继电器 01600）。并用这记忆的信号去"切断" T000 与 X1 的联系，即可达到目的。其在通电表中的表示略。

（3）列逻辑表达式。

对 X1：启动电路为 $00000 + \overline{01600} \cdot T001$；其保持电路应为 $\overline{00004} \cdot 10000$。

对 X2：保持电路不用，启动电路用工作电路，应为 $00003 \cdot \overline{00002} \cdot \overline{10002}$。

对 X3：启动电路为 T000，其保持电路为 $\overline{T001} \cdot 10002$。

对 M：其保持电路不用，启动电路为工作电路，为 $00002 \cdot \overline{T000}$。

对 T000：工作电路为 00002。

对 T001：工作电路为 $10002 \cdot \overline{00004}$。

对停车电路 01600：其启动电路为 00001，保持电路为 $\overline{T001} \cdot 01600$。

这样，完整的逻辑表达式为

$$10000 = 00000 + \overline{01600} \cdot T001 + \overline{00004} \cdot 10000$$
$$10001 = 00003 \cdot \overline{00002} \cdot \overline{10002}$$
$$10002 = T000 + \overline{T001} \cdot 10002$$
$$10003 = 00002 \cdot \overline{T000}$$
$$T000 = 00002$$
$$T001 = 10002 \cdot \overline{00004}$$
$$01600 = 00001 + \overline{T001} \cdot 01600$$

（4）画梯形图：如图 11 - 28 所示。

四、用 PLC 改造原继电—接触器控制的电路

用 PLC 控制代替原来的硬线继电器控制系统是 PLC 的主要应用之一。

1. 基本步骤

（1）了解原系统工艺要求，熟悉继电器电路图。用 PLC 取代继电器电路时，只是取代中间继电器部分，而外部输入部件如按钮、转换开关、行程开关等及以外部执行部件如接触器、信号灯等均应保留，并经适当的方式与 PLC 相连接。PLC 的梯形图可以结合系统工艺要求，由继电器电路图转化而来。

（2）确定相应的 PLC 输入/输出点数。根据输入设备和输出设备的情况，可以确定 PLC 的输入/输出点数。选择 PLC 时要留有 5%～10% 的余量作备用，以保证调试过程或运行过程中有损坏或需要改进某些功能而增加 I/O 点时，能满足要求。

（3）将原继电器电路图改画成 PLC 梯形图。进行电路转换时，往往要对原电路进行一些处理，以便于进行 PLC 控制，符合 PLC 编程要求。

（4）按 PLC 的输入/输出通道分配进行外部接线。

（5）总体调试、使用。调试过程中充分利用 PLC 提供的功能。首先确认各输入信号状态，然后逐个核对输出点状态，最后通过 PLC 去控制生产设备，实际试运行。

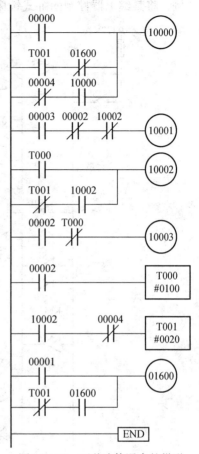

图 11 - 28　两种液体混合的梯形

2. 对输入/输出信号的处理

（1）几个动断串联或动合并联触点可合并后与 PLC 相连，只占用一个输入点。

（2）利用触点的控制规律，可将触点的连接方式进行一定的变换。

（3）利用单按钮启停电路，使启停控制只通过一个按钮来实现，既节省 PLC 点数，又减少外部按钮及其配线。

（4）对一些需手动运行且其他设备没有连锁的设备，可将 PLC 的手动按钮设置在 PLC 外部。

（5）通断状态完全相同的两个负载并联后，可共同占用一个输出点。

（6）通过外部的或 PLC 控制的转换开关，使每个 PLC 输出点可以控制两个以上不同时工作的负载。

（7）动断触点的处理。如果输入为动断触点，则梯形图中对应的点应为动合型，若将输入改为动合型，则梯形图中对应的点应为动断型。通常，为了便于分析电路，同时减少输入点的通电时间，把外部输入点均选为动合型，而内部电路按其应有的状态来设计。但有些情况如急停按钮，通常应为动断型输入，以保证紧急故障时的处理速度，这时改为 PLC 控制时，也以原动断状态输入为好。

例：将某继电器控制的卧式镗床改为 PLC 控制，原电路如图 11 - 29 所示。

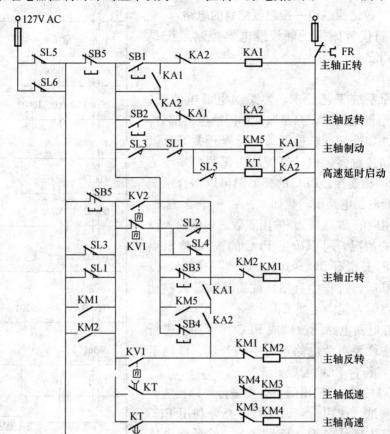

图 11 - 29　卧式镗床继电器电路图

设计过程：

（1）了解原系统工艺要求。镗床的心轴电机是双速异步电机，中间继电器 KA1 和 KA2 控制主轴电机的启动和停止；接触器 KM1 和 KM2 控制主轴电机的正反转；接触器 KM3、KM4 和时间继电器 KT 控制主轴电机的变速；接触器 KM5 用来短接串在定子回路的制动电阻；SL1、SL2 和 SL3、SL4 是变速操纵盘上的限位开关；SL5、SL6 是主轴进刀与工作台移动互锁限位开关；SB1、SB2 为正、反转启动按钮，SB3、SB4 为正、反转点动按钮。速度继电器在主轴电机正转时触点 KV1、KV3 闭合，主轴电机反转时触点 KV2 闭合。

（2）确定 PLC 输入点数。

1）图 11 - 29 中有一个 SL3 和 SL1 动合触点的串联电路和它们的动断触点的并联电路。由于 $\overline{SL3} \cdot \overline{SL1} = \overline{SL3} + \overline{SL1}$，即 SL3 和 SL1 的动合触点的串联电路对应的"与"逻辑表达式取反后即为它们动断触点的并联电路的逻辑表达式。因此在 PLC 外部电路中，将 SL3 和 SL1 的动合触点串联后接在 PLC 的 00006 端，则在梯形图上，00006 的动断形式与 SL3 和 SL1 动断触点的并联电路相对应。

2）SL2 和 SL4 由于在电路中只有并联一种形式，所以可共同占有一个输入端。

3）SL5、SL6 及热继电器 FR 动断触点只在电路中出现一次，并且与 PLC 的输出负载相串联，不应作为 PLC 的输入信号。具体的输入通道分配如图 11-30 所示。

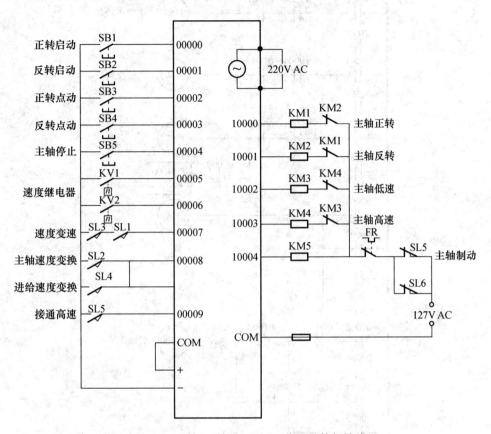

图 11-30　输入/输出（I/O）分配及外部接线

（3）确定 PLC 的输出点数。应注意：中间继电器、时间继电器只在 PLC 内部使用，不占用输出点；另外，KM1、KM2 及 KM3、KM4 应在输出端互锁，以免 PLC 输出故障时造成设备事故。具体的输出通道分配如图 11-30 所示。

（4）将继电器电路图改画成梯形图，如图 11-32 所示。首先应对原电路作适当改动；所有的触点均应放在线圈左边；对复杂电路应进行化简，如图 11-31 所示为局部化简等效电路。

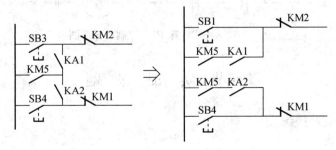

图 11-31　局部等效电路

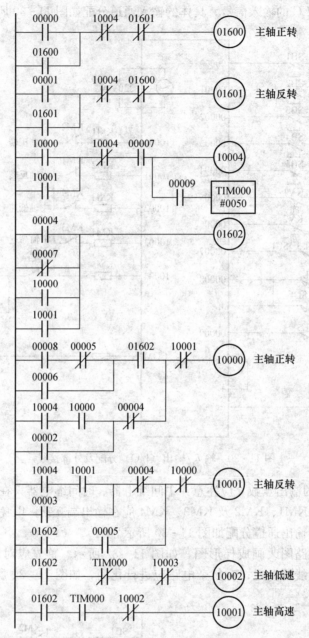

图 11 - 32　卧式镗床 PLC 控制的梯形图

第四节　实　训　课　题

一、PLC 的安装及接线

1. PLC 安装要求

（1）安装在环境温度为 0～55℃，相对湿度小于 85％，无粉尘、油烟，无腐蚀性及可燃性气体的场合中。

（2）PLC 要安装在远离强烈振动源及强烈电磁干扰源的场所，否则需采取减振及屏蔽措施。

2. 欧姆龙 CQM1 系列 PLC 的安装

（1）将 CQM1 各单元压紧在一起，将锁梢滑向各单元的背部，把 CQM1 各单元连接起来，然后把端盖连接在 PLC 最右边的单元上，用锁梢锁定。

（2）将 DIN 导轨通过三只螺钉固定在控制柜内的安装板上，把 CQM1 型 PLC 各单元后面的安装脚松开，将 DIN 导轨嵌入 PLC 底部，并将 CQM1 各单元后面的安装脚锁住。

（3）在两侧各安装一个 DIN 导轨端夹。

（4）将 PLC 的安装衬板可靠接地。

3. 西门子 S7—200 系列 PLC 的安装及接线

（1）PLC 的安装。直接利用机箱上的安装孔，用螺钉将机箱固定在控制柜的背板或面板上；安装时要注意在 PLC 周围留足散热及接线的空间。

（2）PLC 的接线。图 11-33 为西门子 S7—200 系列 PLC 中 CPU 224AC/DC/Relay 的接线图，参照此图进行接线。图中 AC 为本机使用交流电源，DC 指输入端用直流电源，Relay 指输出器件为继电器。

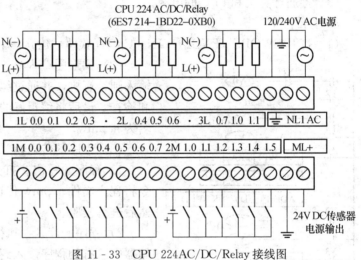

图 11-33 CPU 224AC/DC/Relay 接线图

1）电源接线。将工频交流电源线与交流输入端子 AC 连接（100～250V 均可使用）；如果是采用外部直流开关电源供电，须将 24V 直流电源线与输入端子 DC 连接（采用交流供电的 PLC 机内自带直流 24V 内部电源，为输入器件供电）。

2）输入器件的连接。将开关、按钮等无源器件，每个触点的两个接头分别与一个输入点和公共输入端连接（每个输入点只能与一个输入器件相连），连接线不要过长。有源传感器按照极性与机内电源相连。模拟量信号的接入应使用专用的模拟量工作单元。

3）输出器件的连接。输出执行器件继电器、接触器、电磁阀的线圈按工作电压数值分类，分组连接；一端接输出点的螺钉，另一端经电源接输出公共端。当输出执行器件的工作定额电流大于 2A 时，须配装中间继电器。

4）通信线的连接。用专用的接插件与 PLC 的专用通信口 RS485 口连接。

二、PLC 程序编制

（一）上机操作，熟悉三菱 SWOPC—FXGP/WIN—C 编程软件的主要功能，掌握编程软件的使用方法

1. 系统配置要求

（1）计算机。要求配置为 CPU1.8G 以上、内存 128MB 或更高；显示器分辨率为 800×600，16 色或更高。

（2）编程和通信软件。采用应用于 FX 系列 PLC 的编程软件 SWOPC—FXGP/WIN—C。

（3）接口单元。采用 FX—232AWC 型 RS—232C/RS—422 转换器（便携式）或 FX—232AW 型 RS—232C/RS—422 转换器（内置式），以及其他指定的转换器。

（4）通信缆线。采用 FX—422CAB 型 RS—422 缆线（用于 FX、FXc 型 PLC，0.3m）或 FX—422CAB—150 型 RS—422 缆线（用于 FX、FXc 型 PLC，1.5m），以及其他指定的缆线。

2. 编程准备

（1）检查 PLC 与计算机的连接是否正确，计算机的 RS—232C 端口与 PLC 之间是否用指定的缆线及转换器连接。

（2）使 PLC 处于"停机"状态。

（3）接通计算机和 PLC 的电源。

3. 编程操作

（1）打开 SWOPC—FXGP/WIN—C 编程软件，建立一个程序文件。

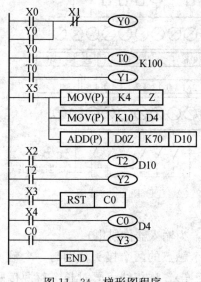

图 11-34 梯形图程序

（2）梯形图编程法。将图 11-34 所示的梯形图程序输入到计算机，并通过编辑操作对输入的程序进行修改和检查。最后将编辑好的梯形图程序保存，并将文件命名为 a.pmw。

（3）程序的传送。

1）程序的写出。打开程序文件，执行［写出］命令将程序文件 a.pmw 传送到 PLC 用户存储器 RAM 中，然后进行校验。

2）程序的读入。执行［读入］命令将 PLC 用户存储器中已有的程序读入到计算机中，然后进行校验。

3）程序的校验。在上述程序校验过程中，只有当计算机对两端程序比较无误后，方可认为程序传送正确。否则应查清原因，重新传送。

4. 运行操作

将程序传送到 PLC 用户存储器后，可按以下操作步骤运行程序。

（1）根据梯形图程序，将 PLC 的输入/输出端与外部模拟信号连接好。PLC 输入/输出点的编号及说明见表 11-4。

表 11-4　　　　　　　　　　　　PLC 输入/输出点的编号及说明

输入点编号	功能说明	输出点编号	功能说明
X0	Y0 启动按钮	Y0	连续运行
X1	Y0 停止按钮	Y1	T0 控制的输出
X2	T2 控制按钮	Y2	T2 控制的输出
X3	C0 复位控制	Y3	C0 控制的输出

输入点编号	功能说明	输出点编号	功能说明
X4	CO 计数控制		
X5	赋值控制		

（2）接通 PLC 运行开关，PLC 面板上的 RUN 灯亮，表明程序已经运行。

（3）结合控制程序，操作有关输入信号，在不同输入状态下观察输入/输出指示灯的变化。若输出指示灯的状态与程序要求一致，则表明程序运行正常。

5. 监控操作

（1）元件的监视。监视 X0—X5、Y0—Y3 的 ON/OFF 状态，监视 TO、T2 和 C0 的设定值及当前值，并将结果填入表 11 - 5 中。

表 11 - 5　　　　　　　　　　　　　**元件监视结果一览表**

元件	ON/OFF	元件	ON/OFF	元件	设定值	当前值
X0		X5		TO		
X1		YO		T2		
X2		Yl		CO		
X3		Y2				
X4		Y3				

（2）输出强制 ON/OFF。对 Y0、Y1 进行强制 OFF 操作，对 Y2、Y3 进行强制 ON 操作。

（3）修改 T、C、D、Z 的当前值。

1）将 Z 的当前值 K4 修改为 K6，然后观察运行结果，说明变化原因。

2）将 D4 的当前值 K10 修改为 K20，然后观察运行结果，说明变化原因。

（4）修改 T、C 的设定值。

1）将 TO 的设定值 K100 修改为 K150，然后观察运行结果，写出操作过程。

2）将 CO 的设定值 D4 修改为 K10，然后观察运行结果，写出操作过程。

（二）梯形图编程及编程控制

1. 三相异步电动机正反转的编程控制训练

（1）训练器材。三相笼型异步电动机、组合开关、热继电器、熔断器、交流接触器、按钮、F1—40MR 控制器及 F1—20P 编程器。

（2）控制要求。按下启动按钮 SB2，KM1 接通，电动机正转。按下启动按钮 SB3，KM2 接通，电动机反转。按下停止按钮 SB1，电动机停止运行。

（3）梯形图设计分析。此程序设计主要采用自锁、互锁电路。

I/O（输入/输出口）分配

```
    输入              输出
SB1    X400    KM1    Y430
SB2    X401    KM2    Y431
SB3    X402
```

三相异步电动机正反转控制的梯形图及外部接线图如图 11 - 35 所示。

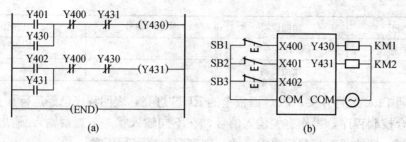

图 11 - 35　三相异步电动机正反转控制的梯形图及外部接线图

(a) 梯形图；(b) 外部接线图

（4）PLC 外部接线。外部接线如图 11 - 35（b）所示。

（5）将设计好的程序传送到 PLC 用户存储器后中，并调试运行。

2. 三相异步电动机 Y/△ 启动编程控制训练

（1）训练器材。三相笼型异步电动机、组合开关、热继电器、熔断器、交流接触器、按钮、F1—40MR 控制器及 F1—20P 编程器。

（2）控制要求。按下启动按钮 SB2，KM1、KM$_Y$ 接通，电动机开始运行。10s 后 KM$_Y$ 断开，KM$_△$ 接通，即完成 Y/△ 启动。按下停止按钮 SB1，电动机停止运行。

（3）梯形图设计分析。此程序设计主要采用自锁、互锁电路及延时电路。

I/O（输入/输出口）分配

输入		输出	
SB1	X400	KM1	Y430
SB2	X401	KM$_Y$	Y431
		KM$_△$	Y432

三相异步电动机 Y/△ 启动控制的梯形图及外部接线图如图 11 - 36 所示。

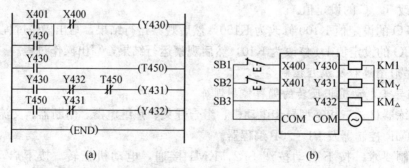

图 11 - 36　三相异步电动机 Y/△ 控制的梯形图及外部接线图

(a) 梯形图；(b) 外部接线图

（4）PLC 外部接线。外部接线如图 11 - 36（b）所示。

（5）将设计好的程序传送到 PLC 用户存储器后中，并调试运行。

3. 对图 11 - 37 所示的控制电路实现编程控制（试用西门子 S7—200 系列指令编程）

PLC 与按钮及接触器的连接如图 11 - 38 所示。其中 SB1 为停车按钮，SB2 为启动按钮，选接通延时型定时器 T37 作为 KM1 与 KM2 换接的时间控制。

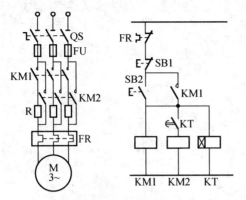

图 11 - 37　三相异步电动机定子串电
阻启动控制电路

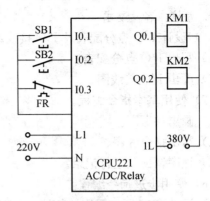

图 11 - 38　三相异步电动机定子
串电阻启动 PLC 端口

绘制梯形图前先考虑图中应有几个输出线圈，接有接触器的两个输出口加上一个时间继电器应当有 3 个，如每一个线圈是一个支路就有 3 条支路。绘图时可先将这 3 条支路依启—保—停电路模式绘出来，如图 11 - 37 所示。第二步考虑这 3 个支路间的制约关系，KM1 接通时 KM2 不应接通，KM2 接通后 KM1 及时间继电器均应断开，热继电器动作时应能断开 KM2。整理后的梯形图如图 11 - 39 所示。

三、PLC 编程控制考核

（一）用 PIC 设计交通信号灯控制系统

图 11 - 40 所示是十字路口交通信号灯示意图。信号灯的动作受开关总体控制，按一下启动按钮，信号灯系统开始工作，并周而复始地循环动作；按一下停止按钮，所有信号灯都熄灭。信号灯控制的具体要求见表 11 - 6。

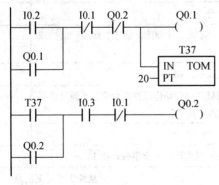

图 11 - 39　三相异步电动机定子
串电阻启动梯形图

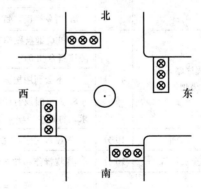

图 11 - 40　十字路口交通信号灯示意图

表 11 - 6　　　　　　　　　　　　　信号灯控制的具体要求

	信号	绿灯亮	绿灯闪	黄灯亮	红灯亮
东西	时间（s）	25	3	2	30
南北	信号	红灯亮	绿灯亮	绿灯闪	黄灯亮
	时间（s）	30	25	3	2

1. 考核内容及要求

（1）设计 I/O 点分配表及 I/O 接线图。

1）写出 I/O 点分配表。

2）画出 I/O 接线图。

（2）使用基本指令编程。

1）画出梯形图。

2）写出指令程序。

3）程序调试及运行记录。

（3）使用步进指令编程。

1）设计 SPC 图（采用并行性分支编程）。

2）画出梯形图（注意并行性分支的汇合）。

3）写出指令程序。

4）程序的调试及运行记录。

（4）总结基本指令和步进指令两种编程方法的优缺点。

2. 实训考核

考核项目及评分标准见表 11-7。

表 11-7　　　　　　　　　　　　评 分 标 准 表

序号	考核项目	配分	评分标准			扣分
1	电路设计	40 分	1. 输入/输出地址遗漏或错误，每处扣 2 分			
			2. PLC 控制 I/O 接口接线图设计不全或设计有错，每处扣 4 分			
			3. 梯形图表达不正确或画法不规范，每处扣 4 分			
			4. 指令错误，每条扣 4 分			
2	程序输入及模拟调试	40 分	1. PLC 键盘操作不熟练，不会使用删除、插入、修改、监控或测试指令扣 5 分			
			2. 不会利用按钮开关模拟调试扣 5 分			
			3. 调试时没有严格按照被控设备动作过程进行或达不到设计要求，每缺少一项工作方式扣 5 分			
3	时间	10 分	未按规定时间完成，扣 2~10 分			
4	安全文明操作	10 分	违规操作，扣 2~10 分；发生严重安全事故，扣 10 分			
5	实训记录		调试是否成功		接线工艺情况记录	
6	安全情况					
7	合计	100 分	总评得分		实习时间	工号
8	教师签名					

（二）用 PLC 设计音乐喷泉控制系统

喷泉平面图如图 11-41 所示。图中 A 为主喷头，B 为主激光灯，C 为副喷头，D 为红色灯，E 为绿色灯。控制要求：无音乐时，所有喷头和灯可以单独控制；当音乐为高音时，接通高压泵，同时 B、D 组灯亮；当音乐为低音时，接通低压泵，同时 B、E 组灯亮；当音乐为中音时，接通中压泵，同时 B、D、E 三组灯亮。

1. 考核内容及要求

(1) 设计 I/O 点分配表及 I/O 接线图。

1) 写出 I/O 点分配表。

2) 画出 I/O 接线图。

(2) 画出梯形图。

(3) 写出指令程序。

(4) 程序的调试及运行记录。

(5) 总结。

2. 实训考核

考核项目及评分标准见表 11-8。

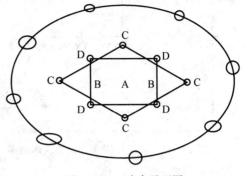

图 11-41　喷泉平面图

表 11-8　　　　评 分 标 准 表

序号	考核项目	配分	评分标准			扣分
1	电路设计	40 分	1. 输入/输出地址遗漏或错误，每处扣 2 分			
			2. PLC 控制 I/O 接口接线图设计不全或设计有错，每处扣 4 分			
			3. 梯形图表达不正确或画法不规范，每处扣 4 分			
			4. 指令错误，每条扣 4 分			
2	程序输入及模拟调试	40 分	1. PLC 键盘操作不熟练，不会使用删除、插入、修改、监控或测试指令扣 5 分			
			2. 不会利用按钮开关模拟调试扣 5 分			
			3. 调试时没有严格按照被控设备动作过程进行或达不到设计要求，每缺少一项工作方式扣 5 分			
3	时间	10 分	未按规定时间完成，扣 2～10 分			
4	安全文明操作	10 分	违规操作，扣 2～10 分；发生严重安全事故，扣 10 分			
5	实训记录		调试是否成功		接线工艺情况记录	
6	安全情况					
7	合计	100 分	总评得分		实习时间	工号
8	教师签名					

(三) 用 PLC 设计双面铣床控制系统

双面铣床的工作台来回往返运动由液压驱动，工作台速度和方向由限位开关 SQ1-SQ3 控制。工作台与主轴循环工作过程为：工作台启动→向右快进（左动力头）→减速进，同时主轴启动，加工结束→停止进，主轴延时 10s 停转→工作台向左快退回原位→进入下一循环工作状态。右动力头的运行方向与左动力头相反。

控制要求：PLC 梯形图设计时，工作方式设置为自动循环、点动、单周循环和步进 4 种；主轴只在自动循环和单周循环时启动；要有必要的电气保护和连锁装置；自动循环时应按图 11-42 所示的顺序动作。

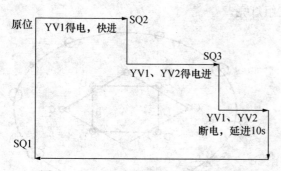

图 11-42 双面铣床动力头的动作顺序

1. 考核内容及要求

（1）设计 I/O 点分配表及绘制 I/O 接线图。

1）写出 I/O 点分配表。

2）画出 I/O 接线图。

（2）设计 SFC 图。

（3）设计梯形图。

（4）写出指令程序。

（5）程序的调试及运行记录。

2. 实训考核

考核项目及评分标准见表 11-9。

表 11-9　　　　　评 分 标 准 表

序号	考核项目	配分	评分标准	扣分
1	电路设计	40分	1. 输入/输出地址遗漏或错误，每处扣 2 分	
			2. PLC 控制 I/O 接口接线图设计不全或设计有错，每处扣 4 分	
			3. 梯形图表达不正确或画法不规范，每处扣 4 分	
			4. 指令错误，每条扣 4 分	
2	程序输入及模拟调试	40分	1. PLC 键盘操作不熟练，不会使用删除、插入、修改、监控或测试指令扣 5 分	
			2. 不会利用按钮开关模拟调试扣 5 分	
			3. 调试时没有严格按照被控设备动作过程进行或达不到设计要求，每缺少一项工作方式扣 5 分	
3	时间	10分	未按规定时间完成，扣 2～10 分	
4	安全文明操作	10分	违规操作，扣 2～10 分；发生严重安全事故，扣 10 分	
5	实训记录		调试是否成功　　　　　　　　　接线工艺情况记录	
6	安全情况			
7	合计	100分	总评得分　　　　实习时间　　　　工号	
8	教师签名			

四、单片机的应用练习

单片机唱歌编程。

1. 实训器材

（1）单片机仿真机一台。

（2）可调直流稳压电源一台。

（3）已安装汇编编译器 MCS—51 的计算机一台。

（4）8051 或 AT89C2051 一片。

（5）可以烧写 MCS—51 的编程器一台。

2. 实训内容

将"祝你平安"和"八月桂花遍地开"按表11-10和表11-11给定的常数将乐曲中的所有常数排成一个表，然后按图11-43所示单片机唱歌程序框图进行编程。

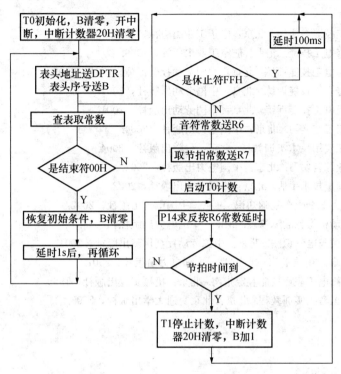

图 11-43 单片机唱歌程序框图

表 11-10 音符与频率及时间常数对照表 （C调）

音符 \ 频率及常数	低音		中音		高音	
	频率	常数	频率	常数	频率	常数
C	261.630	96/60H	523.250	48/30H	1046.500	24/18H
D	293.660	85/55H	587.330	43/2BH	1174.700	21/15H
E	329.630	76/4CH	659.260	38/26H	1318.500	19/13H
F	349.230	72/48H	698.460	36/24H	1396.900	18/12H
G	392.000	64/40H	783.990	32/20H	1568.000	16/10H
A	440.000	57/39H	880.000	28/1CH	1760.00	14/0EH
B	493.880	51/33H	987.700	25/19H	1975.00	13/0DH

表 11-11 音符节拍与时间常数对照表 （96拍/分）

音符/节拍	$2/\frac{1}{4}$	$2/\frac{2}{4}$	$2/\frac{3}{4}$	$2/1\frac{2}{4}$	2/1	2/2	2/3
节拍时间	0.16s	0.32s	0.48s	0.64s	0.96s	1.28s	1.92s
时间常数	16/10H	32/20H	48/30H	64/40H	96/60H	128/80H	192/C0H

参 考 文 献

[1] 王荣海. 电工技能与实训. 北京：电子工业出版社，2004.

[2] 陈建华. 维修电工技能. 北京：航空工业出版社，1999.

[3] 赵承荻. 维修电工技能训练. 北京：中国劳动社会保障出版社，2002.

[4] 姚樵耕. 维修电工技能训练. 北京：中国劳动出版社，2001.

[5] 姚作武. 高级电工技能训练. 北京：中国劳动出版社，2001.

[6] 程红杰. 电工工艺实习. 北京：中国电力出版社，2004.

[7] 张永红. 电工实用技术实训教材. 北京：科学出版社，2004.

[8] 蒋瑞兰. 毕业综合实习. 北京：中国电力出版社，2002.

[9] 郑尧. 电能计量技术手册. 北京：中国电力出版社，2002.

[10] 樊祥荣. 电力安全生产基础知识. 北京：中国电力出版社，2002.

[11] 金续曾. 电动机常见故障修理. 北京：中国电力出版社，2003.

[12] 房月明. 机械与电气识图. 北京：中国劳动社会保障出版社，2001.

[13] 弭洪涛. PLC 应用技术. 2 版. 北京：中国电力出版社，2007.

[14] 王学之. 维修电工职业技能鉴定指南. 北京：机械工业出版社，1999.

[15] 徐建俊. 电工考工实训教程. 北京：北京交通大学出版社，2005.